西瓜生产技术手册

主　编

贾文海　贾智超

编著者

贾文海　贾智超　王涵仪　王梓怡

金盾出版社

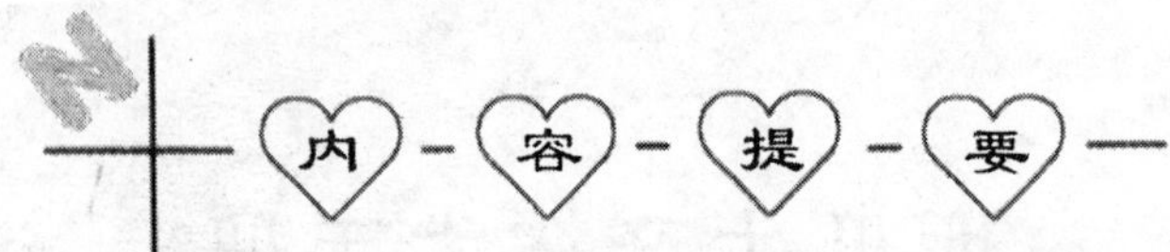

本书内容包括：西瓜栽培基础知识，西瓜主栽品种及种子检验，西瓜育苗技术，西瓜栽培技术，西瓜栽培模式，西瓜采收经销与贮藏加工，西瓜病虫害防治，西瓜种植专家经验介绍等。全书紧密结合生产实际，全面系统地介绍了西瓜栽培技术，技术科学实用，文字通俗易懂，适合广大西瓜种植者、经营者和基层农业技术推广人员学习使用，也可供农业院校相关专业师生阅读参考。

图书在版编目(CIP)数据

西瓜生产技术手册/贾文海，贾智超主编. —北京：金盾出版社，2016.6(2017.1重印)

ISBN 978-7-5186-0854-6

Ⅰ.①西… Ⅱ.①贾…②贾… Ⅲ.①西瓜—瓜果园艺—技术手册 Ⅳ.①S651-62

中国版本图书馆CIP数据核字(2016)第066330号

金盾出版社出版、总发行

北京太平路5号(地铁万寿路站往南)

邮政编码：100036 电话：68214039 83219215

传真：68276683 网址：www.jdcbs.cn

北京四环科技印刷厂印刷、装订

各地新华书店经销

开本：850×1168 1/32 印张：10.625 彩页：4 字数：255千字

2017年1月第1版第2次印刷

印数：3 001～6 000册 定价：32.00元

景路七号

京抗 2 号

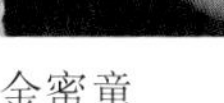

金蜜童

金蜜 1 号

绿　王

早　佳

元帅大地雷

京蜜 8 号

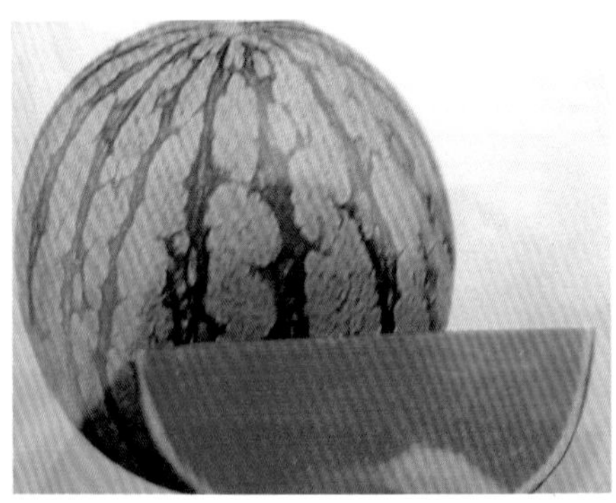
国蜜 2 号

秀　雅

华晶 3 号

美麒麟

那比特

欣王 7 号

麒　麟

特小凤

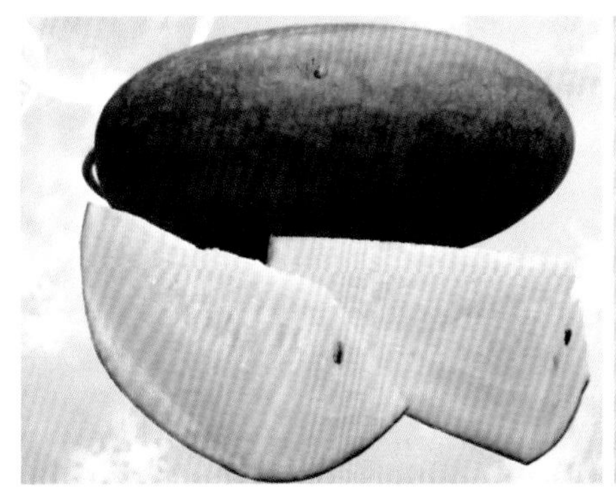

玉美人

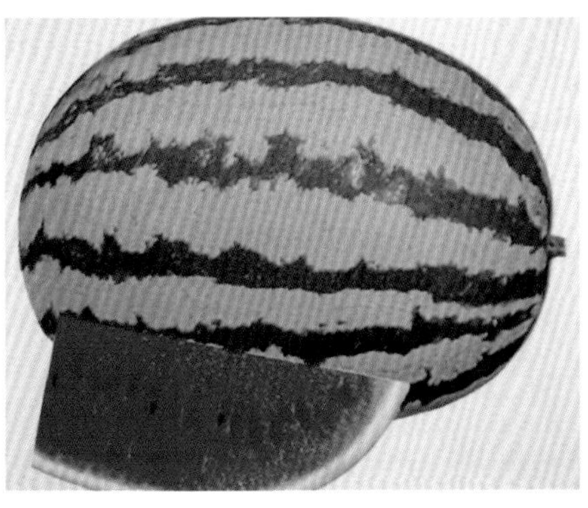

早红玉

春韵 1 号

黑蜜无籽

蜜宝无籽

雪峰无籽

郑抗无籽 3 号

前言

我国是西瓜生产大国，其栽培面积和总产量均居世界第一位，西瓜总产量占全球的 1/2 以上。为满足我国西瓜生产、科研、教学、营销的需要和广大种植者对西瓜生产新技术、新品种、新成果的渴望，笔者特将 45 年来专业从事西瓜栽培、育种研究和新技术推广的经验与成果汇编成《西瓜生产技术手册》，旨在为更多的读者提供西瓜生产技术参考资料，同时也是对全国各地来信来访咨询西瓜生产技术者的公开回复。

编写本书的指导思想是理论与实践相结合，普及与提高相结合，适合不同层次的读者。在编写过程中，以 45 年的西瓜生产实践经验和学习心得为基础，通过深入西瓜栽培主产区实地考察，与“瓜把式”“西瓜状元”及“西瓜生产合作社”成员等广泛交流，结合当前国内外有关西瓜生产的信息，进行经系统整理，反复修改，五易其稿。在编写形式上，尽量保持完整性和连续性，内容力求系统全面，技术力求科学实用，深入浅出，通俗易懂，确保学得会用得上。

鉴于笔者所掌握的资料和水平有限，疏漏和不当之处在所难免，敬请同行专家及广大读者斧正赐教！

编著者

目 录

第一章 西瓜栽培基础知识…………………………………………（1）
第一节 西瓜栽培概况…………………………………………（1）
一、西瓜起源 …………………………………………………（1）
二、经济地位 …………………………………………………（2）
三、西瓜生产现状及发展对策 ………………………………（3）
第二节 西瓜的植物学特征……………………………………（5）
一、西瓜植株各器官的形成 …………………………………（5）
二、健壮植株的形态特征 ……………………………………（9）
第三节 西瓜的生物学特性 ……………………………………（11）
一、生长发育规律……………………………………………（12）
二、生长发育与栽培条件的关系……………………………（15）
三、西瓜的生长发育过程……………………………………（16）
四、西瓜对环境条件的要求…………………………………（21）
第四节 西瓜生产需要具备的基本条件 ………………………（25）
一、西瓜生产的基本要求……………………………………（25）
二、搞好西瓜生产经营………………………………………（27）
三、掌握西瓜生产技术………………………………………（27）
第二章 西瓜主栽品种及种子检验 ……………………………（28）
第一节 西瓜品种和熟性 ………………………………………（28）

一、区别西瓜不同品种的依据…………………………………（28）
二、西瓜熟性的划分……………………………………………（28）
第二节　普通食用西瓜主栽品种 ……………………………（30）
一、特早熟品种…………………………………………………（30）
二、早熟品种……………………………………………………（36）
三、中晚熟品种…………………………………………………（41）
四、特色西瓜品种………………………………………………（48）
第三节　无籽西瓜主栽品种 …………………………………（52）
一、黑皮红瓤品种………………………………………………（52）
二、绿皮红瓤品种………………………………………………（54）
三、花皮红瓤品种………………………………………………（55）
四、黄瓤品种……………………………………………………（58）
五、黄皮品种和小型无籽西瓜品种…………………………（59）
第四节　籽用西瓜主栽品种 …………………………………（61）
一、大板品种……………………………………………………（62）
二、红籽…………………………………………………………（62）
三、台湾品种……………………………………………………（63）
第五节　西瓜种子质量检验 …………………………………（64）
一、西瓜种子贮藏与生命力的关系…………………………（64）
二、西瓜种子新陈的鉴别方法………………………………（65）
三、西瓜种子发芽试验…………………………………………（66）
四、西瓜种子不发芽的原因……………………………………（67）
五、西瓜品种选择原则…………………………………………（68）
第三章　西瓜育苗技术 ……………………………………（70）
第一节　育苗设施 ……………………………………………（70）

一、阳畦…………………………………………………………（70）
二、温床…………………………………………………………（72）
三、土温室………………………………………………………（77）
四、塑料大棚……………………………………………………（79）
五、日光温室……………………………………………………（82）
六、育苗覆盖物…………………………………………………（87）
第二节 常规育苗技术 …………………………………………（90）
一、育苗营养土的配制…………………………………………（90）
二、育苗容器的选择……………………………………………（91）
三、播种前种子处理……………………………………………（92）
四、播种…………………………………………………………（95）
五、苗床管理……………………………………………………（97）
第三节 嫁接育苗技术…………………………………………（102）
一、嫁接育苗的优势 …………………………………………（102）
二、砧木的选择 ………………………………………………（103）
三、嫁接方法 …………………………………………………（105）
四、嫁接苗的管理 ……………………………………………（107）
第四节 工厂化育苗技术………………………………………（109）
一、工厂化育苗的意义 ………………………………………（109）
二、工厂化育苗的主要设施和设备 …………………………（109）
三、工厂化育苗的方式 ………………………………………（112）
四、基质选择与配制 …………………………………………（112）
第五节 无土育苗技术…………………………………………（114）
一、无土育苗方式 ……………………………………………（114）
二、无土育苗基质 ……………………………………………（115）

三、无土育苗营养液 …………………………………………… (117)
四、营养钵无土育苗 …………………………………………… (120)
五、有机生态型无土育苗 ………………………………………… (120)
六、无土育苗的基本程序及管理 …………………………………… (122)
第六节　试管育苗技术……………………………………………… (124)
一、培养材料和培养基 ………………………………………… (124)
二、培养方法 ………………………………………………… (126)
三、培养条件 ………………………………………………… (127)
四、嫁接与管理 ……………………………………………… (128)
五、加快幼苗繁殖的措施 ……………………………………… (128)
第七节　扦插育苗技术……………………………………………… (130)
一、扦插栽培繁殖的意义 ……………………………………… (130)
二、扦插繁殖方法 …………………………………………… (131)
三、扦插后管理 ……………………………………………… (132)
第四章　西瓜栽培技术……………………………………………… (134)
第一节　定植前的准备……………………………………………… (134)
一、土地选择 ………………………………………………… (134)
二、整地做畦 ………………………………………………… (137)
第二节　播种(定植)与田间管理…………………………………… (141)
一、播种或定植 ……………………………………………… (141)
二、苗期管理 ………………………………………………… (144)
三、植株调整 ………………………………………………… (146)
四、搭架绑蔓 ………………………………………………… (151)
五、浇水 ……………………………………………………… (155)
六、施肥 ……………………………………………………… (158)

七、保花保果 …………………………………………………… (170)
第三节　西瓜高产优质高效栽培关键技术…………………… (180)
一、西瓜高产栽培关键技术 …………………………………… (180)
二、西瓜早熟栽培关键技术 …………………………………… (183)
三、西瓜高效栽培关键技术 …………………………………… (185)
四、提高西瓜品质的主要措施 ………………………………… (188)
第五章　西瓜栽培模式……………………………………………… (191)
第一节　西瓜露地栽培……………………………………………… (191)
一、露地春西瓜栽培技术 ……………………………………… (191)
二、露地夏西瓜栽培技术 ……………………………………… (191)
三、西瓜地膜覆盖栽培技术 …………………………………… (194)
四、西瓜地膜＋小拱棚双膜覆盖栽培技术 …………………… (198)
第二节　西瓜设施栽培……………………………………………… (202)
一、小拱棚西瓜栽培技术 ……………………………………… (202)
二、大棚西瓜栽培技术 ………………………………………… (204)
三、温室西瓜栽培技术 ………………………………………… (208)
四、设施西瓜栽培关键技术探讨 ……………………………… (210)
第三节　西瓜间作套种栽培………………………………………… (213)
一、西瓜与蔬菜间作套种 ……………………………………… (213)
二、西瓜与粮、棉、油作物间作套种 …………………………… (215)
三、幼龄果园种植西瓜 ………………………………………… (220)
第四节　西瓜特殊栽培……………………………………………… (221)
一、西瓜无土栽培技术 ………………………………………… (221)
二、小型西瓜栽培技术 ………………………………………… (231)
三、西瓜支架栽培技术 ………………………………………… (233)

四、西瓜再生栽培技术 …………………………………………… (237)
五、西瓜有机栽培技术 …………………………………………… (239)
第五节　无籽西瓜栽培技术………………………………………… (240)
一、无籽西瓜的分类 ……………………………………………… (240)
二、无籽西瓜栽培技术要点 ……………………………………… (241)
第六节　籽瓜栽培技术……………………………………………… (244)
一、品种选择 ……………………………………………………… (244)
二、土地选择 ……………………………………………………… (244)
三、播种前的准备 ………………………………………………… (244)
四、播种 …………………………………………………………… (245)
五、田间管理 ……………………………………………………… (245)
六、采收 …………………………………………………………… (246)
第七节　西瓜种子的保纯繁殖……………………………………… (247)
一、保纯繁殖方法 ………………………………………………… (247)
二、优良二倍体西瓜种子的繁殖 ………………………………… (248)
三、优良三倍体西瓜品种的选育 ………………………………… (249)
四、无籽西瓜种子的繁殖 ………………………………………… (251)
第六章　西瓜采收经销与贮藏加工………………………………… (253)
第一节　西瓜采收…………………………………………………… (253)
一、采收适期 ……………………………………………………… (253)
二、西瓜成熟度 …………………………………………………… (253)
三、判断西瓜成熟度的方法 ……………………………………… (254)
四、西瓜采收与运输 ……………………………………………… (255)
第二节　销售与经营………………………………………………… (257)
一、对商品西瓜的要求 …………………………………………… (257)

二、商品西瓜的经营管理 …………………………… (258)
三、商品西瓜的收购及调运 ………………………… (259)
第三节　西瓜贮藏……………………………………… (260)
一、影响西瓜贮藏的因素 …………………………… (260)
二、提高西瓜耐贮运性的主要措施 ………………… (261)
三、贮藏前的准备 …………………………………… (262)
四、西瓜贮藏方法 …………………………………… (262)
第四节　西瓜深加工…………………………………… (267)
一、西瓜皮深加工 …………………………………… (267)
二、西瓜瓤深加工 …………………………………… (270)
三、西瓜籽深加工 …………………………………… (272)
第七章　西瓜病虫害防治…………………………… (274)
第一节　西瓜主要病害及防治………………………… (274)
一、真菌性病害 ……………………………………… (274)
二、细菌性病害 ……………………………………… (286)
三、病 毒 病 ………………………………………… (290)
四、生理性病害 ……………………………………… (291)
第二节　西瓜主要虫害及防治………………………… (295)
一、地下害虫 ………………………………………… (295)
二、地上害虫 ………………………………………… (298)
第三节　西瓜病虫害综合防治………………………… (309)
一、综合防治方法 …………………………………… (309)
二、药剂防治应注意的问题 ………………………… (310)
第八章　西瓜种植专家经验介绍…………………… (312)
第一节　西瓜形态异常诊断技术……………………… (312)

一、幼苗期的形态诊断 …………………………………… (312)
二、抽蔓期的形态诊断 …………………………………… (314)
三、结瓜期的形态诊断 …………………………………… (314)
第二节　气候异常对西瓜生长和结果的影响……………… (321)
一、气候异常对西瓜生长发育的影响 …………………… (321)
二、气候异常影响西瓜坐果 ……………………………… (322)
三、气候异常影响西瓜果实发育 ………………………… (322)
四、防止气候异常影响西瓜生长发育的措施 …………… (323)

第一章　西瓜栽培基础知识

第一节　西瓜栽培概况

一、西瓜起源

西瓜原产于南非卡拉哈里沙漠周围的草原地带，由野生到栽培首始于埃及，这可以从4 000多年前的古埃及壁画中得到证实。此后，由埃及沿两条主要路线分别传到其他国家，一条路线是由埃及经红海、中东地区、印度传到中国，然后再由中国传到朝鲜、日本和南洋群岛；另一条路线是由埃及经地中海、希腊、罗马传到俄罗斯和西欧各国，后来由欧洲移民又逐渐传到南北美洲、大洋洲和西印度群岛。目前，除高寒地带外，西瓜在世界各国均有栽培。

我国西瓜栽培历史众说纷纭，但根据《胡峤陷虏记》《广群芳谱》《本草纲目》及《松漠记闻》等资料中记载，应是开始于“五代”(公元907－960年)时期，距今已有1 000年。我国西瓜栽培最早的地区是新疆喀什、伊犁及西北边陲少数民族地区，何时传入内地尚无确切资料，据上述资料综合分析，认为应始于南宋(公元1129－1143年间)。洪皓在其《松漠记闻》中说“西瓜形如扁蒲而圆，色极青翠……味甘脆，中有汁犹冷”，并在附录中说“以牛粪覆棚种之，予携以归。今禁圃乡圃皆有……”。另据元代王祯在《农桑通诀・西瓜》中载“西瓜古无称云，金主征西域得之，洪皓自燕中

携归。然瓜中第一美味而种遍天下，不应晚出……”可见西瓜当时在我国新疆及辽、金等地已有多处栽培，之后不久就经河北传入山东、河南、陕西等中原地区。在南宋由于君臣官吏都喜欢吃西瓜，所以很快就沿秦淮、江浙和黄河中下游分东、南两路向各地发展。到明代(公元1368－1644年)时期，西瓜栽培向南北发展极为迅速，南到两广，北到京津的各主要城镇均有西瓜栽培。

二、经济地位

西瓜除作为水果食用外，还可加工成多种产品及提取果胶、瓜氨酸、番茄红素等多种化工、日用、医药产品，现已成为重要的经济作物之一。西瓜的营养成分很丰富，瓜瓤含多种糖和维生素。全糖含量因品种而异，一般成熟果实含糖量为7%～12%，优良品种可达14%，其中含果糖5%～6%、葡萄糖1.5%～2.5%、蔗糖1.5%～6%。每100克鲜重果实含维生素A 0.17毫克、维生素B_1 0.02毫克、维生素B_2 0.02毫克、维生素B_5 0.2毫克、维生素C 5～10毫克、苹果酸0.032%～0.142%、果胶0.8%～2%、纤维素和半纤维素1.2%～1.5%。西瓜种子营养价值也很高，据史蒂特(Steet)等测定：种仁含淀粉5%、脂肪48%、蛋白质38%，并含多种矿物质元素。西瓜除作为水果食用外，还可入药。西瓜皮的中药别名为“西瓜翠衣”，味甘，性凉；入心、胃、膀胱经；有清暑、止渴、利尿之功效；治暑热烦渴、肾炎水肿、小便不利、口舌生疮，还有降压作用。西瓜汁味甘，性寒；入心、胃、膀胱经；有清热解暑、止渴利尿之功效；治暑热烦渴、热盛伤津、小便不利，故有“天生白虎汤”之称。据现代医学研究，西瓜中的配糖体有降低血压的作用，所含某些矿质盐类对肾炎有一定疗效；含有的一种蛋白酶(胰化酶)能把

不溶性蛋白质转化为可溶性蛋白质。故吃西瓜有助于治疗高血压、肾炎、水肿、黄疸、膀胱炎等疾病。

西瓜还可以进行综合加工利用，其外果皮可制成“西瓜翠衣”供药用；中果皮可加工糖渍果脯，大量远销科威特等国家和地区，深受国外市场欢迎；瓜瓤可加工成西瓜汁、糖水西瓜、西瓜酒及西瓜酱等。西瓜种子可以炒食，种仁可作为糕点辅料。西瓜种仁出油率为17%～20%，种仁油既可食用，又可作为化工原料。加工后的各种下脚料还可作猪或奶牛等家畜的饲料。

此外，西瓜整个生育周期较短，株行距又很大，前期占地面积小，很适宜进行间作套种，以提高复种指数。由于西瓜栽培地一般均进行深翻和多施有机肥料，因此西瓜是一个好茬口，西瓜地实际上等于是经过认真改良的土地，具有十分明显的增产效果。瓜农说：“种一季西瓜能长一季好玉米、两季好麦子。”

三、西瓜生产现状及发展对策

（一）西瓜生产现状　最近几年，西瓜栽培面积逐年下滑，经济效益出现波动。究其原因，从北方市场看，主要受南方水果北运和国外进口水果的冲击。但从整体来看，目前在西瓜生产中急需进行三方面的更新：一是品种更新。尽管现在市场上品种繁多、五花八门，但从抗逆性和优质、丰产、特色及多样性等综合性状去考察，真正过硬的品种却不多。特别是一些西瓜主产区的主栽品种较单调，且更新较慢。二是技术更新。据实地调查，各地栽培技术差异较大，各唱各的调，不规范、不标准。三是生产模式更新。西瓜主产区要把西瓜栽培当骨干产业，切实形成规模，创出品牌，因地制宜地发展棚室栽培、反季节栽培、有机栽培等多种生产模式。

(二)我国西瓜生产发展对策 根据各地区的生态与生产条件,针对不同品种、不同市场要求,通过综合农艺措施的系统研究,提出生产管理的量化指标,明确各类条件下的种植要求和栽培技术。积极研究和制定与国际惯例接轨的国家西瓜商品标准,提倡生产者和管理部门积极采用西瓜品牌与商标的市场信誉制度。具体对策如下:①以市场为导向,因地制宜选育、推广新优品种。②普及不同地区和不同品种类型的标准化栽培模式,提高上市西瓜商品质量;推广病虫害的无公害防治,发展绿色西瓜生产。③研究设施栽培,普及嫁接育苗,推广采光、保温性能更好的设施材料与方法。④发展产业化,建立注重品牌和品质的高效产销体系。⑤通过引进资源、种质创新等措施,尽快选育、筛选、推广适合我国各地生产条件的优良品种,重点推广抗逆性强、坐瓜率高、具有良好商品性的新品种。⑥推广标准化栽培模式,发展符合食品安全标准的绿色食品西瓜,提高商品瓜质量。⑦研究开发西瓜初级产品的深加工。⑧加强市场导向机制,做好市场产销协调,保障可持续发展。

(三)发展有机西瓜的展望 有机西瓜产出标准:在专门生产基地生产(有机农业生产基地);产出前后2～3 年内未使用过农药、化肥等化学物质;其父、母本及本身未经基因工程技术改造;生产基地无水土流失及其他环境问题;在产出后(采收、运输、贮藏)未受化学物质的污染;产出全过程必须有完整的记录档案,并建立完善的产销档案,实行从土地到餐桌的跟踪。有机西瓜与无公害、绿色环保西瓜的区别:一是有机西瓜在其生产过程中绝对禁止使用农药、化肥、激素等人工合成物质,并且不允许使用基因工程技术;而无公害、绿色环保西瓜则允许有限量地使用这些物质,且不禁止基因工程技术使用。二是在生产转型方面，考虑到某些物质在环境中会残留相当一段时间，生产有机西瓜的土地需要2～3年的转换期；而生产其他西瓜（包括绿色西瓜和无公害西瓜）则没有转换期的要求。三是在跟踪制度方面，有机西瓜的认证要求认证种植地块、品种和数量，在销售过程中必须经过认证机构对销售品种及销售数量和认证品种及认证数量的再确认。

第二节　西瓜的植物学特征

一、西瓜植株各器官的形成

西瓜（Citrullus Ianatus）系葫芦科西瓜属，为1年生蔓性草本植物。

（一）根　西瓜有发达的根系。旱地瓜主根入土较深、可达120～150厘米，水地瓜亦达50厘米以上。主根上一般发生20余条支根，每条支根上又分生许多侧根。早熟品种可发生2～3次侧根，经移栽的早熟品种或晚熟品种可发生4次以上侧根。各次侧根上均密生根毛，构成庞大的根群（图1-1）。主要根群多分布于地面下50～60厘米深、半径150厘米左右（旱地瓜），或20～40厘米深、半径100厘米左右（水地瓜）的范围内。西瓜根群吸收水分和矿质营养的能力很强。

（二）蔓　西瓜蔓生长旺盛，有很强的分枝性，在生长和结瓜过程中不断地发生分枝。最初由瓜苗顶端伸出的蔓称主蔓，也叫母蔓。主蔓开花、坐瓜较早，而且品质较好，所以一般在主蔓上留瓜。主蔓上许多叶腋可形成分枝，通称侧蔓，也叫子蔓。主蔓、侧蔓均能开花结瓜，但以主蔓和主蔓基部发生的侧蔓较早而且健壮，可正常结瓜，以后发生的侧蔓生长较弱，多不能形成理想的果实。一般在早熟品种主蔓长出 3～5 片叶、晚熟品种长出 8～9 片时，即自其叶腋处发生 3～4 条侧蔓。当主蔓因不良条件遭到损害时，也可考虑在侧蔓上留瓜。侧蔓上的叶腋处还可发生分枝，称为副侧蔓、也叫孙蔓，但生长衰弱。基部常着生 1 片变态叶、呈勺状，称小苞片。

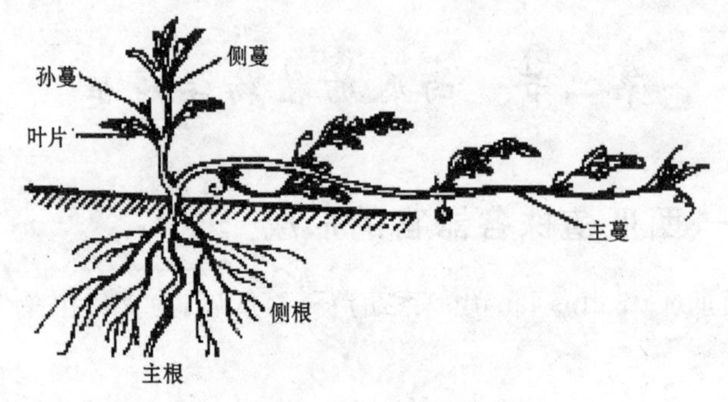

图 1-1　西瓜植株

(三)叶　西瓜叶较大，色深绿，掌状深裂、裂刻深，叶缘具细锯齿，茸毛多而密。叶脉为掌状网脉。叶柄长，中空。叶互生，无托叶(图 1-2)。

(四)花　西瓜的花多数为雌雄同株异花(单性花)，也有少数雌雄同花的品种。雄花出现较早，雌花出现较晚。一株西瓜在其自然生长发育中可形成 40～50 朵雌花。雄花和雌花在主蔓上开始发生的节位(相邻的两叶之间称节，节位亦即第几片叶之处)因品种不同而异。一般早熟品种自 5～7 节开始发生第一雌花；晚熟品种自 10～15 节开始发生第一雌花，以后每隔 5～6 节或 7～9 节发生 1 朵雌花。第一个雄花出现在第一个雌花前 3～5 节。从第一个雄花形成后，除着生雌花节位外，各节均可发生雄花。雌、雄花发生节位及雌、雄花的比例，除决定于品种的遗传性外，还与温度、光照、育苗条件、营养成分及株龄等有关。西瓜为半日花，在春播条件下，一般于晴天早晨 5 时左右启冠，6 时左右花粉开始散出，花冠即全部展开，12 时左右冠色变淡并开始闭花，下午 4 时左右花冠合拢。开花的早晚主要受夜间温度的影响，夜温较高时开花就早，夜温较低时开花就迟些。白天气温高时，闭花早；气温低时，闭花晚。花粉粒发芽最适宜的温度是 21℃～25℃。当气温过高、过低或多雨、干燥时，花粉粒的发芽和花粉管的伸长就会受到严重影响。

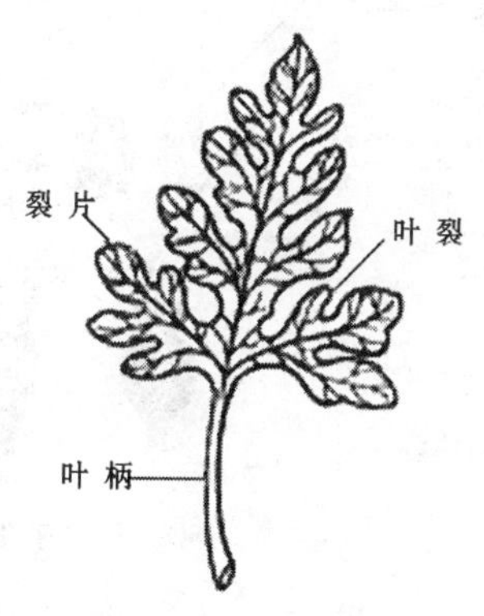

图 1-2　西瓜叶

（五）果　西瓜果实是由子房发育而成的。子房在开花前即出现，所以雌、雄花很容易辨认（图 1-3）。果形不同的品种，当子房开始发育时形状就不相同，通常可分为圆形、椭圆形、圆柱形等（图 1-3）。幼瓜初期密生茸毛，完成受精数日后茸毛开始逐渐稀少，到果实成熟时就全部退掉，并出现瓜粉和蜡质。果实由三心皮一室构成，瓜肉（俗称瓜瓤）是由 3 个侧模胎座（着生种子的位置叫胎座。凡雌蕊由多心皮构成、种子着生于各心皮交接处的，就叫侧模胎座）组成。果实为瓠果，外瓜皮较硬，由花托形成。瓜皮颜色分白皮、绿皮、黑皮、黄皮、花皮等，因底色深浅和条纹形状的不同又可分成更多的皮色。

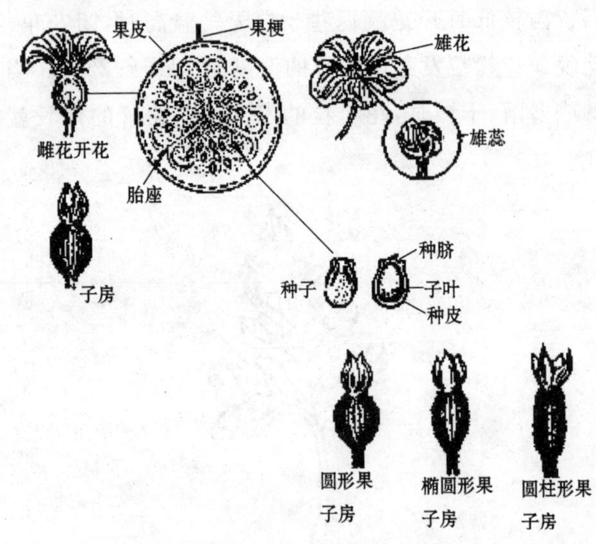

图 1-3 西瓜的花和果实 （仿朱奇）

西瓜随着果实的膨大和成熟，瓜肉细胞不断增大、变软，水分和糖分逐渐增多，瓜瓤颜色也逐渐变成本品种所应有的颜色（一般有红色、粉红色、橙色、黄色和白色等）。红色、粉红色的品种，其瓜肉中含茄红素最多；橙瓤品种，果肉中含胡萝卜素和叶黄素最多，茄红素很少；黄瓤品种，只含胡萝卜素和叶黄素，不含茄红素（表

1-1)；而白瓤品种，只含黄素酮类与糖结合成的苷。

西瓜果实内种子的数量、形状、大小和颜色因品种而异。就总体情况而言，一般种子扁平，分大、中、小，颜色有白、红、褐、黄、黑及花边等多种。种皮坚硬，内有发达的两片子叶（俗称瓜瓣子），储藏大量营养物质。无籽西瓜果实内没有发育完全的种子，只有败育的泡状胚。但当栽培不当或品种不良时，果实内也可形成较大的白色秕籽甚至少量大而硬的着色秕籽。

表 1-1　各类西瓜果肉色素含量　（毫克/全量）（涩谷等）

瓜瓤类别	胡萝卜素		茄红素		叶黄素	
	花后 20 天	花后 30 天	花后 20 天	花后 30 天	花后 20 天	花后 30 天
红　瓤	0.45～0.60	1.77～2.46	6.19～13.95	20.92～26.50	—	0.74～1.26
橙　瓤	3.97	19.21	0.26	4.65	—	2.08
黄　瓤	0.12～1.11	1.15～2.30	0	0	—	0.35～1.55

二、健壮植株的形态特征

（一）壮苗的特征

子叶苗：胚根粗壮，已发生许多一次侧根；下胚轴粗而短；子叶阔大肥厚，颜色深绿。

幼苗：根系发达。4 片真叶时一般可发生 2～3 次侧根，主根长可达 20～30 厘米。叶柄粗短，叶片肥大，叶脉粗壮。

生长衰弱或徒长的幼苗：下胚轴细长，子叶狭小而薄；根系不发达，侧根少，叶柄细长，叶片瘦小，叶脉细。

（二）抽蔓期的正常生长特征　叶片在茎蔓上排列的方式，称为叶序。叶序是植物正常生长的标志之一，通常以一定数目的叶

在茎蔓上排列成几周来表示。正常生长的植株,每 5 片叶在瓜蔓上排列成 2 周。水地瓜生态型的西瓜品种,生长正常的成龄叶,叶长一般为 18～22 厘米,叶宽19～23 厘米,叶柄长 8～12 厘米,叶柄粗 0.4～0.5 厘米。旱地瓜生态型的西瓜品种,生长正常的成龄叶,叶长一般为 20～28 厘米,叶宽 22～30 厘米,叶柄长 10～15 厘米,叶柄粗 0.5～0.8 厘米。生长衰弱或肥水不足时,叶片变小,叶柄变短变细;植株徒长或肥水过多时,叶片和叶柄均变长。任何西瓜品种,在正常生长情况下,叶柄长度均小于叶片长度,如果出现叶柄长度大于叶片长度的情况,就说明植株徒长了。

(三)结果期的正常生长特征

1. 植株生长健壮 凡丰产栽培的很少见衰弱植株,但要特别注意防止徒长。经多年调查,西瓜结果期生长健壮的植株形态指标是:成龄叶片大而宽,长与宽之比为 0.92～0.95,叶柄较短,叶片长与叶柄长之比为 1.6～2,蔓粗 0.5～0.8 厘米,节间长度小于或等于叶片长度,雌花开花节位距该瓜蔓生长点 30～60 厘米(这些具体指标仅供栽培时参考)。一般来说,凡是符合上述指标的植株多为丰产株型,凡是大于或小于上述指标的植株多为徒长或衰弱的植株。

2. 坐果率高 从产量的构成来看,在一定的密度条件下,单位面积产量与采收果实数成正比,而采收果实数与坐果率也呈正比。这就是说,在密度固定的条件下,坐果率高,收瓜数就多,收瓜数多,单位面积产量就高。提高坐果率的主要办法,是人工辅助授粉和合理施用肥水。

3. 果实发育良好 果实发育的状况是丰产的关键之一。果实发育状况最初应看子房的大小及果梗的粗细和长短。通常认

为，开花时子房大、果梗粗而长的，果实发育快，最终果实也大。开花时子房小而圆、果梗细而短的，果实发育慢，最终果实也小。在同一栽培条件下，成熟果实大小之差，可以从开花后 5 天时果实的横径和 12 天时果实的纵、横径方面看出明显的差别。

（四）采收前的植株特征　采收前维持一定的叶面积是稳产高产的基础。要使单瓜重达 4 千克以上，在整枝的情况下，应使每个果实平均保留 1 米^2 以上的成龄叶面积（不包括幼叶和基部老叶）。采收前果实的数量和整齐度是高产的关键。单位面积产量与坐果数及平均单瓜重有密切关系。特别是成熟期一致、果实整齐的品种，产量与坐果数及平均单瓜重的关系更为密切。就是说，凡是果实大小一致、坐果多、单瓜重量大的，那么单位面积产量必然高，这就是具备丰产的特征。但是还必须明确，如果在密度不一致的条件下，单瓜重不一定与产量成正比，如过密则成反比。就是说，在密度越大的条件下，平均单瓜重就越小。所以，丰产的首要因素是增加果实数，其次是提高单瓜重量。因此，因稀植或缺苗时而减产的部分，用增加单瓜重量的办法是不能弥补的。高产的另一关键，还要看果实生长盛期所维持的时间。果实生长盛期持续的时间越长、果实生长越大，产量就越高。

第三节　西瓜的生物学特性

西瓜从种子萌发到开花结果产生新的种子，都要经历营养生长和生殖生长过程。这个过程大致分为发芽、幼苗、抽蔓和结果四个时期。各期所经历的时间，与品种、气候及栽培管理条件有关。不同生育时期有不同的形态特征和生长中心，而且对外界环境条

件有不同的要求。因此，在栽培上应根据生育规律和各期特点，采取相应措施。

一、生长发育规律

(一)营养生长和生殖生长 西瓜根、茎、叶等营养器官的建成及增长过程，通常称作营养生长；花、果实及种子等生殖器官分化与形成的过程，称作生殖生长。西瓜的根、蔓、叶、花、果各器官在生长发育过程中，相互促进，彼此制约，不同生育期有一定的生长中心。西瓜植株的生长表现出慢—快—慢的节奏性。在不同生育时期，根、蔓、叶、花、果等各器官的相对生长量也不同，生长中心也随着各器官的生长进程不断更替。发芽期以胚根为生长中心。从幼苗期到结瓜期的果实褪毛阶段，以蔓、叶为生长中心。进入果实膨大阶段后，则以果实为生长中心。随着生长中心的转移，就形成了营养物质在体内运输分配的先后和多少之分。但制造有机物质主要靠叶片，吸收水和无机物主要靠根，这就需要科学地调整各器官之间的相互关系，使其彼此协调、充分发挥其有利的一面，以达到高产优质。

(二)地上部分与地下部分生长的关系 西瓜在生长发育过程中，随着地下部根系和地上蔓、叶、花、果等器官的生长发育，根冠比(植株地下部根系重量与地上部蔓、叶、花果重量之比值)有递减的趋势，如发芽期为0.29、幼苗期为0.16、果实褪毛阶段减至0.01(表1-2)。进入结果期，由于蔓、叶特别是果实生长量剧增，使根冠比迅速减小。为获得高产，通常在果实褪毛后加强肥水管理，以促进地上部的旺盛生长和果实的迅速膨大。

表 1-2 西瓜不同生育期的根冠比

项　目	发芽期	幼苗期	抽蔓期	果实褪毛阶段	果实成熟阶段
地下部(克)	0.09	1.08	7.14	23.85	27.42
地上部(克)	0.31	6.77	251.49	2 351.61	5 080.93
根冠比	0.29	0.16	0.03	0.01	0.005

(三)营养生长和生殖生长的关系 营养生长是生殖生长的基础,欲达到高产优质,需要有一定的叶面积。在生殖生长过程中,由于花果生长需大量的营养物质和水分,使营养生长受到抑制。也就是说,生殖生长所需的物质是由营养器官供给的,而生殖生长初期又是营养生长最旺盛时期,这时两者既统一又矛盾,因而必须采用栽培措施加以调整,生殖生长才能顺利进行。例如,在西瓜抽蔓期,正是蔓、叶生长旺盛期,节间迅速伸长,新叶陆续展开,光合产物不断增加,以营养生长为主;到了结果期,果实生长加速进行,营养生长速度开始减缓,到果实膨大阶段,营养生长基本稳定,并渐趋衰弱。西瓜果实的生长发育与叶片营养面积有密切关系。同一品种在正常生长情况下,雌花开放时的叶片数,不仅直接影响子房的大小(表 1-3),还可影响西瓜果实的大小(表 1-4)。

表 1-3 西瓜(乐蜜 1 号)雌花开放时叶片数与子房发育的关系

坐瓜节位	叶片数	子房大小(厘米)		子房重(克)
		子房纵径	子房横径	
9	16	1.13	0.87	0.41
12	19	1.32	0.93	0.58
16	23	1.69	1.21	1.15
21	28	1.81	1.47	1.39

表 1-4 西瓜叶面积与果实重量的关系 （贾文海，1992）

叶片数	叶面积(厘米²)			果实重(克)	叶/果(厘米²/克)
	果后	果前	合计		
26.8	489.4	1648.2	5137.6	2183	2.35
78.3	8143.5	2514.7	10658.2	4650	2.29
94.7	9852.3	2873.3	12725.6	5475	2.32
115.4	10076.2	3028.5	13104.7	6025	2.18
147.7	13706.1	2125.3	15831.4	3125	5.07

从表 1-2 中可以看出，在雌花开放时，叶片数多，子房发育就大；叶片数少，子房发育就小。从表 1-3 中可以看出，并不是叶面积越大果实越重，当叶面积过大造成植株徒长时，产量反而下降。实践证明，丰产田西瓜的最适叶果比为 2.18（每株西瓜叶面积÷每株果实重）。营养生长与生殖生长的关系，受肥水等外界条件的影响较大。如果在抽蔓以后，肥水不足，会直接影响伸蔓、坐瓜和果实发育；如果肥水过多，会造成蔓叶徒长，延迟开花或坐不住瓜。营养生长和生殖生长的矛盾，只有在现蕾后才激化，如果肥水施用不当，就会造成两者关系的失调。这种失调可概括为营养生长过弱和营养生长过旺两类。在肥水不足条件下，植株生长过弱，蔓细叶小，营养面积小，有机物质积累少，营养生长和生殖生长均被削弱，这属于营养生长过弱。在肥水过多的情况下，植株生长旺盛，蔓、叶发生徒长，大量营养物质被用在抽蔓长叶上，虽然蔓粗叶茂，但迟迟不坐瓜（俗称跑蔓子），此时营养生长对生殖生长产生了抑制作用，这属于营养生长过旺。在结果期间，做好施肥、浇水、除虫等项管理工作，保持较大的营养面积，防止叶片早衰，是获得西瓜

高产的关键。

二、生长发育与栽培条件的关系

(一)植株调整与果实产量的关系　西瓜植株调整包括整蔓、压蔓、打杈和摘心等。其目的是控制营养生长,促进生殖生长,调整叶面积系数(指单位面积土地上的叶片面积),改善植株内部和植株之间的通风透光条件,以利于提高产量和品质。但不同品种对植株调整的反应不同,这与其生长结果习性,特别是生长势及分蔓性有关。此外,与栽培方式和栽植密度也有关。一般晚熟品种,保护地栽培植株调整较露地栽培有更重要的意义,但有些生长势较弱的品种若进行打杈、摘心反而会引起减产。这是因为西瓜产量的形成要求适宜的叶面积,而生长势弱的品种,叶面积不会过大,而打杈、摘心就会减少叶面积。因此,要夺取西瓜高产,必须根据不同品种采用合理密植,适当施肥、浇水和搞好植株调整等措施,以促进叶面积尽快达到最适大小,并长期稳定于这个水平。

(二)果实发育与化瓜　西瓜果实最早发育的是果梗、外果皮和种皮,它们生长缓慢时种仁才开始迅速生长。在正常情况下,果实褪毛阶段以子房纵向伸长生长较快,进入果实膨大阶段则横向生长明显加快,从而发育为该品种固有的果形,并达到一定大小(即定个)。但是,如若果实发育期间遇到不良条件,就容易形成小球果或畸形果,甚至造成化瓜。例如,在开花后遇到阴冷、干旱等恶劣天气,可使子房纵向伸长生长过早停止,而横向生长也无明显加快,就形成小球果;在果实发育前期遇到低温、干旱或营养不良时子房纵向生长逐渐缓慢,但当环境条件改善后子房横向生长明显加快则形成偏头果;在低节位坐瓜、授粉不良、不正瓜或果实偏向阳面与着地面温差过大时，就容易形成各种变形瓜。化瓜是西瓜生产中的重要问题。引起化瓜的原因很多，可综合为内因和外因两类。

1. 化瓜的内因 ①没有授粉或受精。西瓜为雌雄同株异花，如果在阴雨天就不能授粉，或虽已授粉而不能受精。如花粉不发芽或花粉管生长不正常时，均不能完成受精。②花器畸形。雌花或雄花中的任何一方发育不正常，如柱头过短、无蜜腺、花药中无花粉或雌蕊退化等均能引起化瓜。③营养生长过强或过弱。西瓜蔓、叶生长过旺或过弱，使营养物质分配不平衡，以致发生器官之间的竞争，其结果均不利于果实的生长发育。实践证明，以营养生长中庸偏上最有利于果实的生长。

2. 化瓜的外因 ①水分不足或过多。开花期间土壤水分不足容易引起落花。水分过多造成蔓、叶徒长，使子房营养不良而化瓜。降雨影响授粉也易引起落花和化瓜。②温度不适宜。温度过高过低影响花粉管的伸长，因而影响受精，引起落花。③光照不足。在开花时，由于光照不足常常造成子房内养分暂时缺乏，而引起“饥饿”性化瓜。

三、西瓜的生长发育过程

(一)发芽期 西瓜的发芽期是指从播种到子叶出土平展的一段时间，需8～10天。发芽期的长短与种子处理及土壤温湿度有关，如浸种催芽的在20℃～25℃条件下，经6～8天子叶出土、平展；未浸种催芽的在18℃～20℃条件下，需经9～11天子叶出土、平展。

根据西瓜种子的发芽过程及对环境条件的不同要求，又可把

整个发芽期分成吸水、发芽、发根、脱壳、顶鼻、直脖6个阶段(图1-4)。发芽期的开始,首先是吸水阶段,这一阶段是从干种子到吸水膨胀为止。在这一阶段要求有充足的水分和氧气,以完成种胚(俗称种仁)的吸水膨胀和气体交换。发芽阶段是从种子膨胀到胚根(俗称种子芽)发出为止。这一阶段要求温度较高,湿度较大,还需要有一定的黑暗时间。如果温度低于15℃,或水分过大、种皮积水,造成种胚供氧不足,就会严重影响发芽。发根阶段是从胚根发出到侧根发出,脱壳阶段是从侧根发出到种壳脱掉,顶鼻阶段是从种壳脱掉到子叶出土,以上3个阶段均要求较高的温度、较大的湿度和充足的氧气。从子叶顶土而出到2片子叶平展,称为直脖阶段。这一阶段要求光照充足、温度较低、湿度较小,如果光照不足、温度高和湿度大,很容易形成又高又细又黄的徒长苗。

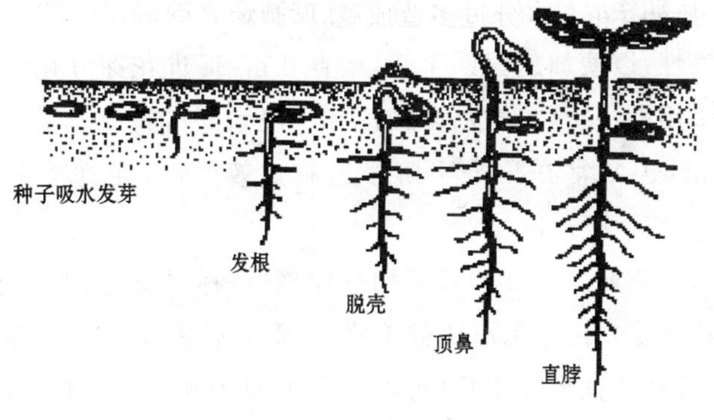

图1-4　西瓜发芽期的各个阶段　(仿朱奇)

据试验,西瓜种子发芽的最低温度为15℃,最高温度为40℃,最适温度为28℃～30℃(表1-5)。

表 1-5　温度对西瓜种子发芽的影响

温度(℃)	15	20	25	30	35	40	45
发芽率(%)	6	10	79	74	71	64	52
发芽期(天)	9.5	—	4.7	4.0	4.3	4.8	4.1

(二)幼苗期　西瓜幼苗期是从第一片真叶(俗称实叶)出现到第五片真叶展出(俗称团棵)。当气温在 18℃～20℃时,中熟品种幼苗期历时 30 天左右。幼苗期又可分拉十字(2 片子叶和 2 片真叶相交成十字形)阶段、真十字(4 片真叶相交成十字形)阶段和团棵阶段。在正常情况下,从第一片真叶出现至拉十字阶段需经 14 天,从拉十字阶段至真十字阶段需经 11 天,从真十字阶段至团棵阶段需经 5 天。由此可见,叶片的展出有一定的时间间隔,而且前期慢、后期快。幼苗期应十分注意控制适宜的温湿度和增强土壤的通气性,以便加速根系生长,培育壮苗,促进花芽分化。在栽培上常采用勤松土(中耕)、多铺沙和少浇水等措施。为了培育健壮的大苗,还常常在拉十字阶段追施速效肥,以促进苗期生长发育。

(三)抽蔓期　西瓜的抽蔓期从伸蔓(俗称甩龙头、甩辫子)到第一雌花现蕾。由于瓜蔓比较柔软,木质部不发达而髓部(茎的中心部分,后期往往形成空腔)比较发达,因而开始匍匐生长,这一时期骨干根(主根和侧根)发育基本健全,地上部生长速度和生长量显著增大并开始发生侧蔓。无论主蔓或侧蔓在伸长生长时,不同节位的节间长度有一定的规律性,即基部短、中部长、前部短(表 1-6)。

表 1-6　西瓜(蜜宝)抽蔓期蔓的生长情况

节位和分枝	1	2	3	4	5	6	7	8	9	10
主蔓长度(厘米)	1.8	5.1	8.8	5.5	1.2	0.8	0.6	0.3	0.1	0
侧蔓总长度(厘米)	8	6	5	—	—	—	—	—	—	—

西瓜植株伸蔓后，早熟品种从第五至第七节开始，晚熟品种从第十至第十五节开始，长大以后的各节叶腋中均有花芽的陆续形成、孕蕾和开花，但雌花比雄花发生晚 3 节左右。抽蔓期主要是蔓、叶的旺盛生长，但又有花果的孕育和相继出现。此期，在栽培上，一方面要促进蔓、叶健壮生长，使其形成足够的叶面积，积累更多的光合产物；另一方面又要防止蔓叶徒长，以便促进开花结果。所以，这一时期肥水施用是否得当最为重要。前期应以促为主，即抽蔓后追 1 次优质肥(饼类或大粪干)，并多次适量浇水，称为"催蔓肥、促叶水"。现蕾前后，以控为主，节制肥水，控制分蔓过多和瓜蔓顶端过旺，以利于坐果。

(四)结瓜期　西瓜结果期是从第一雌花开放到整株果实成熟。此期又分为果实褪毛、果实膨大和果实成熟 3 个阶段，在果实褪毛阶段，根系和蔓、叶生长都很旺盛。进入果实膨大阶段，西瓜主根和侧根停止发育，蔓、叶生长达到高峰，果实的体积和重量不断增加。接近果实成熟阶段，叶面积开始稳定，进入果实成熟阶段，叶片由基部开始衰老，光合产物大量地流入果实，使糖分不断积累，果实和种子逐渐发育成熟。结瓜期的长短，除气温外，与留瓜个数及管理条件有关。根据对单一果实的生长发育观察，果实生长可分为以下 3 个阶段。

1. 褪毛阶段　是从雌花开放到子房茸毛明显变稀、果梗开始

变直(俗称转把子)的一段时间,需经 5～6 天。当雌花成熟后即可进行授粉。受精后,花冠凋萎,经 2～3 天子房开始迅速膨大。在这一阶段中,果梗、果皮、瓜瓤及种子等各部分已初具规模,果实细胞的分裂(细胞增殖的一种方式,通常细胞数成倍增加)、分化(母细胞在分裂中逐渐形成不同的细胞群,不同的细胞群又构成不同的组织,这个过程叫分化)基本完成。这是坐瓜的关键阶段,天气不良和肥水失调均能造成幼瓜脱落(俗称化瓜)。控制肥水,及时整蔓和人工授粉等可促进坐瓜。

2. 果实膨大阶段 是从幼果褪毛至果实定个(不再膨大)的一段时间。当气温在 25℃～30℃时,需 18～22 天。这一时期又可分为 2 个阶段:第一阶段从褪毛到泛瓤(瓜瓤细胞膨大盛期)前,需 8～10 天。果实褪毛后,种皮发育加速,果皮颜色加深,果实出现暂时停长现象。这是泛瓤前的临界特征,这一暂时喘息,孕育着即将来临的果实细胞急剧膨大时期。这个阶段应及时追施膨瓜肥、浇膨瓜水,并开始整瓜,加强防治病虫害等项管理措施。第二阶段为泛瓤阶段,历时 10～12 天。此期蔓叶生长显著减缓,果实生长大大加速,为果实生长极期,1 昼夜生长量可达 0.5 千克左右。果实膨大阶段结束时,果实的大小和形状基本固定,果皮变硬,果面呈现出固有的光泽,果肉开始变色,种皮开始变硬,果实可达七成熟。果实膨大阶段由于营养物质大量流入果实,蔓、叶开始衰败。因此,应连续浇水和追速效肥,并及时防治病虫害。

3. 果实成熟阶段 是从果实定个到果实成熟的一段时间,需经 7～10 天。在泛瓤阶段结束后,果实生长大大减缓。达到成熟时,果实停止发育,而进行物质转化,如淀粉转化为葡萄糖、蔗糖和果糖;原果胶转化为果胶;胎座细胞充分膨大,果胶分解;叶绿素分

解，形成大量茄红素、胡萝卜素和维生素等。随着果实的成熟，蔗糖和果糖的合成逐渐加强，所以甜度不断增加。为提高甜度，此期除应及早增施磷、钾肥外，还应停止浇水，并注意排涝。

四、西瓜对环境条件的要求

(一)温度　西瓜是耐热性作物，在整个生长发育过程中要求较高的温度。据观察，西瓜生长所需的最低温度为10℃，最高温度为40℃，最适温度为25℃～30℃，适应范围为10℃～40℃。西瓜整个发育期间的有效积温为2 500℃～3 000℃，其中从雌花开放到该果实成熟的有效积温为800℃～1 000℃。土壤温度影响根系的活动，特别影响水分和矿物质的吸收，并影响叶片的光合作用和根系有益微生物的活动。当地温在28℃～32℃时最适于西瓜根系的各种活动。西瓜不同生育期对温度要求不同。发芽期最适温度为28℃～30℃，幼苗期最适温度为22℃～25℃，抽蔓期最适温度为25℃～28℃，结果期最适温度为30℃～35℃。

昼夜温差对西瓜的生长发育影响很大。较高的昼温和较低的夜温有利于西瓜的生长，特别是有利于西瓜糖分的积累。这是因为在适温范围内虽然光合作用与呼吸作用都随温度的升高而增强，但在通常情况下，白天光合作用总是显著大于呼吸作用，所以较高的昼温有利于碳水化合物的积累。而较低的夜温，一方面可使呼吸作用降低，另一方面也有利于碳水化合物由叶片运转到茎蔓、花、果和根部。然而，当夜温低于15℃时，果实生长缓慢甚至停止。一般来说，坐瓜前要求较小的昼夜温差(夜温较高)，坐瓜后要求较大的昼夜温差(昼温高、夜温低)。此外，温度可影响到西瓜的花芽分化、开花时间和花粉发芽等。西瓜花芽分化和开花时间与温度的关系极为密切，特别是夜间温度与开花时间关系更密切。据日本仓田久男试验，夜温每上升或下降1℃，开花时间约提前或延迟30分钟。如果夜温能保持在18℃以上，则开花时间可提早到清晨6时。

（二）光照 对西瓜的生长及产量的形成有重要意义。光照充足，蔓粗叶肥，组织结构紧密坚实；光照不足时，茎蔓细长，木质部和髓部发育不良，细胞壁较薄，组织结构松软、脆弱。光照强度直接影响西瓜产量和品质。据测定，西瓜幼苗期的光饱和点为80 000勒，这证明西瓜是需光性最强的作物之一。当光照强度较高时，光合作用比呼吸作用高好几倍；而光照强度下降时，光合作用与呼吸作用逐渐接近，以至两者相等，这时的光照强度称为光补偿点。西瓜的光补偿点为4 000勒，在这种光照强度下，光合作用制造的有机物质与呼吸作用消耗的有机物质相抵消，植株不积累有机物质。光合作用的补偿点随外界条件而发生变化，特别是受温度影响很大。当温度升高时，呼吸作用的增强比光合作用的增强大得多。因此，在较高温度时，为了弥补呼吸作用的消耗就需要有较高的光照强度。西瓜不同生育期对光照强度的要求不同，幼苗期要求80 000勒以上，结果期要求100 000勒以上。西瓜日照时数为10～12小时。如果幼苗期光照不足，则蔓叶细弱、易徒长、抗病力差。结果期光照不足易化瓜，即使坐住瓜也是含糖量低、品质差。安排适宜的栽培季节、保持苗期覆盖物的透光和清洁、选择向阳通风的栽培地等，是增强光照的主要措施。

（三）水分 西瓜果实按鲜重计算，一般含水量达90%～92%。西瓜发芽期要求土壤湿度为田间最大持水量的80%～85%（以下简称相对湿度）。西瓜根毛的吸水力可达到1.02×10^6

帕，1毫米粗的胚根其吸收力亦达 $6.2\sim6.6\times10^5$ 帕。在果实膨大阶段对水分的要求更高，这时细胞体积的扩大主要靠进入细胞的水分，缺水时膨大期过早结束而进入成熟期，将使果实变小。每株西瓜一生中约需水1米^3。因此，西瓜比其他蔬菜更多地浇水，方能获得高产。

西瓜地上部要求空气较为干燥，当空气相对湿度为50%～60%时最为适宜。特别是进入结果期，空气干燥有利于果实成熟，并且可减少炭疽病的发生。当空气湿度过高时，植株容易发生病害，果实生长较慢，含糖量低、品质差。但空气湿度也不能过低，特别是开花前后干旱，易造成受精不良和化瓜。据观察，当空气相对湿度由95%降至50%时，花粉的萌发率由92%降至18.3%。通过中耕松土和地面浇水或喷雾，可以调节土壤和空气湿度。

(四)二氧化碳　植物进行光合作用时，吸收二氧化碳，释放出氧气。二氧化碳是植物进行光合作用的重要原料。西瓜植株周围二氧化碳浓度的大小，直接影响光合作用。据国外报道，当二氧化碳气体浓度由300毫升/米^{3}降至50毫升/米^{3}时，一般植物叶片不仅不再吸收二氧化碳气体，相反还可放出二氧化碳(呼吸加强了)。要维持西瓜较高的光合作用，应使二氧化碳浓度保持在250～300毫升/米^3。增加有机肥料和碳素化肥，可以提高二氧化碳的浓度。注意改良土壤、排水防涝及加强中耕松土等，有利于西瓜对二氧化碳的吸收利用。

(五)土壤及矿质营养　西瓜根系喜欢通气性好、吸热快、疏松的沙质土壤。为了使根系向纵深发展、扩大吸收面积，应深翻土壤，以改善土壤结构，增加土壤透水层，增强通气性。沙质土壤白天吸热快，春天地温回升早，夜间散热迅速，昼夜温差大，不仅有利于西瓜根系的生长发育，而且还有利于矿物质的运输和地上部营养物质的运转。但是，沙质土壤中有机质含量较少，肥料分解和流失较快，应多施有机肥料。黏重土壤如不掺沙改良，将使西瓜生长不良，果实品质差、甜度低。

西瓜对土壤酸碱度适应性较强，其适应范围的pH值为5～8，即土壤微酸、中性、微碱均可，以中性土壤最为适宜。土壤酸度太大时，西瓜叶片易变形，抗病力降低。在酸性土壤或盐碱地种植西瓜，必须对土壤进行改良，使其变为中性或微酸、微碱性土壤。西瓜整个生育期对氮磷钾三要素的吸收量以钾为最多，氮次之，磷最少。不同生育时期对三要素的需要量和吸收比例不同。发芽期吸肥量极少，主要靠子叶内储藏的养分。幼苗期吸肥量也较少，抽蔓期吸肥增多，结果期吸肥量最多。坐瓜前以氮为主，坐瓜后对钾的吸收量剧增，果实褪毛阶段吸收氮、钾量相当；果实膨大阶段达到吸收高峰；果实成熟阶段对氮、钾的吸收量大大减少，磷的吸收量相对增加。这可能是因为果实成熟时，有机物质的转化、糖类、维生素以及种胚的形成需要大量磷素的缘故。在生产实践中，施用基肥以土杂肥为主，对子叶苗及大苗追施尿素，伸蔓后增加饼肥和过磷酸钙；坐瓜以后追施草木灰、硫酸钾等，基本能满足西瓜不同生育时期对氮磷钾三要素的要求。为了防止植株早衰，获得二次瓜，在第一个瓜生长中后期须重施氮肥。

在西瓜栽培中，温、光、水、气及矿质营养等因素综合地影响着西瓜的生长和发育，只有全面满足其需求，才能获得高产优质。

第四节　西瓜生产需要具备的基本条件

一、西瓜生产的基本要求

(一)西瓜高产栽培的基本条件

1. 地理条件　西瓜是商品性生产,瓜田应选在小气候利于西瓜生产和交通运输方便的地域,如城镇郊区、厂矿区附近,或靠近公路、铁路、水路等交通方便,便于运输的地方。瓜田还要充分利用自然条件,如选择村庄南面,或北面有山、南面开阔的地段,这样的环境可减少早春北风和南风的吹袭,而且阳光充足,地温回升快,有利于西瓜生长发育和提早上市。

2. 排灌设施　主要包括机井(电井)和排灌渠道。排灌设施要配套,水源要充足,排水要畅通。井灌的一般 3.3～4.6 公顷瓜田要配 1 眼 75 毫米泵机井或电井,如果井距离瓜田较远,还要配备足够的塑料输水管,以便于浇水和节约用水,保证每眼井所管范围都能浇上水。最末一级浇水沟间距以 10～20 米为宜,并与排水沟间隔设置,即每排畦的上水头设浇水沟,下水头设排水沟。整个地块必须设有总排水沟,以便及时排出地内多余的水,防止涝害。此外,在有条件的单位可采用喷灌或滴灌,既能定时定量供水、又可节约用水。

3. 保护地设施　主要指各种规模的塑料薄膜棚及温床、阳畦等,用于保护栽培和育苗。这些设施最好设在背风向阳、地下水位低、靠近水源的地方。保护地设施的规模及面积应根据生产规模等确定。

4. 劳力和机具 在当前生产条件下，一个劳动力一般能承担0.067～0.133公顷瓜田。生产规模为1.33～3.34公顷的瓜田，要有10～20人管理。大规模生产的瓜田，要配备拖拉机及全套农机具，以承担耕作、运肥、运瓜等作业。

(二)制定西瓜种植计划

1. 西瓜品种要适销对路 目前，用于栽培的西瓜品种繁多，性状各异。首先，应根据市场需要情况和当地消费者对西瓜商品性状的要求，以及其他特殊需要，确定生产目标，并选择适宜的品种；既要考虑丰富和活跃市场，又要考虑增加经济收入。

2. 因地因条件安排计划 因地因条件种植是安排西瓜生产的原则。如瓜田背风向阳、小气候好，又有育苗设备，就应选用早熟品种，安排早熟栽培，并根据自己的经济条件确定早熟栽培的保护地设备和规模。

3. 因条件安排播种期 要根据管理水平、劳动力多少及运输能力，合理安排西瓜的播种期。一般来说，早、中、晚分期播种，西瓜成熟时分期上市，可减轻西瓜运输的压力，并能丰富市场，延长西瓜供应期。但是由于田间苗情不一，管理比较复杂，这样做就需要较多的劳动力。如果产销关系协调，运输条件较好，可以集中播种、集中上市，这样不仅管理方便、节省劳力，而且可以集中早倒茬，及时安排下茬作物。

4. 注意轮作换茬 西瓜忌重茬，大田种植一般应实行5年以上的轮作，否则地力不足，病虫害严重，产量不高、甚至减产。轮作可合理利用自然条件，科学地用地养地和减轻病虫危害。比如，有0.67公顷可以种植西瓜的土地，每年只能安排0.067公顷种植西瓜，这样才能保证连续种植，而不出现重茬所致的病害。同时，还要根据生产条件和作物特点，合理安排西瓜与粮食作物、油料作物和蔬菜作物等间作套种，以增加经济收入。

二、搞好西瓜生产经营

西瓜生产经营是最近几年种植业中发展较快的一种，它与粮食作物和其他经济作物相比有3个突出特点：一是要妥善运输，就近供应。西瓜产品含水量高、脆嫩多汁，与粮谷相比不耐贮藏、不耐运输，而且由于西瓜需要分期分批采收，所以应尽量就地生产，成熟一批、采收一批，及时销售，妥善运输，就近供应。二是需要劳力多，技术水平要求高。与大田粮食作物相比，西瓜生产技术环节多，集约化程度高，经营西瓜生产需用较多的劳力和较多的设备。需要精耕细作，田间管理技术也比较复杂，因此生产者本人要有较高的生产管理技术水平。三是要以销定产，产销平衡。西瓜生产与销售的关系十分密切，生产者必须根据当地的市场需求变化及运输条件安排生产，而且要排开播种，均衡上市，既要避免积压又要延长供应期；否则，容易造成产销脱节，不利于西瓜产销稳定发展。

三、掌握西瓜生产技术

西瓜生产要想获得高产、优质、高效，必须严格把好"三关"，掌握"八项措施"，简称"种瓜三八经"。"三关"就是壮苗关、坐瓜关、中后期管理关，"八项措施"是优良品种、培育壮苗、植株调整、人工授粉、选胎留瓜、肥水施用、病虫防治、适时采收。"八项措施"与"三关"为因果关系，掌握"八项措施"的技术高低和熟练程度，就决定了"三关"能否顺利通过，也就决定了西瓜生产能否获得高产、优质、高效。

第二章　西瓜主栽品种及种子检验

第一节　西瓜品种和熟性

一、区别西瓜不同品种的依据

(一)生育期　从播种到果实成熟的时间。应特别重视从雌花开放到果实成熟的时间。

(二)果实特征　包括果实形状、大小、皮色及花纹,果皮、瓜瓤颜色,瓤质及含糖量等。

(三)种子特征　包括种子大小、颜色,单瓜平均种子数及千粒重等。

(四)植株生长特征　如生长势、分枝力强弱、节间长度、第一雌花着生节位、雌花间隔节位及某些特殊性状等。

(五)适应性和抗逆性　主要指对气候、土壤的适应性和抗病性。

二、西瓜熟性的划分

西瓜品种的熟性一般是按生育期划分的,即根据生育期的长短可分为早熟品种、中熟品种和晚熟品种。但由于各地气候条件、

栽培方式和栽培季节不同，因而很难采用绝对固定的数字来划分，目前也没有统一的国家标准。20 世纪 80 年代，贾文海曾将生育期为 80～100 天的品种称为早熟品种，生育期为 100～120 天的品种称为中熟品种，生育期为 120 天以上的品种称为晚熟品种。全生育期的长短是由结果前的苗期(幼苗期和抽蔓期)和结果后的果实发育期构成的。第一雌花出现的早晚，决定了苗期的长短；果实成熟的早晚，决定了果实发育期的长短。在生产实践中，通过对西瓜不同品种的大量田间调查，发现第一雌花出现的早晚对西瓜采收期的影响小于果实成熟早晚对西瓜采收期的影响。所以，从生产实际出发，可以用果实发育时期所需天数的多少来代表生育期的长短。通过在不同地区对许多品种的大量调查，认为以坐瓜节位为基准，一般从雌花开放到该果实成熟所需天数在 28～30 天者为早熟品种，24～28 天者为极早熟品种，30～35 天者为中熟品种，35～40 天者为中晚熟品种，40 天以上者为晚熟品种。

早熟品种的主要特点是第一雌花出现较早，坐瓜节位低，瓜码较密，一般雌花在主蔓上每隔 3～5 节着生 1 个，易坐瓜，较耐低温弱光。生长势与分枝性较弱，一般抗病力较差。果实成熟早，早期产量高，单瓜重较小，总产量不高；中熟品种的主要特点是第一雌花出现稍晚，坐瓜节位较高，雌花密度较小。生长势较旺，分枝力强，果型较大，抗病性较强，产量高；晚熟品种的主要特点是第一雌花出现晚，坐瓜节位高，雌花间隔节位多(瓜码稀)。生长势旺，分枝力很强，根系发达，瓜蔓粗壮，叶片大，抗病性强，耐旱，果型大，果实发育期长，产量高，耐贮运。

前几年，我国栽培面积最大、品种最多的是中熟品种，从国外引进和国内选育最多的也是中熟品种。据中国园艺学会西甜瓜协会1994－1996年多次统计，中熟品种在我国西瓜栽培总面积中占75％～85％，有的省可达到90％以上。近年来，特早熟及早熟品种发展较快。笔者认为，作为一个地区特别是一个省应早、中、晚熟品种适当搭配，不同的栽培方式和不同的栽培季节应选择具有不同特点和不同熟期的品种与之相配套，只有这样才能更充分地发挥不同栽培方式的优越性，并更好地适应不同的栽培季节。

第二节　普通食用西瓜主栽品种

据近几年全国西瓜种子交易、交流、协作等各种会议及全国各西瓜主产区种子市场的调查，每年约有1 000多个西瓜品种上市，全部为一代杂交种。但其中不乏同品种异名、同母(本)异父(本)、同父(本)异母(本)及同品种不同包装、不同生产厂家的品种、品系。虽为不同育种单位育成，但其主要性状大同小异，经去伪存真、求同存异之精选，实际上每年推向种子市场的西瓜品种不足400个，其中有籽西瓜品种320～350个，无籽西瓜品种50～80个。我国目前种子市场尚不规范，西瓜种子市场尤为突出。笔者试图从生育期(熟性)、果实品质(性状)、产量、抗病性及适应性等多方面分别介绍各具特点的一些品种，供各地根据各自的栽培条件、栽培季节、栽培方式及当地西瓜市场的消费习惯进行选择。

一、特早熟品种

特早熟品种的生育期一般为80～90天，其中果实发育期为22～28天。多为小型果，单瓜重1.5～3千克。株型较小，瓜蔓生长势较弱，但主蔓分枝力较强，伸展力较弱，适合露地双行密植栽

培和棚室多茬栽培。近年来，这类品种(系)的引进和选育工作发展迅猛，为我国西瓜市场实现周年均衡供应提供了良好条件。

(一) 主栽品种

1. 特小凤　台湾农友种苗公司育成。全生育期80天左右，雌花开放至该果实成熟(以下简称果实发育期)23～25天。果实近圆形，果皮鲜绿色，果面上覆不规则的黑条纹，单瓜重1.5～2千克。果肉金黄色，肉质细嫩、脆甜多汁，瓜中心含糖量12%左右。果皮极薄，种子特少。耐低温弱光，适合我国南北各地早熟或多季栽培。

2. 拿比特　从日本引进的红玉类西瓜品种。全生育期85天左右，果实发育期24～26天。果实长椭圆形，果皮绿色，上覆墨绿色条带。果肉红色，肉质脆嫩，瓜中心含糖量12%以上。单瓜重2千克左右，易连续坐瓜。适宜我国各地春季早熟和秋延后保护地栽培。

3. 红小玉　湖南省瓜类研究所从日本引进的西瓜一代杂交种。全生育期80～85天，果实发育期22～25天，极易坐果，每株可坐果2～3个。果实高球形，果皮深绿色，上有16～17条纵向细虎纹状条带。果肉浓桃红色，肉质脆沙味甜，风味极佳，果实中心含糖量12%左右。生长势较强，可以连续结果，单瓜重约2千克。适宜全国各地早熟栽培。

4. 黄晶一号　极早熟高档小型西瓜，果实发育期约26天。果实圆球形，黄皮红肉，外观漂亮喜人。肉质细嫩，口感好，瓜中心含糖量13%以上。生长势好，抗逆性强，易坐瓜，果实整齐度好，单瓜重1.5～2千克。

5. 特早红　黑龙江省大庆市庆农西瓜研究所育成。全生育期85天左右，果实发育期28天左右。果实圆形，果皮浅绿色，上有深绿色条带。果肉红色，肉质细脆多汁，风味好，瓜中心含糖量12%以上，单瓜重4～5千克。适宜北方棚室早熟栽培。

6. 世纪春蜜 中国农业科学院郑州果树研究所育成。全生育期85天左右，果实发育期25天左右。果实圆形，果皮底色浅绿，上覆深绿色细条带。果肉红色，肉质脆细多汁，风味佳，瓜中心含糖量12%以上，单瓜重3.5～4千克。适宜棚室早熟栽培。

7. 小天使 安徽省合肥丰乐种业股份有限公司育成。全生育期80天左右，果实发育期24天左右。果实椭圆形，果皮鲜绿色，上覆深绿色中细齿状条带。果肉红色，肉质脆、纤维少，爽口多汁，风味佳，瓜中心含糖量约12.5%，单瓜重1.5～2千克。适宜浙江、上海等生态区栽培。

8. 早佳(8424) 新疆农业科学院园艺研究所育成。全生育期75天左右，果实发育期28天左右。果实圆形，果皮绿色，上覆深褐色条带。果肉粉红色，肉质松脆多汁、纤维少，瓜中心含糖量12%以上，单瓜重3～5千克。耐低温弱光，适宜棚室早熟栽培。

9. 美抗9号 河北省蔬菜种苗中心育成。全生育期85天左右，果实发育期28天左右。果实圆形，果皮深绿色，上覆墨绿色条带。果肉红色，肉质脆多汁，瓜中心含糖量12%以上，单瓜重4千克左右，种子小而少。适宜北方地膜覆盖及棚室栽培。

10. 玉美人 新疆昌农种业有限公司选育。全生育期80～85天，果实发育期22～24天。果实椭圆形，果皮浅绿色，上覆绿色条带，皮极薄。果肉鲜黄色，肉质细脆爽口，瓜中心含糖量13%左右。一株多瓜，平均单瓜重2.5千克以上。适应性广，抗病性强，全国各地均可栽培。

11. 春兰　极早熟、中小果型。全生育期83天左右，果实发育期24天左右。植株生长势中等偏弱，极易坐瓜。果实圆球形，翠绿底色上覆深绿色特细条带，外观非常漂亮。果肉黄色，肉质酥脆细嫩，口感极好，瓜中心含糖量13%左右，品质一流。一般单瓜重3千克左右。

12. 早红玉　由日本引进的一代杂交种。全生育期80天左右，果实发育期25天左右。果实椭圆形，果皮深绿色，上覆黑色条状花纹，果皮极薄具弹性，耐运输。果肉桃红色，肉质细风味佳，瓜中心含糖量12%以上，单瓜重1.5～2.5千克。适宜春、秋、冬多季设施栽培。

13. 绿美人　新疆昌农种业有限公司选育。全生育期70～80天，果实发育期26天左右。果实椭圆形，果皮浅绿色，上覆绿色细网纹。果肉鲜红色，肉质脆沙，瓜中心含糖量13%左右。单瓜重2.5～3千克，适应性广。适宜各西瓜主要生产区春、夏、秋多季栽培。

14. 中科1号　特早熟中果型，外观亮丽，品质一流，极具发展潜力。全生育期约83天，果实发育期24～26天。生长势中等，极易坐瓜。果实圆正，底色翠绿，条带细、整齐清晰，商品性好。果肉鲜红色，肉质酥脆细腻、汁多，口感风味特好，瓜中心含糖量约12%，最高可达13%，单瓜重5～6千克。适合保护地早熟栽培。

15. 世纪春露　早熟，全生育期85天左右，果实发育期27天左右。植株生长势中等，极易坐瓜。果实圆球形，浅绿底色上覆有深绿色细条带，外观非常漂亮。果肉大红色，肉质酥脆，口感极好，瓜中心含糖量12%左右，品质上等，单瓜重5～6千克。适合保护地和露地栽培，也可用于秋延后栽培。

16. 早春翠玉 特早熟,全生育期 80 天左右,果实发育期 22 天左右。植株生长势中等,易坐瓜。果实圆球形,果皮绿色,上覆深绿色特细条带,外观秀美。果肉黄色,肉质酥脆细嫩,口感风味好,瓜中心含糖量 13%左右,单瓜重 1.5 千克左右。

17. 早春美玉 特早熟、小果型。全生育期 80 天左右,果实发育期 22 天左右。植株生长势中等,易坐瓜。果实圆球形,果皮红色,肉质酥脆细嫩,口感风味好,瓜中心含糖量 13%左右,品质一流,单瓜重 1.5 千克左右。

18. 丰乐小天使 极早熟品种。果实发育期 24 天左右,极易坐果。果实椭圆形,绿皮上覆墨绿色齿条,外形美观,单瓜重 1.5 千克左右,瓜中心含糖量 13%左右,汁多味甜,口感极佳。

19. 美王 甘肃省兰州市种子管理站选育的早熟杂一代西瓜品种。植株生长势中强,抗逆性强,适应性广,易坐瓜。果实发育期 28 天左右,平均单瓜重 3.5 千克。果实圆球形,绿皮齿条带,果肉大红色,瓜中心含糖量 12%左右,品质佳,皮薄而韧,较耐贮运。日光温室、塑料大棚宜采用吊蔓栽培,双蔓整枝,栽植密度 27 000 株左右/公顷。小拱棚和露地栽培宜采用三蔓整枝,栽植密度 13 500 株左右/公顷。适合甘肃及北方地区保护地和露地早熟栽培。

20. 珍冠 湖南博达隆科技公司选育。全生育期 85 天左右,果实发育期 27 天左右。果实短椭圆形,皮绿色上覆墨绿色齿状条带。果肉鲜红色,肉质脆,瓜中心含糖量 11.5%～12.5%,平均单瓜重 2.6 千克。适宜棚室支架栽培和多茬栽培。

21. 香秀 中国农业科学院蔬菜花卉研究所选育。全生育期 75～80 天,果实发育期 28 天左右。果实高圆球形,皮浅绿色上覆

墨绿色锯齿状条纹，皮极薄（0.4～0.5 厘米）。果肉大红色，肉质细，风味好，瓜中心含糖量 12%～13%、中边糖梯度小，单瓜重 1.5～2.5 千克。适宜华北各地棚室立体栽培和多茬栽培。

22. 翠玲　台湾农友种苗公司选育。全生育期 75 天左右，果实发育期 24～26 天。果实高球形，皮浅绿色上覆青绿色窄条斑，皮薄而韧，耐运。果肉鲜红色，肉质细多汁，瓜中心含糖量 10.5% 以上，单瓜重 2.5～3 千克。

23. 春艳　安徽省农业科学院园艺研究所选育。全生育期 80～85 天，果实发育期 24～26 天。果实长椭圆形，皮色深绿上覆墨绿色齿状窄条纹，皮极薄（0.3～0.4 厘米）；果肉鲜红色，肉质细酥脆，瓜中心含糖量 12%～13%，单瓜重 2～2.5 千克。耐贮运、不裂瓜。适宜华东、华中及西南等地区栽培。

（二）新选育品种

1. 特早甜　甘肃省农业最新育成的新一代早熟超甜型西瓜新品种。该品种生长势强，不易早衰，对瓜类枯萎病、炭疽病抗性较强，易坐瓜。果实圆形，皮墨绿色。果肉鲜红色，肉质细嫩多汁，籽少，瓜中心含糖量达 13%左右。皮薄且坚韧，耐贮运，保鲜性好。单瓜重 5～8 千克，瓜个大小均匀，不易裂瓜。

2. 新金巧　早熟，适合秋延后栽培。全生育期 75～80 天，果实发育期 30 天左右。植株生长健壮，易坐瓜，抗病，适应性强。果实高圆形，果面底绿色，上覆锯齿形深绿条纹。果肉金黄色，肉质脆嫩无比，入口即化，品质极佳，瓜中心含糖量 12%左右，单瓜重 5 千克左右。

3. 夏丽　全生育期 85 天左右，果实发育期 28 天左右。适宜早春保护地栽培，更适合夏秋露地栽培。易坐瓜，单株坐瓜 2～3

个，果实一致性好。果实长椭圆形，果皮墨绿色上覆不明显锯齿状条带，果形指数 1.8，单瓜重 3～3.5 千克。果实中心含糖量 13%左右，边糖含量 11%左右，中边糖梯度小，果肉红色，皮薄且硬，耐贮运。

二、早熟品种

早熟品种全生育期 90～100 天，果实发育期 28～30 天。多为中果型，单瓜重 4～6 千克。

(一)主栽品种

1. 黑美人 台湾农友种苗公司育成。全生育期 90 天左右，果实发育期 29 天左右。果实长椭圆形，果皮墨绿色，上覆暗黑色斑纹。果肉鲜红色，肉质细嫩多汁，瓜中心含糖量 12%以上。单瓜重 2.5～4 千克。果皮硬而韧，具弹性，极耐贮运。是目前栽培面积最大的早熟品种，我国南北各地及东南亚各国均有栽培。

2. 京欣 2 号 国家蔬菜工程技术研究中心育成。全生育期 88～90 天，果实发育期 29 天左右。果实圆形，果皮绿色，上覆墨绿色条带，有蜡粉。果肉红色，肉质脆嫩，口感好，甜度高，中心含糖量 12%以上，单瓜重 6～8 千克。皮薄坚韧，耐裂性较京欣 1 号强，抗病性较强。适合保护地栽培和露地早熟栽培。

3. 天骄 河南省农业科学院园艺研究所选育。全生育期 94 天左右，果实发育期 29 天左右。植株生长势强，易坐瓜。果实圆形，瓜皮底色浅绿，上覆墨绿色条带。瓜瓤大红色，质脆多汁，瓜中心含糖量约 11.5%，边糖含量约 9.5%。种子卵圆形、褐色，千粒重约 57.1 克。适宜棚室或露地早熟栽培。

4. 春蕾 早熟品种，全生育期约 85 天，果实发育期 26～28

天。植株生长势中等，坐瓜容易且整齐。果实高圆形，果形指数1.14，单瓜重3～4千克，单株坐瓜平均1.5个。果皮浅绿色，上覆墨绿色中宽条带，条带较密、美观，皮厚约0.6厘米。果肉红色，肉质细脆酥甜，汁多，风味好。瓜中心含糖量12.3%，中边糖梯度小。成熟及时采收，以免产生裂果等不良影响。种子小、黑色，千粒重约45克。该品种根系较发达，早熟丰产，抗逆性强，抗病性强，适于大棚、温室保护地栽培或地膜覆盖直播栽培。

5. 改良京抗二号 国家蔬菜工程技术研究中心最新育成。全生育期90天左右，果实发育期30天左右。果实高圆形，果皮浓绿色，上覆黑色中宽条带。果肉朱红色，肉质脆嫩，纤维少，口感风味佳，瓜中心含糖量12%以上。单瓜重7～8千克。较其他京欣系列品种耐裂性有较大提高。适宜早春中小拱棚及地膜覆盖露地栽培。

6. 千鼎1号 早熟新品种。全生育期90天左右，果实发育期30天左右。果实圆形，果形指数1.1，瓜皮深绿色，上覆墨绿色中细条带，条带较清晰，皮厚约1.2厘米，韧性好，耐贮运。果肉红色，肉质沙细，汁多，纤维少，口感佳，瓜中心含糖量12%，中边糖梯度小，单瓜重6千克左右。植株生长势较强，抗病、抗逆性强。

7. 禾山玉丽 新疆昌农种业有限公司选育。全生育期90天左右，果实发育期30天左右。果实高圆形，果皮翠绿色，上覆深绿色窄条带。果肉红色，肉质细脆爽口，瓜中心含糖量13%左右。单瓜重6～8千克。适应性广，抗病性强，较耐重茬。我国南、北方均可栽培。

8. 早熟抗枯巨龙 新疆昌农种业有限公司选育。全生育期88～90天，果实发育期26～28天。果实椭圆形，果皮翠绿色，上覆墨绿色条带。果肉鲜红色，肉质沙脆，风味佳，瓜中心含糖量12%左右。单瓜重6～7千克。适应性广，抗病性强，我国各地均可栽培。

9. 大总统 山东省济南学超种业有限公司太空育种。全生育期85～95天，果实发育期26～28天。果实近圆形，果皮浅绿色，上覆黑色窄条带。果肉大红色，肉质脆，瓜中心含糖量12%左右，单瓜重7～10千克。耐低温弱光，高抗病。皮薄坚韧，耐贮运。适宜露地早熟栽培和保护地春秋栽培。

10. 金早8号 新疆昌农种业有限公司选育。全生育期90天左右，果实发育期28天左右。果实椭圆形，果皮黄绿色，上覆深绿色宽条带。果肉大红色，风味好，瓜中心含糖量12%左右，单瓜重7～8千克。适应性广，抗病性强，我国南、北方均可栽培。

11. 兴华 台湾农友种苗公司选育。全生育期90天左右，果实发育期28天左右。果实长椭圆形，果皮淡绿色，上覆粗宽黄绿色条带。果肉深红色，瓜中心含糖量12%左右。果皮薄而韧，耐贮运，单瓜重3～4千克。适宜各地早熟栽培。

12. 早巨龙 河北省蔬菜种苗中心育成。全生育期96天左右，果实发育期31天左右。果实椭圆形，果皮深绿色，上覆墨绿色条纹。果肉粉红色，种子少，瓜中心含糖量11.5%左右，单瓜重4～6千克。适应性广，抗病性强，适宜各地早春栽培。

13. 丰乐5号 安徽省合肥丰乐种业股份有限公司育成。全生育期90天左右，果实发育期31天左右。果实椭圆形，果皮浅黑色，上覆黑色暗条带。果肉桃红色，中心含糖量12.5%左右，单瓜重4～5千克。抗枯萎病，兼抗炭疽病。适宜露地和保护地早熟栽培。在湖南、浙江等地栽培面积较大。

14. 春光　安徽合肥华夏西甜瓜科学研究所育成。全生育期 90～95 天，果实发育期 30 天左右。果实长椭圆形，果皮鲜绿，上覆浓绿色细条带。果肉粉红色，肉质细嫩，瓜中心含糖量 13%左右，中边糖梯度小，风味佳。果皮极薄（0.2～0.3 厘米），具弹性，不裂果，耐贮运，单瓜重 2～2.5 千克。植株生长稳健，低温条件下伸长性好，在早春不良条件下易坐瓜。目前在上海郊区、江浙等地有较大面积栽培。

15. 金童　早熟一代杂种，植株生长势强，主蔓 6～7 节着生第一雌花，以后每隔 5 节现一雌花。该品种坐瓜整齐，全生育期 93 天左右，果实生育期 28 天左右。果实圆形，果皮绿底色，上覆深绿色细条带，外形美观，皮薄。果肉红色，口感极好，品质优良，瓜中心含糖量 12%左右，单瓜重 6～10 千克。

（二）新选育品种

1. 春一　天津市农业科学院最近育成。全生育期 95 天左右，果实发育期 29 天左右。果实圆形，瓜皮底色翠绿，上覆清晰的黑色细条带，皮薄而韧，耐贮运，单瓜重 6～8 千克。易坐瓜，适合设施早熟栽培。

2. 金宝　全生育期 100 天左右，果实发育期 28～30 天。果实正圆形，条带清晰、无乱纹，底色翠绿，蜡粉重。果肉大红色，肉质细嫩多汁，口感好，瓜中心含糖量 12%以上。皮薄而韧，耐运输。果实整齐度高，果型大，最大单瓜重可达 15 千克，一般单瓜重 8～10 千克。该品种抗逆性、耐低温性较强，适宜早春保护地栽培。

3. 京花宝　京欣类品种中大果型西瓜。果实发育期 29 天左右。植株生长健壮，极易坐瓜。果实圆正，底色翠绿，条带清晰，商品性极好。果肉大红鲜艳，肉质脆细汁多，口感风味好，耐运输，瓜中心含糖量12%左右。一般单瓜重8～10千克，最大单瓜重可达16千克以上。适合保护地、露地栽培。

4. 丽芳 浙江大学与勿忘农种业股份有限公司共同选育而成。该品种属早熟中型西瓜。春播果实发育期35天左右，第一雌花节位8节，雌花节位间隔6节。商品瓜率约94.1%，单瓜重约3.8千克，果形指数1.05。果面绿色，上覆墨绿色齿带，果面光滑、无棱沟、覆蜡粉，果皮厚约1.1厘米。果肉红色，汁多，肉质脆，口感好，耐贮运性中等。经2006—2007年浙江省农业科学院植保所枯萎病抗性鉴定结果为中抗，2006年炭疽病抗性鉴定结果为中抗。该品种较耐高温，不易早衰。适宜江浙地区设施多季节种植。

5. 台湾佳风 该品种为最新育成，兼具京欣"地雷"等类型西瓜品种的综合优点，集抗病、美观、优质、适应性广于一体，生长势强劲，果实形状正圆、无空洞，皮特硬，表皮深绿覆盖浓蜡粉，细直条纹清晰靓丽。成熟后果肉大红色，点缀黑色光亮小籽，瓜瓤密度紧实，口感甘甜，汁多，纤维少，瓜中心含糖量高达14%。中型果实，一般单瓜重7～8千克，果实发育期28～30天，产量高，耐运输，商品价值高于一般西瓜品种。低温、高温坐瓜良好，适合露地及棚室大面积栽培。

6. 抗病黑旋风 天津市蔬菜研究所利用美国抗病材料与我国栽培品种选配的一代抗枯萎病、少籽、黑皮、大果型西瓜品种。特征特性：单瓜重9千克以上，最大单瓜重可达30千克以上，瓤红，质优，瓜中心含糖量12%以上。生长势中等，抗病强，易坐瓜，是目前较理想的西瓜新品种，既具有丰收一号的产量，又具有西农10号的抗病性。

三、中晚熟品种

种子市场的西瓜种子，中熟品种占65%～80%，晚熟品种很少。在众多的中熟品种中，根据果型大小、果皮颜色、种子多少及抗病、耐贮运等不同特性选取部分有代表性的品种予以介绍。读者可根据市场需求、生态条件、栽培方式、生产条件和技术水平进行选择。

（一）高产品种

1. 西农8号　西北农业大学育成。全生育期95～105天，果实发育期34～36天。果实椭圆形，果皮浅绿色，上覆墨绿色齿状条带。果肉红色，肉质细脆甜，瓜中心含糖量11%以上，单瓜重7～8千克。适宜长江以北露地或地膜覆盖栽培。

2. 红冠龙　西北农林科技大学园艺学院育成。全生育期100天左右，果实发育期36天左右。果实椭圆形，果皮浅绿色，上覆不规则深绿色条带。果肉大红色，肉质细嫩脆爽，风味好，瓜中心含糖量11%以上，单瓜重9～10千克。适宜我国西瓜主产区露地栽培。

3. 农乐　中熟一代杂种。全生育期100天左右，果实发育期33天左右。生长势强健，抗病抗逆性强。果实椭圆形，果形指数1.3，果皮绿色，上覆13～14条墨绿齿条带，皮厚约0.9厘米。果实中心含糖量11%，中边糖梯度1，果肉大红色，剖面均匀一致，品质佳，单瓜重4.5千克左右。

4. 抗病黑巨霸　中国农业科学院郑州果树研究所选育的中熟大果型品种。高抗枯萎病，植株生长势中等偏上，极易坐瓜。全生育期100天左右，果实发育期约33天。果实椭圆形，黑皮上覆暗条。果肉大红色，肉质脆甜，瓜中心含糖量12%左右，口感极佳，单瓜重8～10千克。果皮坚韧，耐贮运。

5. 抗病201 全生育期100天左右，果实发育期30天左右。植株生长稳健，易坐瓜。果实椭圆形，果皮底色浅绿色，上覆深绿色的不规则条带。果肉大红，肉质脆爽，汁多味正，瓜中心含糖量12%，品质上等。果皮薄而韧，耐运输，单瓜重7～8千克，种子小。

6. 雪峰黑媚娘 湖南农业大学园艺园林学院与湖南省瓜类研究所共同育成的中熟偏早有籽西瓜一代杂种。全生育期90天左右，果实发育期30天左右。植株生长势和抗病抗逆性较强，坐瓜性好。果实高圆球形，果皮深绿色，上覆墨绿色条带。瓤色鲜红，瓤质脆，瓜中心含糖量约12%，汁多味甜、爽口，品质优。单瓜重6千克左右。果实整齐度高，栽培适应性强，适合于长江中下游地区及相近生态地区露地及保护地多季节栽培。

7. 抗病绿王星 全生育期100天左右，果实发育期32天左右。果实椭圆形，绿皮薄而韧。瓤色大红，瓜中心含糖量13%左右，籽小而少，肉质紧密，口感好，风味佳。抗病性强。

8. 农科大10号 西北农业科技大学园艺学院选育。全生育期105天左右，果实发育期31天左右。果实圆球形，果皮翠绿色，上覆墨绿色齿状条纹，有蜡粉，皮厚0.9厘米左右、较韧，耐运。果肉桃红色，质脆多汁，瓜中心含糖量10.5%～11%，单瓜重4.7～6.8千克。中抗枯萎病，耐低温弱光，适宜早春设施栽培。

9. 开杂12 河南省开封市农林科学研究所育成。全生育期106天左右，果实发育期34天左右。果实椭圆形，果皮黑色，上覆有暗黑色条带。果肉红色，质脆多汁，瓜中心含糖量11%左右，单瓜重8～10千克。适宜华北及长江下游地区露地或地膜覆盖

栽培。

10. 鄂西瓜16号 湖北省武汉市农业科学研究所选育的中熟西瓜品种。果实高圆形，果皮绿色，上覆墨绿色锯齿状条带。果肉鲜红色，瓜中心含糖量11.13%左右，边糖含量8.36%左右，肉质细嫩爽口，汁多味甜，风味佳。果皮薄而韧，不易裂瓜，单瓜重3～3.5千克。抗病性、抗逆性较强，较耐贮运。

11. 庆发黑马 黑龙江省大庆市庆农西瓜研究所育成。全生育期110～120天，果实发育期35天左右。果实椭圆形，果皮黑色。果肉红色，质脆甜，瓜中心含糖量12%左右，单瓜重8～10千克。适宜东北、西北、华北及生态条件类似的地区种植。

12. 美抗8号 河北省蔬菜种苗中心育成。全生育期105～110天，果实发育期32天左右。果实椭圆形，果皮浅绿色，上覆墨绿色条带。果肉鲜红色，肉质细脆多汁，瓜中心含糖量12%左右。一般单瓜重7～10千克，最大单瓜重可达28千克。适宜华北地区春季露地栽培。

13. 庆农5号 黑龙江省大庆市庆农西瓜研究所育成。全生育期105天左右，果实发育期33天左右。果实椭圆形，果皮浅绿色，上覆有绿色条带。果肉红色，籽少，肉质细脆多汁，瓜中心含糖量12%左右。单瓜重8～10千克，最大单瓜重可达28千克。适宜华北地区春季地膜覆盖栽培。

14. 郑抗8号 中国农业科学院郑州果树研究所育成。全生育期95～100天，果实发育期28～30天。果实椭圆形，果皮墨绿色，上覆隐形暗网纹。果肉鲜红色，肉质细脆沙、汁多纤维少，瓜中心含糖量11%以上，单瓜重6～8千克 。适宜华北地区露地栽培。

15. 聚宝3号 合肥丰乐种业股份有限公司育成。全生育期

95～98天，果实发育期33～35天。果实椭圆形，果皮黄绿色，上覆深绿色中宽齿条。果肉红色，质脆多汁，纤维少，瓜中心含糖量11%左右，单瓜重7～8千克。适宜东北、华北、西北、华东等各生态区露地栽培。

16. 华蜜8号 安徽省合肥华夏西瓜甜瓜科学研究所育成。全生育期95～100天，果实发育期35天左右。果实椭圆形，果皮绿色，上覆墨绿色齿状条带。果肉红色，肉质细脆甜，纤维少，风味好，瓜中心含糖量12%左右，单瓜重8～9千克。适宜华东、华北及长江中下游地区露地栽培。

17. 豫艺2000 河南农业大学育成。全生育期105天左右，果实发育期33～35天。果实椭圆形，果皮黑色。果肉红色，瓤质脆甜，瓜中心含糖量11%以上，单瓜重10～15千克。适宜北方各地及南方旱季露地栽培。

18. 陕农9号 西北农林科技大学园艺学院育成。全生育期95～100天，果实发育期35天左右。果实椭圆形，果皮浅绿色，上覆深绿色中宽条带。果肉红色，肉质细纤维少，瓜中心含糖量12%以上，单瓜重8～9千克，最大单瓜重可达20千克。适宜陕西、河南等地露地栽培。

19. 华西7号 新疆华西种业有限公司育成。全生育期95天左右，果实发育期35天左右。果实椭圆形，果皮浅绿色，上覆墨绿色条带。果肉朱红色，品质佳，风味佳，瓜中心含糖量11%以上，单瓜重7～8千克。适宜新疆、河北等地区露地栽培。

20. 丰乐圣龙 安徽省合肥丰乐种业股份有限公司育成。全生育期95～100天，果实发育期33天左右。果实椭圆形，果皮底色浅绿，上覆齿状黑条带。果肉红色，肉质脆、纤维少，瓜中心含糖

量12%左右，单瓜重6～7千克。适宜安徽、河南、山东等地区露地栽培。

21. 燕都巨龙　中熟一代杂交。全生育期95～100天，果实发育期30～32天。果实椭圆形，果皮绿色，上覆黑色齿状条带。果肉红色，肉质脆爽而多汁，瓜中心含糖量12%左右，单瓜重9～11千克。适宜辽宁、山东、河南、河北等地露地或地膜覆盖栽培。

22. 大江2008　中熟大型果一代杂交种。全生育期100天左右，果实发育期32天左右。果实椭圆形，果皮纯黑色。果肉朱红色，籽少，瓜中心含糖量11%～12%，单瓜重9～12千克，最大单瓜重可达25千克。适宜河南、山东、河北、辽宁等地区露地栽培。

（二）高糖少籽品种

1. 金鹂黑美龙　广东省珠海裕友种苗有限公司选育。系黑美人改良品种，极早熟，全生育期85～90天，果实发育期28天左右。果实长椭圆形，果皮墨绿色，上覆黑色条斑。果肉深红色，肉质细嫩多汁，瓜中心含糖量12%～14%，种子少，单瓜重3.5～5千克。适宜广东、广西、云南、贵州等地早熟栽培。

2. 裕友美麒麟　广东省珠海裕友种苗有限公司选育。早熟品种，全生育期90～95天，果实发育期30天左右。果实短椭圆形，果皮绿色，上覆墨绿色至黑色条斑。果肉深红色，肉质脆而多汁，瓜中心含糖量13%～14%，单瓜重3.5～4.5千克，少籽瓜。适宜广西及华南等地区露地栽培。

3. 京抗2号　北京市农林科学院蔬菜研究中心育成。全生育期90～95天，果实发育期30天左右。果实圆形，果皮绿色，上覆深绿色条带。果肉红色，种子少，口感好，瓜中心含糖量12%以上，单瓜重4～5千克。适宜北京、河北、山东、辽宁、黑龙江、吉林

等地露地栽培。

4. 庆发8号 黑龙江省大庆市庆农西瓜研究所育成。全生育期100～105天，果实发育期约33天。果实圆形，果皮绿色，上覆较宽的黑色齿状带。果肉红色，肉质脆而多汁，味纯甜爽口。果实中心含糖量12%左右，高者可达13.5%，中边糖梯度小。单瓜重7～10千克，籽少，每果仅70～120粒。适宜河北、河南、山东、江苏、安徽、湖南等地露地栽培。

5. 新优20号 新疆生产建设兵团农六师农业科学研究所育成。全生育期90～98天，果实发育期29天左右。果实椭圆形，果皮深绿色，上覆约12条墨绿色条带。果肉桃红色，肉质脆而多汁，纤维少，风味好，瓜中心含糖量12%左右，籽较少，单瓜重3.5～4.5千克。不裂瓜，耐运输。适宜新疆、甘肃等地露地栽培。

6. 甜卫世纪星 黑龙江省青园种业有限公司经销。全生育期95～100天，果实发育期28天左右。果实近椭圆形，果皮绿色，上覆墨绿色条带。果肉红色，肉质脆味极甜，瓜中心含糖量13%以上，单瓜重4～5千克。适宜东北及华北地区地膜覆盖栽培或北方小拱棚覆盖栽培。

7. 平优5号 浙江省平湖市西瓜豆类研究所育成。全生育期95～100天，果实发育期32天左右。果实椭圆形，果皮墨绿色，无条纹。果肉大红色，肉质松脆，口感好，味甜，瓜中心含糖量12%以上，单瓜重5～8千克。适宜江浙一带栽培。

8. 昌农黑冠 新疆昌农种业有限公司育成。全生育期100天左右，果实发育期35天左右。果实椭圆形，果皮黑色，有蜡粉。果肉大红色，瓜中心含糖量12%左右。单瓜重10～12千克，最大单瓜重18千克。生长势强，易坐瓜，适应性广，抗病性强。我国各

地均可栽培。

（三）高抗枯萎病品种

1. 西农10号　天津科润农业科技股份有限公司蔬菜研究所与西北农林科技大学合作育成。全生育期98～102天，果实发育期32天左右。果实长椭圆形，果皮绿色，上覆黑色齿状条带。果肉大红色，肉质细脆，风味好，瓜中心含糖量11%左右，单瓜重6～8千克。高抗枯萎病，可适度连作。适宜陕西、河北、天津等地栽培。

2. 抗病黑旋风　天津科润农业科技股份有限公司蔬菜研究所育成。全生育期95～102天，果实发育期30～33天。果实椭圆形，果皮黑色。果肉红色，肉质脆沙，瓜中心含糖量12%左右，单瓜重9千克以上，籽少。抗病性强，特抗西瓜枯萎病。适宜河北、天津等地露地栽培。

3. 豫艺15　河南农业大学园艺学院育成。全生育期95～100天，果实发育期3天左右。果实椭圆形，果皮黑色，上覆蜡粉。果肉红色，肉质细脆，瓜中心含糖量12%左右，单瓜重6～8千克。抗逆性强，高抗枯萎病，兼抗病毒病。适宜河南、河北、山东等地露地或地膜覆盖栽培。

4. 郑抗1号　中国农业科学院郑州果树研究所育成。全生育期100天左右，果实发育期30～32天。果实椭圆形，果皮绿色，上覆8～10条深绿色不规则条带。果肉大红色，肉质细、纤维少，瓜中心含糖量11%左右，单瓜重5～6千克。抗西瓜枯萎病。适宜河南、山东、河北等地露地栽培。

5. 丰乐旭龙　安徽省合肥丰乐种业股份有限公司育成。全生育期95天左右，果实发育期30天左右。果实椭圆形，果皮深绿色，上覆黑色齿状条带。果肉红色，瓜中心含糖量11.5%～12.5%，单瓜重4～5千克。高抗枯萎病。适宜安徽、江苏等地露地栽培。

6. 新先锋 山东省济南三优高科技种业有限公司育成。全生育期95～100天，果实发育期32天左右。果实近圆形，果皮绿色，上覆墨绿色齿状条带。果肉红色，肉质脆而多汁，瓜中心含糖量11.5%左右，单瓜重5～6千克。高抗枯萎病。适宜山东、河北等地露地栽培。

7. 美国重茬王 山东省济南学超种业有限公司引进。全生育期100天左右，果实发育期30天左右。果实椭圆形，果皮草绿色，上覆墨绿色双条窄带。果肉大红色，风味佳，瓜中心含糖量11%以上，单瓜重10～20千克。高抗枯萎病兼抗疫病、炭疽病。

8. 高抗3号 新疆昌农种业有限公司选育。全生育期100天左右，果实发育期30天左右。果实椭圆形，果皮草绿色，有隐形条带。果肉大红色，肉质细脆，瓜中心含糖量12%左右，中边糖梯度小，单瓜重8～10千克。耐重茬，高抗枯萎病。

9. 墨丰 东方正大种子公司推出。全生育期102天左右，果实发育期32天左右。果实圆球形，果皮墨绿色至黑色。果肉大红色，肉质脆而多汁，瓜中心含糖量12%以上，单瓜重5～8千克。植株耐湿热，抗病性极强。

四、特色西瓜品种

在自然界，西瓜原本就有黑、白、绿、花、黄不同皮色和红、黄、白不同瓤色的品种存在，但由于其产量、品质、抗性及适应性的不同，特别是由于受生产者和消费者观念的取向所影响，有些品种栽

培面积迅速扩大，而有些品种栽培面积越来越小，甚至绝种，如白皮、白瓤、白籽的"三白"西瓜，浅绿网纹皮、白瓤的"冰激凌"西瓜等。近年来，随着人们生活水平的不断提高，消费市场需要多样化，西瓜品种也需要多样化，西瓜育种工作者选育出了独具特色的西瓜新品种。

(一)黄瓤品种　果肉金黄色，肉质细嫩多汁，纤维少，有冰糖风味。

1. 冰晶　袁隆平农业高科技股份有限公司湘园瓜果种苗分公司育成。全生育期85天左右，果实发育期27天左右。果实高圆形，果皮浅绿色，上覆17条深绿色条纹。果肉晶黄色，肉质细脆、纤维少，味甜多汁，瓜中心含糖量12%左右，单瓜重1～1.5千克。适宜棚室多季栽培。

2. 小兰　台湾农友种苗公司育成。全生育期80天左右，果实发育期25天左右。果实近圆形，皮色浅绿，上覆青色细条纹。果肉黄色晶亮，肉质细脆多汁，瓜中心含糖量12%左右，种子小而少，单瓜重1.5～2千克。适宜冬春棚室栽培。

3. 晶迪　新疆维吾尔自治区农业科学院园艺研究所育成。全生育期100天左右，果实发育期30天左右。果实圆形，果皮浅绿色，上覆暗绿色条带。果肉金黄色，肉质细嫩，风味佳，瓜中心含糖量12%左右，单瓜重3千克左右。

4. 中选12号　中国农业科学院蔬菜花卉研究所育成。全生育期90天左右，果实发育期29天左右。果实高圆形，果皮底色浅绿，上覆墨绿色齿状条带。果肉金黄色，肉质细脆甜，瓜中心含糖量11%以上。皮薄耐贮运，单瓜重3千克左右。适宜北京、河北、辽宁等地早熟栽培。

5. 金鹤玉凤 广东省珠海裕友种苗有限公司育成。极早熟品种，全生育期90天左右，果实发育期28天左右。果实高球形，果皮浅绿色，上覆深绿色纵横向网纹。果肉晶黄美观，瓜中心含糖量12%左右，单瓜重1.5千克左右。瓜皮极薄，高温多雨天气成熟时易裂果。适宜北方地区棚室早熟栽培。

6. 阳春 安徽省合肥华夏西甜瓜科学研究所育成。全生育期90天左右，果实发育期28天左右。果实高圆形，果皮翠绿色，上覆墨绿色条带。果肉金黄色，肉质细爽口，瓜中心含糖量12%～13%，中边糖梯度小，品质上等，单瓜重平均2千克。耐低温弱光，抗性强。适宜各地早熟栽培。

7. 黄小玉 湖南省瓜类研究所育成的一代杂交新品种。全生育期85～90天，果实发育期26天左右。果实高圆形，单瓜重2千克左右，果皮厚约3毫米，不裂果。果肉金黄色略深，瓜中心含糖量12%～13%，肉质细、纤维少，籽少，品质极佳。抗病性强，易坐瓜，极早熟。适于大棚早熟覆盖栽培。

(二)黄皮品种 果皮金黄色，外观美丽。这类品种，一般抗病性较差，产量较低，所以要求较高的栽培技术。

1. 金帅2号 中国农业科学院蔬菜花卉研究所育成。全生育期80～90天，果实发育期28～30天。果实短椭圆形，果皮金黄色。果肉浅黄色，肉质脆而多汁，瓜中心含糖量11%左右。果皮薄而韧，耐贮运。单瓜重4千克左右。

2. 丰乐8号 安徽省合肥丰乐种业股份有限公司育成。全生育期85～90天，果实发育期28天左右。果实圆形，果皮黄色，上覆深黄色暗条带。果肉红色，肉质脆，瓜中心含糖量11%左右。果皮薄而韧，耐贮运。单瓜重3～4千克。

3. 金福　湖南省瓜类研究所育成。全生育期75～85天，果实发育期23天左右。果实圆球形，果皮金黄色、油亮，上覆深黄色花纹。果肉桃红色，肉质脆味甜，瓜中心含糖量11%～12%，单瓜重1.5～2千克。

4. 金冠1号　中国农业科学院蔬菜花卉研究所育成。全生育期85～90天，果实发育期25～28天。果实高圆形至短椭圆形，果皮深金黄色。果肉红色，肉质细脆而多汁，瓜中心含糖量11.5%左右，单瓜重2～3千克。

5. 华晶3号　河南省孟津县西瓜协会育成。全生育期80～90天，果实发育期25～28天。果实圆形，果皮金黄色，上覆深黄色暗细条带。果肉红色，质脆汁多，口感甜爽，瓜中心含糖量11%左右，单瓜重1.5千克左右，皮薄而韧。耐旱、耐涝，易坐瓜，抗病性较强。

（三）白瓤品种　白瓤西瓜原为野生西瓜。在非洲（如埃及）和欧洲（如俄罗斯）的许多国家多作饲料用。19世纪末始选育出食用品种，20世纪初“三白”西瓜品种传入我国山东省德州、菏泽、昌乐等地。近年来，通过引进和选育，育成了我国稀有的珍贵品种。

1. 京雪　北京市农林科学院蔬菜研究中心育成。全生育期100天左右，果实发育期28～30天。果实圆形，果皮绿色，上覆墨绿色中宽条带。果肉白色，着生种子部位常出现粉红色“眼圈”，肉质酥脆爽口，瓜中心含糖量11%左右，单瓜重4～5千克。

2. 冰激凌　从日本引进的一代杂交种。全生育期95～105天，果实发育期30～32天。果实近圆形，果皮浅绿皮，上覆深绿色网状细纹。果肉乳白色，肉质脆而细嫩多汁，有冰糖味，瓜中心含糖量10.5%～11%，单瓜重3.5～5千克。

第三节　无籽西瓜主栽品种

无籽西瓜栽培历史较短，品种较少。我国从20世纪70年代起投入大量人力物力进行研究，现已育成不同皮色、不同瓤色及不同果型的多类新品种。

一、黑皮红瓤品种

这类品种果皮硬度大、韧而有弹性，果肉脆甜度高，抗病性强。

(一)黑蜜2号　中国农业科学院郑州果树研究所育成，中晚熟品种。全生育期100～110天，果实发育期36～40天。果实圆球形，皮色墨绿，上覆隐暗黑宽条带。瓜瓤红色，肉质脆而多汁，瓜中心含糖量11%以上。果皮厚约1.2厘米、硬而具弹性，耐贮运，采收后在室温条件下贮藏20天风味不变。单瓜重5～7千克，最大单瓜重可达10千克。该品种是目前国内制种量最大、栽培范围最广的无籽西瓜品种，在南方和北方均有大量栽培。

(二)雪峰无籽304　湖南省瓜类研究所育成。中熟品种，全生育期95～100天，果实发育期35天左右。果实圆球形，果皮黑色，上覆深黑色暗条纹。果肉红色，肉质脆沙，无着色秕籽。皮厚约1.2厘米，果实中心含糖量12%左右，单瓜重7～8千克。适宜我国南、北各地露地或小拱棚栽培。

(三)洞庭1号　湖南省岳阳市农业科学研究院育成。全生育期105天左右，果实发育期34天左右。果实圆球形，果皮墨绿色，上有蜡粉，皮厚1.1厘米左右。果肉红色，肉质脆细嫩，瓜中心含糖量11.5%～12%，单瓜重5～8千克。该品种耐湿热，适宜湖南、湖北等地栽培。

(四)郑抗无籽2号　中国农业科学院郑州果树研究所育成。中晚熟品种，全生育期105～110天，果实发育期35天左右。果实椭圆形，果皮黑色至墨绿色。果肉红色，肉质脆细，不空心，不倒瓤，白色秕籽少而小。果实中心含糖量11%～12%，单瓜重6～7千克。适宜我国北方各地栽培。

(五)丰乐无籽3号　安徽省合肥丰乐种业股份有限公司育成。中熟品种，全生育期105～110天，果实发育期35天左右。果实圆形，果皮墨绿色，上覆黑色暗窄条纹。果肉大红色，肉质酥脆、纤维少，瓜中心含糖量12%左右，单瓜重7～9千克。适宜安徽、江苏、浙江等地区露地栽培。

(六)世纪304　新疆昌农种业有限公司选育。全生育期105天左右，果实发育期32～35天。果实圆形，果皮墨绿色。果肉鲜红色，无着色秕籽，瓜中心含糖量13%左右。易坐瓜，适应性广，抗病性强。平均单瓜重8千克。适宜全国各地栽培。

(七)黑马王子　湖南省瓜类研究所选育。全生育期105天左右，果实发育期36天左右。果实近圆形，果皮墨绿色，上有蜡粉。果肉鲜红色，肉质脆风味佳，瓜中心含糖量12%以上。果皮硬而韧，耐贮运。单瓜重6～8千克。适宜全国各地栽培。

(八)津蜜2号　天津市蔬菜研究所选育。全生育期110天左右，果实发育期33～35天。果实圆形，果皮墨绿色。果肉红色，肉质脆，瓜中心含糖量12%左右，中边糖梯度小，单瓜重6～7千克。适宜全国各地栽培。

(九)蜜都无籽　湖南省瓜类研究所选育。全生育期100天左右，果实发育期30天左右。果实高圆形，果皮墨绿色，上覆暗条

带。皮厚约1.2厘米，硬而韧，耐贮运。果肉鲜红色，肉质细脆，瓜中心含糖量12%左右。白秕籽小而少。适合长江以南一带种植。

(十)墨丽一号 新疆昌农种业有限公司育成。全生育期105～110天，果实发育期35天左右。果实高圆形至短椭圆形，果皮黑色，上覆隐形细条纹。果肉大红色，肉质脆而爽口，瓜中心含糖量12%以上，单瓜重8～10千克。生长势强，易坐瓜，适应性广，抗病性强。全国各地均可栽培。

(十一)农友新一号 台湾农友种苗公司选育。全生育期100天左右，果实发育期33天左右。果实高圆形，果皮浓绿色，上覆墨绿色条带。果肉鲜红，品质佳，瓜中心含糖量12%左右，单瓜重6～8千克。适宜我国各地栽培。

(十二)黑宝6号 全生育期105天左右，果实发育期35～37天。植株生长势强，抗病性好。果实圆形，黑皮，红瓤，瓜中心含糖量在11%以上，耐运输，单瓜重8～10千克。

(十三)暑宝 北京市农业技术推广站育成。该品种生长势强，易坐瓜，适应性广，抗病性好，耐渍能力强。全生育期100天左右，果实发育期32～33天。果实圆形，暗绿皮有条纹。红瓤，肉质细腻，瓜中心含糖量在12.5%以上，口感极好，单瓜重7～10千克。

二、绿皮红瓤品种

这类品种多数瓜皮较薄，抗病性和耐贮运性一般不如黑皮品种。

(一)绿宝无籽 中国农业科学院郑州果树研究所育成。全生育期100天左右，果实发育期30天左右。果实短椭圆形，绿皮网

纹。果肉大红色，肉质脆甜多汁，瓜中心含糖量12%以上。白秕籽少而小，单瓜重5千克以上。露地、大棚、温室栽培均可，适宜温暖潮湿气候条件下栽培。

（二）广西5号　广西农业科学院园艺研究所选育。全生育期105天左右，果实发育期32天左右。果实椭圆形，果皮深绿色、坚韧，皮厚1.1～1.2厘米，耐贮运。果肉鲜红色，肉质细嫩爽口，瓜中心含糖量12%左右。不空心，不裂瓜，单瓜重5～6千克。适宜我国长江以南各地栽培。

（三）春韵二号　东方正大种子公司选育。全生育期105天左右，果实发育期33天左右。果实圆形，果皮深绿色，略显墨绿色细条纹，有较厚蜡粉。果肉大红色，口感好，瓜中心含糖量12%左右，单瓜重7～8千克。抗病性较强。适宜春季露地和保护地栽培。

（四）商道四号　山东省鲁青园艺研究所、鲁青种苗有限公司选育。全生育期98～100天，果实发育期32天左右。果实高圆形，果皮绿色，上覆深绿色细网纹。果肉大红色，肉质脆不倒瓤，品质风味佳，瓜中心含糖量12%以上，单瓜重5～6千克。适宜露地和保护地栽培。

（五）玉童　先正大种业集团选育。全生育期95～100天，果实发育期32天左右。果实圆球形，果皮浅绿色，上覆青色网纹。果肉鲜红色，肉质细嫩，瓜中心含糖量12.5%～13.5%，单瓜重3～4千克。适宜棚室早熟或多茬栽培。

三、花皮红瓤品种

这类品种果型大，产量高，但瓤质和风味多数不如黑皮类品种。

(一)无籽京欣一号 国家蔬菜工程技术研究中心选育。全生育期98～100天,果实发育期28～30天。果实近圆形,果皮绿色,上覆黑色中宽条带。果肉桃红色,肉质脆嫩,瓜中心含糖量12%以上,中边糖梯度小,单瓜重6～7千克。耐低温弱光,易坐瓜。适宜保护地和露地早熟栽培。

(二)国蜜二号 国家蔬菜工程技术研究中心选育。全生育期100天左右,果实发育期35天左右。果实近圆形,果皮深绿色,上覆黑色宽条带。果肉红色,品质好,瓜中心含糖量12%左右。单瓜重7～8千克。生长势强健,易坐瓜,抗病性强,适应性广。适宜全国各地露地或保护地区栽培。

(三)京蜜八号 新疆益海嘉里种业公司选育。全生育期100天左右,果实发育期32天左右。果实圆形,果皮绿色,上覆墨绿色宽条带。果肉鲜红色,味甜质脆,瓜中心含糖量13%左右,单瓜重8～10千克。易坐瓜,适应性广,抗病性强,全国南北方均可栽培。

(四)花蜜5号 新疆昌农种业有限公司选育。全生育期105天左右,果实发育期35天左右。果实高圆形,果皮浅绿色,上覆深绿色宽条带。果肉大红色,肉质细脆爽口,瓜中心含糖量13%左右。适应性广,抗病性强,适宜露地和保护地栽培。

(五)春韵一号 东方正大种子公司选育。全生育期100天左右,果实发育期32天左右。果实圆形,果皮绿色,上覆墨绿色条带。果肉大红色,口感好,甜度高,瓜中心含糖量12.5%。单瓜重7～8千克,果形整齐,产量高。适应性广,抗病性强,全国各地均可栽培。

(六)雪峰花皮无籽 又名湘西瓜5号,湖南省瓜类研究所育成。中熟品种,全生育期95～100天,果实发育期35天左右。果

实高圆形，果皮浅绿色，上覆17条深绿色宽条带。果肉桃红色，瓜中心含糖量11.5%左右，单瓜重5～6千克。适宜湖南、贵州等地露地栽培。

(七)郑抗无籽3号　中国农业科学院郑州果树研究所育成。全生育期95～100天，果实发育期31天左右。果实圆形，果皮浅绿色，上覆深绿色齿状条带。果肉红色，肉质脆，瓜中心含糖量11%以上，单瓜重6～7千克。适宜河南、河北等地及相同生态区栽培。

(八)丰乐无籽2号　安徽省合肥丰乐种业股份有限公司育成。中熟品种，全生育期105天左右，果实发育期33天左右。果实圆球形，果皮浅绿色，上覆墨绿色齿状窄条带，果皮厚约1.2厘米。果肉红色，纤维少，瓜中心含糖量11.5%左右，单瓜重6～8千克。适宜我国西北、华北、华东等地露地栽培(铺地膜)。

(九)翠宝3号　新疆八一农学院与昌吉园艺场合作育成。中熟品种，全生育期98天左右，果实发育期33～35天。果实圆形，果皮浅绿色，上覆墨绿色条带，皮厚约1.1厘米，耐贮运。果肉红色，肉质脆，瓜中心含糖量12%左右，单瓜重5～6千克。适宜新疆、甘肃等地露地栽培。

(十)花蜜　北京市农业技术推广站育成。全生育期100天左右，果实发育期30～35天。果实高圆形，果皮绿色，上覆黑色齿状条带。果肉红色，肉质脆嫩，瓜中心含糖量12%左右，单瓜重6～8千克。适宜我国北方各地栽培。

(十一)新秀1号　广东省农业科学院蔬菜研究所育成。全生育期114天左右，果实发育期35天左右。果实椭圆形，皮底浅绿色，上覆墨绿色条带，皮厚约1.1厘米，硬度较大。瓜瓤红色，不空心，瓜中心含糖量12%左右，单瓜重6千克左右。适应性广，品质好，耐贮运。

（十二）红宝石 中国科学院新疆生物土壤沙漠研究所育成。全生育期90天左右，果实发育期30～32天。果实圆球形，皮绿色，上覆墨绿色齿状条带。皮厚约1.1厘米，有韧性，不裂瓜。瓜瓤大红色，肉质细，风味好，瓜中心含糖量12%左右，近边部8%左右。单瓜重5千克左右。

（十三）广西3号 广西农业科学院园艺研究所育成。全生育期95～100天，果实发育期30～32天。果实高圆球形，皮底浅绿色上覆深绿色宽条带，皮厚1～1.1厘米。瓜瓤深红色，肉质细密，瓜中心含糖量11.5%～12%，白秕籽小而少，品质好。适合南方早春早熟栽培。

（十四）蜜红无籽 湖南省瓜类研究所育成。全生育期98～100天，果实发育期32～34天。果实圆球形，果皮浅绿色上覆深绿色齿状条带，皮厚约1.2厘米，硬而韧。瓜瓤鲜红色，肉质脆甜，瓜中心含糖量12%左右，单瓜重4～5千克。适合南方各地栽培。

四、黄瓤品种

这类品种包括绿皮黄瓤、花皮黄瓤和黑皮黄瓤。

（一）无籽京欣4号 北京市农林科学院蔬菜研究中心育成。中熟品种，全生育期105天左右，果实发育期33天左右。果实圆形，果皮绿色，上覆墨绿色窄条带。果肉黄色，着色均匀，质地脆嫩，瓜中心含糖量11%以上，单瓜重约6千克。适宜华北各地小拱棚或露地栽培。

（二）黄宝石无籽西瓜 中国农业科学院郑州果树研究所育

成。中熟品种，全生育期100～105天，果实发育期30～32天。果实圆球形，果皮墨绿色，上覆黑色暗宽条带，皮厚约1.2厘米。果肉黄色，纤维少，无着色秕籽，瓜中心含糖量11%以上，单瓜重5～7千克。适宜我国西北、东北、华北、华东等地露地栽培。

（三）雪峰蜜黄无籽 湖南省瓜类研究所育成。中熟品种，全生育期95天左右，果实发育期33～35天。果实圆球形，果皮绿色，上覆深绿色网状条纹。果肉金黄色，瓤质细脆，瓜中心含糖量12%以上，单瓜重4～5千克。适宜湖南及相同生态地区栽培。

（四）洞庭3号 湖南省岳阳市农业科学研究所育成。中熟品种，全生育期103天左右，果实发育期33天左右。果实圆球形，果皮深绿色。果肉鲜黄色，质脆爽口，瓜中心含糖量11.5%以上，单瓜重5～7千克。适宜湖南、湖北等地栽培。

（五）花蜜2号 北京北农西瓜甜瓜育种中心育成。中熟品种，全生育期100～105天，果实发育期33～35天。果实圆形，果皮浅绿色，上覆深绿色条带。果肉金黄色，瓤质脆嫩，有清香味，瓜中心含糖量12%左右，单瓜重6～10千克。适宜北京、河北、天津等地露地栽培。

（六）含金 新疆益海昌农种业有限公司选育。全生育期105天左右，果实发育期32天左右。果实圆球形，果皮墨绿色，有蜡粉。果肉晶黄色，汁多味美，瓜中心含糖量12%左右，单瓜重6～7千克。适应性广，抗病性强。皮特硬，耐贮运。凡种过蜜福无籽和黑蜜2号无籽西瓜的地区均可栽培。

五、黄皮品种和小型无籽西瓜品种

这类品种属特色品种，要求较高的栽培技术，适宜棚室或露地多季栽培，果实多作为礼品或高档商品水果投放市场。

（一）金太阳无籽1号　中国农业科学院郑州果树研究所育成。中熟品种，全生育期110天左右，果实发育期30～32天。果实圆球形，果皮金黄色。果肉大红色，瓤质硬脆，白色秕籽少而小，瓜中心含糖量11.5%左右，单瓜重6～8千克。适宜有无籽西瓜栽培经验的地区栽培。

（二）金蜜1号　中国农业科学院蔬菜花卉研究所育成。中熟品种，全生育期100天左右，果实发育期35天左右。果实高圆形，果皮深金黄色。果肉深红色，质细脆沙多汁，瓜中心含糖量12%左右，单瓜重4～6千克。适宜有无籽西瓜栽培经验的地区栽培。

（三）金蜜童　先正达种业有限公司推出。全生育期95～100天，果实发育期30天左右。果实高球形，果皮黄色，上覆深黄色窄条纹。果肉红色，肉质脆嫩，瓜中心含糖量12.5%～13.5%，单瓜重2.5～3千克。可连续坐瓜，品质优，耐贮运，适应性广，适合全国各地棚室栽培。

（四）小玉黄无籽　湖南省瓜类研究所育成。早熟品种，全生育期85～87天，果实发育期28天左右。果实高圆形，果皮绿色，上覆深绿色细纹状条纹。果肉金黄色，口感风味极佳，瓜中心含糖量12.5%～13%。果皮极薄、约0.5厘米，单瓜重1.2～2千克。适宜华北、华东等地区棚室栽培，华中、华南地区可露地栽培。

（五）雪峰小玉红无籽　湖南省瓜类研究所育成。早熟品种，全生育期88～90天，果实发育期28～29天。果实高圆形，果皮绿色，上覆深绿色虎纹状细条带。果肉鲜红色，瓜中心含糖量12%～13%，单瓜重1.5～2千克，每株可结2～3个瓜。适宜华北、华东地区棚室栽培，南方可露地栽培。

(六)金福无籽　湖南省瓜类研究所育成。早熟品种，全生育期86～88天，果实发育期28天左右。果实高圆形，果皮金黄色。果肉桃红色，瓜中心含糖量12%～13%，果皮厚度约0.5厘米，单瓜重1.5～3千克。适宜华北、华东地区棚室栽培，南方可露地栽培。

(七)蜜童　先正达种业公司推出。全生育期95～100天，果实发育期28～30天。果实高圆形，果皮绿色，上覆墨绿色宽条带。果肉鲜红、纤维少，汁多味甜，瓜中心含糖量12%以上。皮厚约0.8厘米，耐贮运，平均单瓜重2.5千克。适宜各地棚室栽培。

(八)先甜童　先正达种业公司推出。全生育期100～105天，果实发育期32～35天。果实近圆形，果皮浅绿色，上覆青黑色宽花条带。果肉鲜红色，瓜中心含糖量12%左右，品质佳，耐贮运，单瓜重2.5～3千克。适宜保护地早熟栽培。

(九)小玉无籽四号　湖南省瓜类研究所选育。全生育期100天左右，果实发育期32天左右。果实圆球形，果皮深黄色，略显细纹。果肉黄色，风味好，瓜中心含糖量11.5%以上，单瓜重2～3千克。适宜棚室保护栽培。

第四节　籽用西瓜主栽品种

籽瓜生产主要分布在新疆、甘肃、宁夏、内蒙古等地，近年在江西、安徽、湖南、山东等部分地区也开始少量生产。目前，籽用西瓜品种尚无分类标准，习惯上按种子颜色、大小、生产地区等进行分类，一般分为黑瓜籽、红瓜籽、大板、中板、小板类型。

一、大板品种

(一)兰州大板 甘肃省兰州市皋兰县农家品种。晚熟,全生育期120天以上,果实发育期55天左右。生长势较弱,叶小蔓细,叶裂片狭窄。果实高圆形,果形指数1.1。果皮光滑、浅绿色,上覆10余条核桃纹带,皮厚1厘米左右。果肉黄白色,汁多,味酸,瓜中心含糖量4%左右。种子周边黑褐色,中间浅黄色,粒长约1.65厘米、宽约1.1厘米,千粒重260克左右,单瓜种子250粒左右,单瓜产籽65克左右。

(二)靖远大板 甘肃省靖远县农业技术推广中心选育。分大板1号和大板2号2个品种。晚熟,全生育期120天左右,果实发育期1号为55天左右、2号为50天左右。1号果实圆形,2号果实椭圆形,果皮均为浅黄绿色,上覆暗绿核桃纹条带。瓜瓤淡黄白色,瓜中心含糖量4%～6%。1号单瓜种子平均229粒,种子边宽黑色,中间黄白色,特大,种子长约1.92厘米、宽约1.25厘米,千粒重约353克。2号单瓜种子平均257粒,种子白皮黑边、长约1.9厘米、宽约1.2厘米,千粒重约325克。

(三)吴城大板 江西省吴城县地方品种。生长势中等,叶片较小。中晚熟,全生育期100天左右,果实发育期45天左右。果实圆形,暗花皮。果肉黄白色,汁多味淡,瓜中心含糖量4%～5%。种子黑色,板中间呈“菊花蕊”状,种子长约1.6厘米、宽约1厘米,千粒重250克左右。每公顷产籽约825千克。

二、红　籽

(一)宁夏红籽瓜 宁夏回族自治区农家品种。晚熟,全生育

期 115 天左右，果实发育期 50 天左右。分枝力强，结瓜力强，每株结瓜 2～5 个。果实圆形，皮浅绿色，上覆深绿色花条带。瓤色因混杂、变异而出现白色、浅黄色、粉红色、红色不同株系。果皮较薄，果肉汁多、味酸，瓜中心含糖量 4.5%左右，单瓜重 1～2.5 千克。种子红色，边缘及种脐颜色较深，中等大小，种子长 1～1.2 厘米、宽 0.82～0.85 厘米，千粒重 140～170 克。单瓜种子数变化较大，少者 20～30 粒，多者 500～600 粒，可能与品系、气候、土壤和栽培管理技术有关，特别是与授粉、磷肥使用多少有关。

(二)兰州红板 2 号　兰州市农业科学研究所育成。中熟，全生育期 115 天左右，果实发育期 46 天左右。生长势、分枝力均强。果实圆形，果皮墨绿色，上覆暗条带。果肉黄白色，汁多味淡，瓜中心含糖量 4.5%左右。平均单瓜重 3 千克，平均单瓜种子 258 粒。种子鲜红色、长约 1.56 厘米、宽约 1 厘米，千粒重 247 克左右。

(三)信丰红籽　江西省信丰县地方品种。早熟品种，全生育期 73 天左右，果实发育期 38 天左右。分红瓤和白瓤 2 个品系，白瓤品系种子较小。种子长约 1.2 厘米、宽约 0.75 厘米，千粒重约 140 克。种皮紫红色，种胚较饱满。每公顷产种子约 1 125 千克。

三、台湾品种

(一)农友万利　台湾农友种苗公司育成。早熟品种，全生育期 80 天左右，果实发育期 40 天左右。生长势强壮，坐瓜率高，一株多瓜。果实近圆形，果皮青黑色，单瓜重 3～4 千克。种子黑色，大而厚，单瓜种子 400～600 粒。

(二)朱香　台湾农友种苗公司育成的一代杂交种。早中熟品

种，全生育期95～100天，果实发育期40天左右。果实圆球形，果皮黑色，种皮朱红色，种子阔大，长约1.95厘米，宽约1.43厘米，千粒重200克左右。

(三)红富 台湾农友种苗公司育成的一代杂交种。早中熟品种，全生育期100天左右，果实发育期38天左右。适于密植，结瓜力强。果实圆形，皮墨绿色，单瓜重3～4千克。单瓜种子400粒左右，种皮红褐色，种子阔大，千粒重188克左右。

第五节 西瓜种子质量检验

一、西瓜种子贮藏与生命力的关系

西瓜种子的寿命因贮藏条件的不同而异，一般在低温、干燥条件下贮藏寿命较长，在温度较高、湿度较大条件下贮藏则寿命较短；而且在同等条件下，贮藏时间与种子生命力密切相关。据1987年试验，将贮藏在牛皮纸袋内的西瓜种子，按贮藏年数进行浸种催芽，分别调查发芽率(表2-1)，试验结果表明：贮藏1年的种子发芽率最高，贮藏时间在2年以上的种子，其贮藏时间越长发芽率越低。另外，西瓜种子的贮藏时间不仅影响发芽率和发芽速度，而且会影响幼苗的前期生长(表2-2)。因此，生产中应选用贮藏时间在1年以内的新种子。

表 2-1　西瓜种子不同贮藏年限的发芽率　（%）

品种 \ 贮藏年限	1	2	3	4	5	6
蜜　宝	98	96	72	42	22	7
乐蜜1号	99	95	89	65	38	9

* 成熟、干燥种子，牛皮纸袋包装，放置室内木箱中。

表 2-2　西瓜种子贮藏时间与发芽及生长的关系

贮藏时间（年）	发芽率（%）	50%出苗时间（天）	播种后20天幼苗的长势		
			叶数（片）	叶长（厘米）	植株重（克）
1	96.4	3.6	2.54	8.15	3.95
3	72.7	5.9	2.21	7.14	3.13
5	21.5	9.4	1.87	6.53	2.37
7	0	—	—	—	—

二、西瓜种子新陈的鉴别方法

快速而准确地鉴别西瓜种子的新陈，无论在西瓜生产中还是在种子经营中都是一项十分重要的技术，主要方法有感官鉴别、化学鉴别和催芽法鉴别3种。

(一)感官鉴别　就是通过对西瓜种子的色泽、光洁度、气味及种仁特征进行鉴别。新种子一般都具有该品种固有的颜色，种皮上有胶质物并附着一层极薄的白色膜状物；种子具有光泽 ，种皮表面光洁，将手插入种子内感觉细而涩；种仁洁白，含油较多，具有香味。陈种子一般种皮颜色变暗、无光泽，种皮表面往往有黄斑或霉状物，且角质层干缩，种皮变粗糙；种脐部（种子嘴）波状纹加深；将手插入种子内感觉粗而滑；种仁灰白色或呈白蜡状（泛油），无香味甚至有霉变异味。

(二)化学鉴别 用某些化学药品处理种子,由于种子的呼吸作用而使药品发生还原反应,从而改变种仁原来的颜色,根据这些药品改变种仁颜色时间的长短鉴别种子的新陈。例如,将西瓜种子用四氮戊盐溶液浸种 5 小时后,观察种仁的变色(变红)程度,所以这种方法也叫染色法。利用染色法鉴别种子的新陈程度,比感官鉴别较为准确,但需要时间较长;比发芽试验较为迅速,但准确度不如发芽试验。

(三)催芽法鉴别 利用催芽法进行发芽试验,能十分准确地鉴别西瓜种子的新陈。据试验,在一般贮藏条件下,有籽西瓜种子贮藏期在 1 年以内,发芽率可保持在 95%～100%;贮藏 2～3 年,发芽率为 80%～95%;贮藏 4～5 年,发芽率为 30%～40%;贮藏 6 年以上,发芽率极低,甚至完全丧失发芽能力。

采用催芽法虽能准确地鉴别西瓜种子的新陈,但较感官鉴别和化学鉴别费工麻烦,而且需消耗种子较多。因而对种源充足、价格便宜的种子适用,而对珍贵稀有品种不太适用。

三、西瓜种子发芽试验

种子发芽试验,不但是鉴别种子新陈的方法,还可以检验种子的发芽快慢和发芽能力,预测播种后幼苗的发育情况及确定播种量,避免因种子发芽率低而造成播后大量缺苗。西瓜种子的发芽试验一般采用催芽法和育苗法 2 种。催芽法操作时间较短,方法简单,管理方便,但只能粗略计算发芽率,不能计算发芽势。育苗法操作时间长,方法与培育子叶苗一样,需进行发芽期的全部管理,优点既能十分准确地计算种子的发芽率,还能计算种子的发芽势。

(一)催芽法 从待测样品种子中,随机取出 100 粒种子(珍贵品种可取 50 粒或更少一些),在室温条件下用清水浸泡 8～10 小时,控去水分用湿纱布包好(或在发芽皿内垫上滤纸、细沙等,将种

子均匀地放在里面)，置于温度为28℃～30℃、空气相对湿度为95%的黑暗而通风条件下，一般经48小时后即可计算出发芽率。如果温度较低而湿度适宜，发芽时间将会推迟6～10小时。

(二)育苗法　任意取100粒或50粒样品种子，先用清水浸种8～10小时，然后进行催芽(方法与上述催芽法完全相同)或不经催芽而直接播种。种子可播在发芽皿、花盆、瓷质或木盘中，播种前先在育苗容器内铺放发芽基质。基质可选用细沙(直径为0.05～0.8毫米)、珍珠岩、岩棉或土壤。发芽基质铺设厚度为4～5厘米，整平后均匀播种发芽试验的西瓜种子，再覆盖1厘米厚的沙或细土，然后用喷壶喷水。喷水量以湿透发芽基质和覆盖种子的沙土为度，不可喷水过少，也不可过多使育苗容器内积水。播种后把育苗容器放在温暖处，温度保持28℃～30℃。开始发芽后子叶露出沙或土面即为已发芽，每天都要观察记载发芽数，根据完成发芽期的时间计算发芽率和发芽势。我国规定西瓜在播种后第四天计算发芽势，播种后第八天计算发芽率。发芽势和发芽率的计算公式如下：

$$\text{发芽势}=\frac{\text{规定天数内种子发芽粒数}}{\text{供发芽试验的种子粒数}}\times 100\%$$

$$\text{发芽率}=\frac{\text{已发芽种子粒数}}{\text{发芽试验种子粒数}}\times 100\%$$

四、西瓜种子不发芽的原因

种子不发芽的原因得从种子发芽过程和发芽条件说起。西瓜种子的发芽过程大致分吸水、发芽、发根、出土等阶段。吸水阶段是从干种子到吸水膨胀为止，这一阶段要求充分的水分和氧气，种胚(俗称种仁)吸水后逐步膨胀起来，同时吸入氧气，排出二氧化碳气，种子生理活动加强。发芽阶段是从种子膨胀到胚根(俗称种子芽)发出为止，这一阶段要求温度保持28℃～30℃、空气相对湿度

保持98%～100%，还要有一定的黑暗时间，在这期间如果温度低于15℃，或水分过大种皮积水，造成种胚供氧不足，都会严重影响发芽。发根阶段是从胚根发出到侧根发出。出土阶段包括脱皮和顶鼻，脱皮阶段是从侧根发出到种皮脱掉，顶鼻阶段是从种皮脱掉到子叶出土。发根阶段和出土阶段，要求较高的温度、较大的湿度和充足的氧气。

西瓜种子的整个发芽过程，要求保持空气相对湿度98%～100%、温度保持28℃～30℃，有充足的空气和12小时以上的黑暗，缺少其中任何一个条件均会影响种子发芽。生产中，往往因为温度过低而使种子不能发芽，这是因为温度过低影响了种胚的吸水速度和吸水过程。种子的吸水过程分两步进行，第一步水分主要到达种胚的外围组织，称作吸胀；第二步水分到达种胚内部被吸收利用。西瓜种子在10℃条件下吸水速度，仅为20℃条件下吸水速度的50%，而且种胚不能进行吸水活动，子叶内储藏的营养物质无法流入胚芽，胚芽得不到必要的营养，自然不会萌发，这是西瓜育苗时种子不发芽的主要原因。

五、西瓜品种选择原则

（一）因地制宜选择　西瓜品种的特征特性有多种，如生育期、果形、皮色、瓤色、瓜型大小、抗病性和适应性等，生产中无论是露地栽培还是设施栽培，均要选用适宜当地气候及其他具体条件的优良品种。例如，南方地区，露地栽培，应着重选择耐高温强光、耐多雨、抗病性强的品种；北方地区设施栽培，应着重选择耐低温、耐弱光、易坐果、抗病的品种。

（二）根据市场需求选择　由于各地对西瓜果实大小、形状、皮色、瓤色、种子多少和有无等方面的主要有所不同，生产中要根据这些差异，面向市场需要，选择适销对路的品种。目前，由于每个家庭人口一般较少，特别在城市消费中，中小型果或切半果的品种

很受欢迎。

(三)根据消费水平选择　在消费水平较低的地区,应选择生产成本低的普通品种;在消费水平较高的地区,应选择高档品种,如无籽西瓜、礼品西瓜等优质稀有品种。

(四)根据运程选择　以外销为主,运程较远的生产者,应选择不易裂瓜、果皮硬而韧、耐贮运的品种。

第三章 西瓜育苗技术

第一节 育苗设施

一、阳 畦

（一）阳畦的结构和性能 阳畦曾经是我国各地农作物育苗普遍采用的设施，由于易建造、成本低，经改良后至今仍然是一些地区西瓜育苗的主要设施之一。阳畦的防寒保暖性能一方面取决于自身结构和覆盖物的性能，另一方面取决于太阳光照时间和光照强度，而后者又与季节和天气阴晴冷暖密切相关。传统阳畦一般由风障、栽培畦和覆盖物组成，多数采用东西走向、南北排列，每个阳畦都是要求背风向阳。用来育苗的阳畦，应选择地势高燥、背风向阳的地段，畦的规格不强求一致，但为便于计算播种量、育苗数及施肥量等，有条件时可做成长22.2米、宽1.5米的标准畦，即每667米^{2}做20个畦。育苗畦通常由北墙、东墙、西墙和畦面等构成，有些改良阳畦的外形与土温室或日光温室相似，是接近于日光温室的简易设施，其覆盖物也与日光温室相同，但其温、光、气、湿的调控性能不如日光温室好。

（二）阳畦的建造 育苗阳畦应选在距栽培地较近、排灌方便、背风向阳的地方，如果在低洼易存水的地方建造阳畦，为防止积水应使阳畦畦面稍高于地面。目前，阳畦有两种形式，即拱形阳畦和斜面阳畦。拱形阳畦多数建成南北走向、东西排列；斜面阳畦则全部建成东西走向、南北排列，以便更好地接受阳光和抵御寒风。在

山东省、河南省北部和河北省南部等地,3 月中旬以前育苗的,应在上一年封冻前建好阳畦;3 月中旬以后育苗的,可在当年早春土壤解冻以后建造。无论拱形阳畦还是斜面阳畦,建造工序基本相同,只是规格标准和建成形状不同而已。

1. 挖畦床 建造阳畦首先要挖好畦床。挖畦床时先将表面熟土取出,可留作配制营养土之用;底层生土挖出后,留作斜面阳畦的北墙和两头斜墙之用。拱形阳畦宽 100～120 厘米、深 20 厘米,斜面阳畦宽 120～150 厘米、深(畦床底至原地面高度)25 厘米,畦床长度可根据育苗的多少确定,但为了便于温湿度及通风等管理,以 8～10 米长为宜,最多不超过 15 米。畦床四周(畦墙)要光滑坚固,防止塌落。拱形阳畦床沿(床口)呈平面状;斜面阳畦北墙应高出原地面 45 厘米(高出床底 70 厘米),畦两头筑起北高南低的斜坡墙,使床沿和塑料薄膜呈斜面状。畦床底要整平、踩实,并铺放一薄层细沙或草木灰。

2. 放置营养土 将盛有营养土的营养钵或营养纸袋逐个依次整齐地排列在畦床上,注意每钵之间不可挤得过紧,应留出小的空隙,排完后用沙土填充好空隙,以备播种。如果采用营养土块育苗,床底层除铺一层细沙或草木灰外,还要填入 10～12 厘米厚营养土。

3. 插骨架 拱形阳畦需用 2 米左右长的细竹竿弯曲成弓形,沿阳畦走向每隔 50～60 厘米横插 1 根,深度以插牢为准,整个阳畦拱脊应在一条水平线上;另用直竹竿或树枝,与拱杆呈垂直方向,分别绑在弓形竹竿的拱脊和拱腰上,将每个交叉点用塑料绳绑紧。斜面阳畦可用 1.5～1.8 米(根据斜面长确定)长的细竹竿或直树条,沿阳畦走向每隔 60～80 厘米横置 1 根,将南北两端用泥土压住。如果竹竿或树枝太细,可将两根并作一处放置,或将竹竿树枝间距由 60～80 厘米缩小至 40～50 厘米,以保持足够的支撑力。

4. 覆盖薄膜 育苗阳畦应采用0.08～0.1毫米厚的聚乙烯薄膜，幅宽与畦宽相宜，也可用电熨斗焊接或剪裁。注意不要使用地膜，以免破损后冻伤瓜苗。覆盖薄膜时，最好由3人同时操作，2人负责将塑料薄膜两边伸直、拉紧，对准阳畦盖在骨架上，另一人用铁锨铲湿土埋压塑料薄膜的四边。拱形阳畦可将一侧宽20～30厘米薄膜埋入土中固定封死，另一侧所余的薄膜暂时封住，以便播种或苗床管理时随时开启。斜面阳畦可将北边20～30厘米宽薄膜用湿泥压住封死，将南边所余的薄膜暂时埋入土中封住，以便开启。在风多风大的地区，盖膜后除将薄膜四周压住外，最好再在薄膜上放置1～3条压膜线（用麻绳或塑料绳）以固定薄膜，防止大风吹翻。

二、温　床

（一）通气酿热温床 通气酿热温床是由酿热温床改良而成，由于增加了通气道和通气孔，比酿热温床提温速度快而平稳，更易掌握和控制，更便于管理。

1. 苗床建造 床址选择与阳畦苗床基本相同。在选好的床址上，按宽1.5米、长10～12米，挖深40～50厘米的东西向床池，把挖出的大部分土放在床池北侧。在床池北侧建宽30～40厘米、高40厘米的墙，南侧建宽30～40厘米、高10厘米的矮墙，东西两端建与南北墙自然相接的斜墙。多余的土可推到北墙外侧，起挡风保温作用。再在墙北侧外埋设高1米左右的风障。然后，在床池底上挖4～5条深7～9厘米东西向的"V"形通气道，两端挖横的通气道，使道道相通，并使两端分别伸出床外，在距床内壁50～60厘米处，升至地面，垒0.5米高的通气孔，用树枝或棉秆将通气道盖好。在床池中部南北两侧的通气道上垒一进气孔，以使通气道中的空气进入酿热物，进气孔可用砖或瓦围起、高10厘米左右。最后，在床池中填入酿热物。

2. 酿热物选配与填充　酿热物可用70%的新鲜骡马粪，30%的麦秸或稻草（最好先进行粉碎），喷水将酿热物调湿，一般酿热物含水量达65%～70%为宜，最好用温水调和。将调好的酿热物装入床池中，厚度为35厘米左右，北方地区和气温较低的季节可适当厚一些；反之，应薄一些。酿热物填完后将表面整平，上铺5厘米左右厚的土并踏实，最后将营养钵排到床上，或覆盖营养土并浇透水，采用营养块时应进行切块。最后，按阳畦苗床的方法搭好支架，盖好薄膜，待床温达到要求时即可播种。

3. 酿热温床育苗应注意的问题　①所用的酿热物，必须是未发酵的。②酿热物填充必须达到一定厚度，一般为20～45厘米，冬季育苗厚度应为30～50厘米。③所用酿热物应有一定的碳氮比。一般采用新鲜马粪与作物秸秆、树叶等，按3∶1的比例混合均匀即可。④为了增加酿热物中细菌数量和氮素营养，促进发热，在填入酿热物时可每填一层泼一次稀人粪尿水。⑤酿热物填好后不要踩压，保持疏松状态，覆盖塑料薄膜，夜间加盖草苫，使其有良好的通气和保温条件。⑥酿热物要保持一定的水分，不可过干或过湿。⑦播种前浇底水时，一般采用喷壶喷水，切不可大水浇。这是因为大水浇不仅能迅速降低酿热物和床土的温度，而且还会恶化酿热物的通气状况，以致限制甚至破坏细菌活动，停止发热。

（二）电热温床　电热温床是现代育苗设施，装有控温仪，可以实现苗床温度的自动控制。所以，电热温床不仅温度均匀稳定，而且安全可靠、节约用工，育苗效果较好。缺点是育苗成本较高，必须有可靠的电源。

1. 选择电热线　电热线也叫电加温线。可选用北京电线厂生产的NQ/V 0.89农用电热线，每根长160米，功率1 100瓦。也可选用上海农业机械研究所实验厂生产的DV系列电热线，每根长60～120米，功率800～1 000瓦。生产中要根据苗床面积来选择电热线，确定电热线的功率，北方地区一般每平方米苗床功率

80～90 瓦，南方地区 60～70 瓦即可。为了安全可靠，一般在电热线上接控温仪，可选用上海生产的 UMZK 型控温仪（能自动显示温度），或农用 KWD 型控温仪。

2. 建床 床址的选择与阳畦苗床相同，但必须在靠近电源的地方。在选好的床址上，挖深 25 厘米、宽 1 米的长方形床池，长度依具体情况而定，一般 10～15 米。在池底铺 5～10 厘米厚的麦秸、稻草或草木灰作为隔热材料，铺平踏实后盖上厚 2 厘米左右的土。苗床最好建成东西向，可在床池北侧建一高 40 厘米、宽 30～40 厘米的床墙，南侧建 5～10 厘米高的墙，两端呈斜坡形并与南北两墙相连接。

3. 铺设电热线

(1)电热线的种类和型号　电热线是一种电热转换的器件，具有一定电阻率。电加温线外面包有耐热性强的乙烯树脂作为绝缘层，把它埋在一定深度的土壤内通电以后，电流通过阻力大的导体，产生一定的热量，使电能转为热能来进行土壤加温，提高局部范围内的土壤温度。热量在土壤中从电加温线发热处，向外水平传递的距离可以达到 25 厘米左右，15 厘米以内的热量最多。也就是说，越靠近电热线的土壤温度越高；反之，则土壤温度逐渐下降。DV 系列电热线，由塑料绝缘层、电热线和两端导线接头构成。塑料绝缘层主要起绝缘和导热作用，并有耐水、耐酸、抗碱等优良性能；电热线是电加温线的发热元件，为电阻系数 0.1241 欧姆·毫米^2/米的合金丝材料，通电发热后的最高温度小于 65°C，在土壤中允许使用温度为 40°C 左右，在 35°C 土壤环境内可以长期工作；接头用来连接电加温线和引出线，是用塑料高频热压工艺制成，接头处耐 17 000 伏，不漏电 不漏水；引出线为普通铜芯电线，使用时基本不发热（表 3-1）。

表 3-1 DV系列电热线规格

型 号	电 压（伏）	电 流（安）	功 率（瓦）	长 度（米）	允许使用土壤温度（℃）	色 标
20410	220	2	400	100	≤45	黑
20608	220	3	600	80	≤40	蓝
20810	220	4	800	100	≤40	黄
21012	220	5	1000	120	≤40	绿

表中 DV 20410 型号中的 D 为电热线、V 为塑料绝缘层、2 为电加温线额定电压 220 伏、4 为电热线功率 400 瓦、10 为电热线长度 100 米，其余型号以此类推可知。

此外，NQ/V 0.89 农用电热线，每根长度为 160 米、功率为 1 100瓦，电热线表面最高温度能达到 50℃，使用时电热线周围土壤温度可达到 30℃左右。

（2）电热线的铺设　当苗床面积和电热线长度已知后，便可根据下式计算出布线条数和线距。

布线条数＝（电热线长—2×床宽）÷床长（取偶数）

线距＝床宽÷（布线条数＋1）

布线时取 10 厘米长的小木棍，根据线距插在床池的两端，每端的木棍数与布线条数相等。先将电热线的一端固定在床池一端最边的 1 根木棍上，手拉电热线到另一端挂住 2 根木棍。再返回来挂住 2 根木棍，如此反复进行，直到布线完毕，最后将引线留在苗床外面。电热线布完后接上控温仪，然后通电，证明线路连接准确无误时，在床池上盖 2～3 厘米厚的土并踏实，以埋住和固定电热线。最后，将营养钵排放在床池中，或覆盖床土浇水后切块。

4. 建造电热温床时应注意的问题　①布线要均匀，线要互相平行，不能有交叉、重叠、打结或靠近；否则，通电后易烧坏绝缘层或烧断电热线。电热线和部分接头必须埋在土壤中，不能暴露在空气中。②电热线的功率是额定的，不能剪断分段使用，或连接使用；否则，会因电阻变化而使电热线温度过高而烧断，或发热不足。③接线时必须设有保险丝和闸刀，各电器间的连线和控制设备的安全负载电流量要与电热线的总功率相适应，不得超负荷；否则，易发生事故。④电热线工作电压为220伏，在单相电源中有多根电热线时必须并闻，不得串联。若用三相电源必须用Y形接法，不得用△形接法。⑤当人需要进入电热温床内时，应首先断开电源。苗床内农事操作要小心，严禁使用铁锹等锐硬工具，以防弄断电热线或破坏绝缘层。一旦发生断路，应将内芯接好并用热熔胶密封，然后再用。⑥电热线用完后要轻轻取出，不要强拉硬拽。洗净后放在阴处晾干，安全贮存，防止鼠咬和锈蚀，以备再用。

5. 电热温床育苗技术要点

(1)铺设床土，浇足底水　苗床铺设电热线后，在上面覆盖事先配制好的营养土作床土，适宜的床土厚度为8～10厘米。床土太厚，地温升高慢，耗电量大；床土太薄，影响根系生长，且易烧根。床土填入后刮平，并用喷壶浇足底水。因加热地温，床土易干，浇水量应大，一般可分2次浇水，第一次浇后隔半小时，再轻浇第二次，使床土吸足水，达到幼苗出土前不用浇水的要求。床土相对湿度以80%为宜。

(2)播种出苗，控制床温　电热温床育苗，可采用催芽播种，或浸种后直接播种。因加温育苗，出苗率高，播种量比冷床育苗应少。播种后盖土厚度1厘米左右，再覆盖地膜保温保湿，最后扣小拱棚密封保温。出苗前苗床温度保持25℃～30℃，当20%～30%的种子出苗时揭去地膜，将苗床温度降至20℃～22℃，以防秧苗徒长。齐苗后进行通风降温。

(3)掌握浇水量，及时间苗　电热温床一般设置在日光温室或大棚内，晴天蒸发面大，水分蒸发快，加之床土紧挨电热线，易变干，因此需经常补充浇水。电热温床的浇水量和次数要比冷床育苗多，以经常保持表土发白，底土潮湿为宜。浇水过少不能满足秧苗生育的需要；浇水过多，湿度大、地温高易发生病害。电热温床育苗，可在幼苗 2 叶 1 心时移栽。移苗前为防止拥挤，要及时间苗，间苗的原则是匀、稀、早，一般在齐苗后 7 天内间苗，使苗间距达 6～8 厘米。

三、土 温 室

土温室升温快，保温性能好，成本低投资少，适合蔬菜育苗。

建造前应先根据经济条件、棚型结构和栽培面积等，筹备建棚所需的各种物料。例如，建造 667 米^2 的土温室(水泥柱竹拱单斜面塑料大棚)时，应准备后柱 36 根、中柱 26 根、前柱 26 根、水泥横梁 36 根、毛竹横梁 40 根、水泥 2 500 千克、钢筋 500 千克、小石子 1 米^3、铁丝 100 千克、草苫 42 块、鸭蛋竹 100 根、塑料薄膜 120 千克。

(一)选好场地　为了更好地接受阳光，建棚场地应选择在背风、向阳的地块，同时最好选在地势平坦、排灌方便、土质肥沃的地块。

(二)建造骨架　单斜面大棚是由后墙、东西侧墙、南屋面和后屋面构成。一般由水泥预制的立柱和横梁及竹拱杆组成屋面骨架，上面覆盖塑料薄膜。大棚跨度为 7～8 米，棚长为 30～50 米，棚面坡度与地理纬度有关，山东省春用棚的天角为 14°～15°，地角为 20°～22°。建棚时一般先建后墙和侧墙，通常为土墙或土坯墙。后墙高 1.5～1.6 米、厚 0.4～0.5 米，底部打好地基，先砌 40 厘米高的砖或石头底座，以防雨淋倒塌；内外墙面挂一层较厚的泥墙皮，以增加保温效果。侧墙为东西两侧的防风保温墙，厚度与后墙相同，呈不等边屋脊形。后坡高出后屋面 10 厘米，脊高为 2.5 米，前坡与南屋面角度一致。在东侧后屋面下方留单扇进出口便门，后墙上方每隔 3 米左右(一般在两立柱之间)留 1 个通风窗，窗宽

0.4～0.5 米、高 0.5～0.6 米。后墙和侧墙建好后埋立柱(分后立柱、中立柱和前立柱)，立柱是前后屋面的重要支撑，多采用由 4 根直径 4 毫米的钢筋骨架制成横断面为 10 厘米×8 厘米的水泥柱。后柱长 2.6 米，埋入地下 0.4 米，后柱距后墙 1.2～1.3 米，东西向排列每隔 2.4 米立 1 根，后柱上架横梁及拱杆。水泥柱顶端呈凹刻状并留有预埋孔，以便穿铁丝固定横梁。中立柱埋于后柱南侧 2.5～3 米处，柱长 2.1～2.2 米，埋入地下 0.4 米，中立柱顶端架横梁，中立柱和横梁总高度为 1.8 米。前立柱在中立柱南侧 3 米处，距大棚前沿 0.8～1.1 米，埋入地下 0.3 米，前立柱顶架横梁，总高度为 0.9 米。后屋面为不透明覆盖物，宽度一般为 1.7 米。前屋面由透明塑料薄膜及草苫覆盖，由拱杆直接支撑。拱杆一般用直径4～5 厘米、长 6～8 米的鸭蛋竹制成，横向拱杆间距 80 厘米，上端插到后梁上，中间固定在中柱横梁上，下端置于前柱横梁上。

(三) 扣膜压膜　棚膜最好选用透光好、保温强、耐老化的聚乙烯长寿膜或聚乙烯无滴防老化薄膜，采用“三大块、两条缝”扣膜法。具体方法是选无风天气，先从大棚前沿扣第一块薄膜，此膜宽 2 米，上端折回 5 厘米焊成筒状，内穿粗绳，两端拉紧后固定在侧墙上，下端埋入土中 30 厘米。第二块薄膜宽 6 米左右，上下两端均焊成小筒穿绳，盖后绷紧，压住第一块薄膜 25 厘米左右，以便顺水防漏。第三块薄膜宽 2 米，下端焊成小筒穿绳，压住第二块薄膜 25 厘米，其上端在后屋顶上用泥土压好。压膜时用尼龙压膜线或 8＃铁丝套上细塑料管压于两道拱杆中间，压膜线上端连接后梁，下端拉紧后拴在事先埋好的地锚上，使棚面形成瓦楞形。如果用竹竿压膜，可通过各条横梁在两拱杆间用铁丝穿孔拉住压杆，最后上好草苫。草苫厚 4 厘米，宽 2 米，长度比屋面长出 0.5 米，从东向西安装，西边的草苫要压住东边草苫 20 厘米左右，以便防风保温。每个草苫装两条拉苫麻绳，以便卷起和放下。

四、塑料大棚

(一)塑料大棚的类型　塑料大棚的类型很多，按覆盖面积和结构可分为单栋式和连栋式两类，按棚顶形式可分为拱形和单斜面两类。因棚架材料不同，又分为竹木结构、钢材结构、水泥预制件、竹木钢材混合结构及镀锌架装配式等多种。适宜蔬菜育苗的塑料大棚主要有以下几种类型。

1. 竹木钢材混合结构拱棚　大棚南北走向，棚顶呈拱圆形。大棚立柱全部用水泥预制；拉杆(花梁)有水泥预制的，也有用钢筋焊接的；拱形是竹木的；压杆有用竹木的，也有用钢筋或铁丝的。大棚结构形式：立柱纵向每间隔 2～3 米 1 根，横向间隔 2 米左右一排，每 667 米^2 的大棚可设立柱 5～6 排。一般按棚宽 10～12 米、长 60～70 米、顶高 2.4～2.5 米建造每个大棚需水泥 2 吨、钢筋 0.75 吨，拱杆、压杆各 50 根左右。这种大棚的骨架比竹木结构大棚耐用，具有抗风能力强，增温保温性较好，可移动，建棚材料易筹备等优点；缺点是骨架较沉重，棚内立柱较多，遮光多。

2. 水泥预制件大棚　全棚骨架除压杆用竹木或钢筋外，其余骨架全部为水泥预制件构成。采用“悬梁吊柱”棚架，可减少立柱或建成无立柱的空心大棚(顶部呈拱形或起脊)。建造每 667 米^2 的水泥预制件大棚，需水泥 3 吨、钢筋 1 吨。这种大棚坚固耐用，抗风性能强。由于立柱少或无立柱，遮光少，透光好，光照强，有利于幼苗生长发育；而且棚内宽敞管理方便，可以进行双膜覆盖栽培。缺点是棚架笨重，安装费工，不易搬动。

3. 镀锌钢架装配式大棚　又称钢管大棚，是工厂化生产的成套大棚。造型美观，高大宽敞，开棚、关棚容易，操作方便，遮阴少，光照条件好，骨架坚固耐用，增温保温性能好，是目前生产中最理想的一种塑料大棚。但由于这种大棚全部用镀锌钢管组成，造价很高。

4. 单斜面塑料大棚 也叫土温室塑料大棚，东西走向，棚面像土温室一样，南低北高，向南倾斜。棚宽8米左右、长40～60米、脊高(后柱)2～2.2米，东、西、北三面都是土墙或砖墙，北墙高1.6～1.8米，棚南侧肩高(边柱)0.8～1米。南北共3排立柱，离地面高度分别为：后柱2～2.2米、腰柱(也叫中柱)1.7～1.8米、边柱0.8～1米，各柱间距为3米左右，后柱至腰柱为2.5～2.8米，腰柱至边柱为2.5～2.9米，边柱之外为0.6～0.8米。用竹竿压棚膜，可通过北墙开窗、棚顶留通风口、南侧底部向上卷起等方法进行通风，夜间覆盖草苫。这种大棚的优点是建造容易，坚固耐用，防风和保温性能好，可加温。

5. 冬暖大棚 寿光Ⅲ型冬暖大棚，适当增大了南北向跨度，提高了棚脊高度，加大了墙体的厚度，加粗了水泥立柱，从总体上增强了抗风、抗震和负载能力，有利于安装自动卷帘机，是目前山东省寿光市推广的主要棚型。

寿光Ⅳ型冬暖大棚，系无立柱钢筋骨架结构。其设计目标是逐步向现代化和工厂化方向发展。棚室总宽11.5米，后墙高2.2米，山墙高3.7米，后墙厚1.3米，走道宽0.7米，种植区宽8.5米。仅有后立柱，种植区内无立柱，后立柱高4米，采光屋面参考角平均为26.3°，后屋面仰角45°左右。

(二)拱圆形塑料大棚的建造 这种大棚多采用水泥柱和拱圆竹木混合结构，主要由立柱、拱杆、塑料农膜、压杆或压膜线组成。大棚走向一般为南北纵向延伸。棚宽东西方向13～15米，棚长南北方向50～100米，上顶呈拱圆形，横断面呈隧道式。建造程序和方法如下：

1. 埋设立柱 立柱选用6厘米×8厘米的水泥柱或5～8厘米的木杆皆可。南北方向每隔3米左右设一立柱，东西方向每排由4～6根立柱组成(如棚宽为13米可设5排)，间距3米。每排立柱的高度不同，中柱最高、高出地面1.9米左右，中柱两侧对称

的两排立柱高出地面1.6米左右，东西两侧的立柱称为边柱、高出地面0.9米左右。立柱埋入地下40厘米左右，并且要垫基石，以防浇水后下沉。所有立柱都要定点准确，埋牢、埋直，并使东西成排、南北成行，每个纵排立柱高度应一致。

2. 安装拉杆、吊柱和拱杆　拉杆选用细毛竹或鸭蛋竹，固定在立柱顶端以下20厘米处，拉杆上每隔1.5米固定1根20厘米高的小立柱构成悬梁吊柱。纵向拉杆连成一体，两端拉紧固定在木桩上。拱杆选用蛋竹，每根拱杆横向间隔1.5米，固定到各排主柱和吊柱顶上，用细铁丝牢牢绑住。每根铁丝的剪头均向下、向里，不得高出拱杆上面，以免刺破塑料薄膜。

3. 覆盖薄膜　目前，市面和厂家销售的农用塑料薄膜品种和规格很多，质量也各不相同，仅幅宽就有1米、2米、4米、7米、9米等不同规格，生产中要根据大棚跨度选择适宜的幅宽。西瓜大棚最好选用4米宽的聚乙烯无滴膜或半无滴膜，覆盖时先从棚的东西两侧开始，沿边柱外侧刨一条深30厘米、宽5～10厘米的小沟，将薄膜横幅的一侧放于沟内用土埋紧，然后再依次往上覆盖。两幅薄膜边缝相互重叠20厘米左右，在棚膜上每两根拱杆之间设压膜杆（线）一条，压紧薄膜。压膜杆（线）的两端固定在拉杆或地锚上，将薄膜压紧，使棚面略呈瓦楞形。

4. 设门　在大棚的一端或两端设“活门”，用以进棚操作。大棚通风方法，一是将“活门”拿下横放在门口，二是在薄膜连接处扒口。拱圆形大棚结构如图3-1所示。

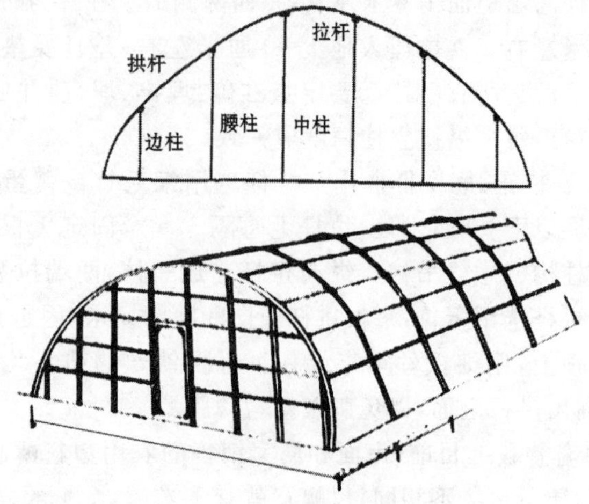

图 3-1　拱圆形大棚结构示意图

拱圆形大棚结构横剖面图(上)　拱圆形大棚立体图(下)

五、日光温室

(一)日光温室的类型与设计　日光温室按前屋面的结构可分为拱圆式和琴弦式两种,按建筑材料可分为竹木结构、混合结构和钢管结构等。无论哪种类型的日光温室,在设计建造时均要考虑以下问题。

1. 前屋面角度　日光温室采光后的角度,以当地“冬至”日正午时太阳光的投影角 56°为设计参数。也就是说,无论南北地理纬度是多少,在建造日光温室时采光面的角度,都要以当地“冬至”日正午时太阳光投射角达到 56°,即入射角为 34°时太阳光正好垂直照射到采光面上。

2. 加大基角　当日光温室跨度一定时,为了达到理想的太阳入射角,必然是地理纬度越高的地区,其脊高和后墙也越低。同

理，当日光温室的高度一定时，其跨度将随着地理纬度的增加而减小。前者温室低矮，管理不便；后者温室跨度小，保温性能差。只有加大基角，才能克服上述问题，以建造合理的日光温室。在基角顶点设一个斜面前窗，是加大基角的唯一方法。不同地理纬度，应设不同斜面度的前窗。

3. 用生土做墙体　不同地理纬度用生土做成不同厚度的土墙体，墙体的最小厚度应为当地最大冻土层厚度再加 50 厘米。

4. 前后坡水平宽度协调　不同地理纬度，前、后坡水平宽度是不一样的。越是高纬度地区后坡水平宽度应越大，前坡水平宽度则越小，这样建造的日光温室保温性较强。

5. 朝向合理　日光温室的朝向应依据当地纬度和冬季寒冷程度而定。一般来说，我国地处北纬 36°左右的地区可建成正南向；地处北纬 36°以上的地区可建成偏西南向；地处北纬 36°以下的地区可建成偏东南向。

6. 加强防寒性，提高透光率　尽量选择保温防寒性能强、透光率高的覆盖物。此外，尽量减少室内立柱，以铁代竹木、挖防寒沟等，都是增强防寒性和提高透光率的好办法。

（二）日光温室的主要结构

1. 墙体　由东山墙、西山墙和后（北）墙组成。一般用生土或草泥填入模板夯成。

2. 骨架　由立柱、拱杆、拉杆、压杆、门窗等构成。

（1）立柱　是日光温室和塑料大棚的主要支柱，它承受棚架、覆盖物、雨雪负荷以及风沙压力与引力的作用，所以一定要直立并深埋。为了减少室内遮光和占用空间过大，立柱应尽量减少数量和缩小粗度（直径）。立柱基部要用砖、石、混凝土墩等做“柱脚石”，防止主柱下沉。

（2）拱杆　拱杆是支撑覆盖物的骨架，横向固定在立柱上，呈自然拱形，使屋（棚）面呈一定坡度。拱杆一般每隔 1～1.5 米设一

根，其长度略大于屋(棚)面。拱杆南北向，其南端固定在前窗顶部横梁上，北端固定在后墙或屋脊横梁上。

(3) 拉杆　拉杆是纵向连接立柱、固定拱杆和压杆的“拉手”(连接杆)，可起到棚室整体加固的作用，相当于房屋的檩条。各排立柱之间均应设拉杆，这是加固棚室的关键结构。

(4)压杆　压杆用来压住屋(棚)面塑料薄膜，防止被风吹动、鼓起。一般在两根拱杆之间设 1 根压杆，将屋(棚)膜压紧压平。压杆可稍低于拱杆，使屋(棚)面呈瓦垄状，以利于排水和抗风。压杆通常选用光滑顺直的细长竹竿连接而成。为了减少遮光和减少屋(棚)面上的孔眼，近年来多以 8＃铁丝代替压杆。压杆两端埋入地下，并用“地锚”加固。

(5)门窗　在棚室两端各设一个活门，需要通风时可把活门拿下来，横放在门口的底部，或在门的下半部挂塑料薄膜帘，防止冷风由底部吹入棚内。在屋(棚)顶部的最高点开天窗，南侧开地窗。跨度较高大的棚，要增设腰窗代替天窗和地窗，以利通风换气，同时也方便管理。

(6)准备间　在棚室的东山墙或西山墙外修建准备间，既可防止人员进出棚室时寒风直接侵入室内，又有放置生产工具和供管理人员休息的作用。准备间跨度 3 米左右，东西长 2～2.5 米，南面设门，通向棚室的门要靠温室后墙。

(三)冬暖式日光温室的建造　冬暖式日光温室(冬暖式大棚)，由于升温快，保温性能好，很适合无籽西瓜育苗和极早熟保护地栽培。建造用料及程序：①选地。建造场地要求与拱圆形大棚相同，但东西向最好在 60～80 米及以上。②备料。冬暖式大棚由墙体、立柱、拱杆、铁丝、薄膜和草苫构成。例如，建造一个 80 米长的冬暖式大棚，需要截面 8 厘米×10 厘米的水泥立柱 134 根，其中长 3.3 米的 45 根，长 3.1 米的 22 根，长 2.2 米的 22 根，长 1.3 米的 45 根，立柱顶部要留孔，以便固定拱杆；宽 3 米、厚 0.1～

0.12 毫米的聚氯乙烯无滴膜 120 千克，宽 3 米、厚 0.08 毫米的聚乙烯农膜 8 千克，宽 1.3 米、厚 0.007～0.008 毫米的地膜 5 千克；长 8.5 米、直径 9 厘米的毛竹 22 根，长 6 米、直径 7 厘米的鸭蛋竹 14 根，长 7 米、直径 5 厘米的鸭蛋竹 2 根，长 2～3 米、直径 1.5 厘米的细竹 700 根；长 2.3 米、直径 10～15 厘米的短木棒 49 根，长 7 米、直径 8 厘米左右的长木棒 4 根做成木梯；8＃铁丝 300 千克，12＃铁丝 10 千克，18＃铁丝 15 千克，长 5～8 厘米的铁钉 300 个；长 10 米、宽 1.2 米、厚 3 厘米的稻草苫 92 床，长 20 米、直径 0.8 厘米左右的拉绳 82 根，重 20 千克左右的坠石 54 块。③建筑墙体。用麦穰泥砌或用湿土打成东、西、北三面墙体，后墙高 1.8 米，脊高 3 米，脊顶距后墙 1 米、前立窗 80 厘米，总跨度 8.2 米，墙体下部厚 1 米，上部厚 80 厘米。最好从墙外取土，如需从墙内取土，一定要先剥去熟土层，取生土砌墙后再将熟土填回。④埋设立柱。在距后墙根 75 厘米处埋后排立柱，埋深 60 厘米，地上部分为 2.7 米，下面填砖防沉陷，向后稍倾斜，立柱间距 1.8 米。要先埋两头，然后拉线埋设，使上端整齐一致。后排立柱埋好后再埋前排立柱，前排立柱距后墙 6 米，与两山墙前端上口齐，每 3.6 米 1 根，埋深 50 厘米，地上部分 80 厘米，与后排立柱错开 10 厘米左右。埋好前排立柱后，在前、后两排立柱间按等距离埋第二、第三排立柱，位置与前排立柱平齐，埋深 50 厘米左右。前面第二排地上部分 1.9 米，第三排地上部分 2.4 米。⑤ 埋坠石 在山墙外 1.3 米处挖 1.5 米深的沟，将捆好铁丝的坠石排入沟内埋好踏实，铁丝一头（双股）露出地面，每头 27 块。⑥上后坡铁丝。在后墙和后排立柱上架斜木棒，间距 1.8 米，与地面呈 45°角，用铁丝固定在后排立柱上，并上好两山木梯棒，木棒顶端与山脊平齐。整个后坡共上 6 根铁丝，其中顶部上 2 根，其余均匀分布，铁丝两端固定在坠石上，先用紧线机拉紧，再用铁钉固定在木棒上。⑦先在后坡上铺一层塑料薄膜，纵向铺 30 厘米厚的玉米秸，再包一层薄膜，这样能防止玉米秸腐

烂，延长使用寿命。玉米秸上面覆土 20～30 厘米。⑧上拱杆和横杆。拱杆用粗头直径 9 厘米、长 8.5 米的毛竹，将粗头固定在顶部 2 根铁丝上，小头固定在前排立柱上，然后再固定在第二、第三排立柱上，使其呈微拱形，间距 3.6 米。拱杆与前排立柱割齐后上横杆，横杆用直径 7 厘米的鸭蛋竹。在前排立柱前或 2 根前排立柱中间埋戗柱，与前排立柱叉开 20 厘米，顶在横杆上。⑨上前坡铁丝。棚前坡有 18 根 8＃铁丝，自横杆到顶部均匀分布，东西平行，拉紧固定在坠石上，用铁钉或铁丝固定在拱杆上。此外，拱杆下面还有 3 根铁丝，呈上、中、下分布，以备吊蔬菜用。将直径 1.5 厘米的细竹竿捆在铁丝上，间距 60～80 厘米，并割细竹去毛刺，以防扎破薄膜。⑩上棚膜。用电熨斗或专用黏合剂将 3 米宽的聚氯乙烯无滴膜 3 幅粘成一大块，长度略小于棚长。上膜要选无风天气进行，以免鼓坏薄膜。上膜操作需 20～30 人，将众人分为 5 组，4 组人四个方向拉紧薄膜，另一组人先从两山用竹竿缠紧薄膜，固定在铁丝上，再将两边用土压好。要求薄膜既平又紧。⑪上压膜竹。用 18＃铁丝将压膜小竹固定在压膜垫竹上，上部留 20 厘米以备放风。⑫完成上述工作，一个冬暖式大棚就基本建好了，然后在棚前挖宽 40 厘米、深 30 厘米的防寒沟，用麦秸填好埋实，防止热量从棚前土壤中散失。在一侧山墙开门并建缓冲房。最后上好草帘，草苫一般厚 4 厘米、宽 2 米，长度比屋面长 0.5 米，从东向西安装，西边的草苫要压住东边草苫 20 厘米左右，以便防风保温。每个草苫装两条拉苫麻绳，以便卷起和放下。冬暖式大棚（日光温室）结构如图 3-2 所示。

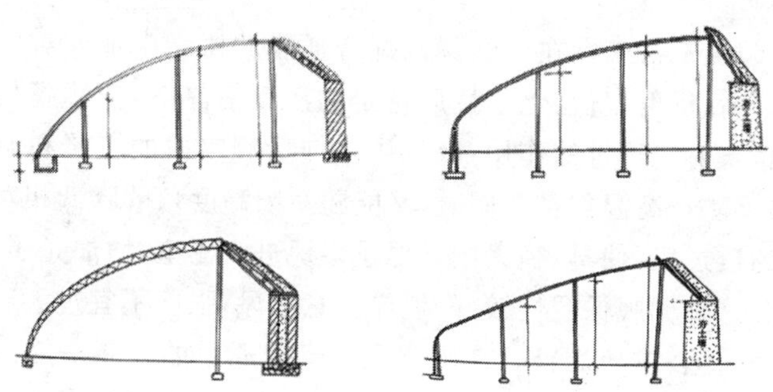

图 3-2　各种冬暖大棚结构图

六、育苗覆盖物

(一)塑料薄膜　塑料薄膜按树脂原料分为聚乙烯薄膜、聚氯乙烯薄膜和乙烯-醋酸乙烯薄膜 3 大类，按其性能特点又分为普通膜、长寿膜、无滴膜、漫反射膜和复合多功能膜等。

1. 聚乙烯(PE)薄膜　其优点是透光性好、易清洗、耐低温，但缺点是保温性较差。主要有以下品种。

(1) 普通膜　有较好的透光性，无增塑剂污染，尘污易清洗，耐低温，比重小，红外线透过率高，夜间保温性较好。缺点是透湿性差，易集雾滴水，不耐高温和日晒，易老化，使用寿命较短。

(2)长寿膜　耐高温和日晒，抗老化，使用寿命长，可连续使用 2 年以上。厚度一般为 0.12 毫米，宽度由 1 米、2 米、3 米、3.5 米等不同规格。

(3)双防膜　防老化、防水滴，具有流滴性，使用寿命 1 年多，其他性能与普通膜基本相同。

(4)紫光膜　在双防膜的基础上添加紫色素，可以将 0.38 纳米以下的短波光转化为 0.76 纳米以上的长波光，其余性能与双防膜相同。

(5)漫反射膜　在生产聚乙烯普通膜的树脂中加入对太阳光透过率高、反射率低、化学性质稳定的漫反射晶核，使薄膜具有抑制垂直入射光透过的作用，降低中午前后棚室内的光照和温度的峰值，可防止高温伤害。同时，又能随太阳高度角的降低相对增加阳光的透过率，使早、晚太阳光尽量多地进入棚室，增加光照，提高温度。这种棚膜保温性较好，但应注意通风，强度不宜过大。

(6)复合多功能膜　在生产聚乙烯普通膜的树脂中加入多种特殊功能的助剂，使薄膜具有多种功能。该膜可集长寿、全光、防病、耐高温、抗低温、保温性强等于一体。复合多功能膜还可根据购买者的具体要求专门定量定向生产。

2. 聚氯乙烯(PVC)薄膜　保温效果好，易粘补。但易污染，透光率下降快。

(1)普通膜　透光性好，耐高温和日晒，弹性好，透湿性较强，雾滴较轻。缺点是易污染，不易清洗，红外线透过率转低，比重大、延伸率低。

(2)无滴膜　在生产聚氯乙烯普通膜的原料中加入一定量的增塑剂和防雾剂等，使薄膜的表面张力与水相同或相近，薄膜下面的凝聚水珠在膜面可形成一薄层水膜，沿膜面流入棚室底部土壤，不至于聚集成露滴久留或滴落棚内。该膜可抗老化、防水滴。

(3)无滴防尘膜　在生产无滴膜的工艺中，增加一道表面涂抹防尘工艺，这样既具有抗老化、防水滴的功能，又具有减少吸尘、减缓透光率下降和抗水滴持久等特点。

3. 乙烯-醋酸、乙烯(EVA)薄膜　保温性和透光率介于聚乙烯薄膜和聚氯乙烯薄膜之间，但其防雾滴效果更好。目前，主要产品有多功能复合膜和光转换膜。

(1)多功能复合膜　该膜生产采用醋酸乙烯共聚树脂，并使用有机保温剂，从而使中间层和内层的树脂具有一定的极性分子，成

为防雾滴的良好载体。多功能复合膜流滴性能大大改善，透光性强，在冬暖大棚上应用效果最好。

(2)光转换膜　在生产多功能复合膜的树脂中加入光转换助剂，把太阳光中的紫外光变为光合作用的可见光，可促进植物的光合作用。其生产工艺与聚乙烯的紫光膜基本相同。

(二)不透明覆盖物　不透明防寒覆盖物主要有草苫、草帘、纸被、无纺布(不织布)和聚乙烯泡沫软片等，遮阴覆盖物主要有遮阳网等。

1. 草苫　依编织材料分稻草苫、蒲草苫和蒲苇苫，均由绳筋编织而成。草苫有较好的保温性，主要用来覆盖温室、大棚和中小棚夜间保温或遮挡风雪。

2. 草帘　分稻草帘和蒲草帘两种，稻草帘由绳筋将稻草编织成一薄层，蒲草帘由绳筋将蒲草编织成一薄层。草帘比草苫薄，保温性不如草苫好，一般多用来覆盖小拱棚防寒保温。

3. 纸被　用多层牛皮纸或包装纸制成，一般与草苫配套覆盖。具体使用方法是，先在棚膜上覆盖纸被，然后在纸被上覆盖草苫。这样，既能提高防寒保温效果，又能减少草苫对棚膜的损伤。

4. 无纺布(不织布)　常用的是涤纶长丝农用不织布，多用作温室、大棚内覆盖保温，可做成不织布保温幕、不织布小棚等。不织布覆盖不但能在夜间提高棚内温度，还能降低棚室内的空气湿度。

5. 聚乙烯泡沫软片　用聚乙烯作原料，经发泡工艺生产而成。其特点是轻便、多孔、卷曲自如，一般多为白色，保温性介于草苫和草帘之间。

6. 遮阳网　由塑料蛇皮丝编织而成，主要用于棚室遮阴育苗、防虫隔离以及防高温、防冰雹、防暴雨。

第二节　常规育苗技术

一、育苗营养土的配制

育苗营养土是培育壮苗的基础，根据幼苗生长发育对矿质营养和水分的需求组配而成，要求疏松、透气、保肥保水性强、富含各种养分、无病虫害等。

(一)原料　用于配制育苗营养土的原料有园土、河泥、炉灰、牛粪、骡马粪、家禽粪、人粪尿等。

(二)配方　苗床营养土的组成不仅要有各种矿质元素，而且有丰富的有机物质，还要有良好的物理结构。据此列出 18 种配方，各地可因地制宜选用(表 3-2)。

表 3-2　不同原料的营养土配方　(%)

原料＼配方号	1	2	3	4	5	6	7	8	9	10	11	12	13	14	15	16	17	18
园田土	60	80	60	60	60	70	60	50	60	50	40	70	60	60	50	50	50	70
河塘泥							10	20			20						20	10
细沙土	5		10							15		10		10				
泥　炭					10										10			
骡马粪	30		20	20	10	10	10			25	10		10		10			
牛　粪																10	10	
鸡　粪		20	10		10	10	10	10		10								10
羊　粪											10			15				
兔　粪												15	20		10			
草木灰									10									
厩　肥							10	10	30		10				5	20	20	10
炉　灰				10				10			10	5	10	5	10			
人粪尿	5			10	10	10								10	5	20		

(三)调制　按各种原料的配合比例混匀调好营养土后每立方米加尿素0.25千克、过磷酸钙1千克、硫酸钾0.5千克,或三元复合肥1.5千克,以增加营养土中的速效肥含量。营养土在使用前应充分混匀并过筛。

二、育苗容器的选择

(一)营养杯(钵)　目前,生产中常用的主要有纸筒、塑料杯(钵)、育苗盘等。

1. 纸筒　以旧报纸为材料折叠粘合而成。具体做法:先裁旧报纸,大张(对开)报纸横八竖二折叠,裁成16小块;小张(四开)报纸横四竖二折叠,裁成8小块。然后将裁好的长条纸短边用糨糊粘住,这样就成为高约10厘米、直径8～9厘米的圆纸筒,这种规格的纸筒一般用来培育瓜类或其他不分苗的大规格幼苗。苗期根系较小,或根系再生能力较强的蔬菜育苗时,可使用较小规格的纸筒,可将对开的大报纸横十竖三折叠,裁成30小块;四开的小报纸横五竖三折叠,裁成15小块,然后粘成高约8厘米、直径约6厘米的圆纸筒。可在播种前1天装纸筒,装土时1人在床畦内摆放纸筒,1人往纸筒里装营养土,装至2/3处时,用手指或木棒轻轻捣几下,然后继续装,使其上松下紧。纸筒不可装得太满,以土面与纸筒上口相平为宜。

2. 塑料袋(筒)　将废旧塑料薄膜剪成长20～30厘米、宽8～10厘米的长条,用缝纫机或订书机将两个短边缝接起来成为圆筒。这是在过去塑料袋的基础上改进的,用有底的塑料袋育苗,底部需扎渗水眼(小孔),既费工又束缚幼苗根系的伸展。采用直径为6～8厘米的塑料筒更为简便,只需截成8～10厘米高的圆筒即可。

3. 塑料钵　是由工厂或作坊生产、专门用于育苗的成品钵,形状如小花盆,有多种规格,也可以定做。用塑料钵育苗,虽然一

次投资较大,但可以连续使用多次,育苗效果好,便于运输,且不散不破钵,是较理想的育苗容器。用塑料钵育苗,是把营养钵并排在育苗畦面上,装满营养土后用手压落实,然后用耙子耙平,播种前浇水时检查畦面(钵内的土)平不平,沉下去的再加营养土把畦面找平。

(二)育苗盘 育苗盘可用于工厂化育苗和无土育苗,也可用于棚室内育苗,可反复使用,且易于长途搬运幼苗。我国目前应用较多的是塑料片材吸塑而成的美式盘,一般长 54.6 厘米,宽 27.5 厘米,深度因孔径大小而异。根据孔径大小和孔数的不同,可分为多种规格。

三、播种前种子处理

(一)种子消毒 蔬菜苗期病害,常因种子带菌传播所致。因此,对可能带有病菌的种子,应进行消毒处理,以杀死种子上所带的病菌,防止病害的传播。西瓜种子消毒处理方法主要有以下几种。

1. 温水浸种 也叫温汤浸种,即将种子浸泡于55℃的温水中搅拌 15～30 分钟,自然冷却后取出种子进行浸种催芽。先将种子浸入冷水中 1～3 小时,使种皮吸收较多的水分,让种子上的病菌恢复活动,以利于被温水杀死。然后将种子放入55℃的热水中浸泡杀菌,浸泡时间以病菌的耐热能力而定,如蔓枯病病菌在55℃条件下经 10 分钟死亡,用热水浸种 15 分钟即可;防治炭疽病则用热水浸种 15 分钟,防治枯萎病热水浸种 10 分钟,防治病毒病热水浸种 30～40 分钟。浸足时间后,应立即将种子捞出,放入冷水中降温。采用点播机直播时,浸种后晾干种皮即可播种;如果阳畦育苗或人工点播,可接着进行浸种催芽。

2. 开水快速烫种 即用90℃以上的热水快速烫种消毒,并接着浸种。具体方法:先准备好两个水瓢(或塑料水勺),在一个瓢内盛开水，另一个瓢内盛种子，将种子倒入盛开水的瓢内，立即快速进行往返倒换，直至水温降至50℃左右，捞出种子用30℃～40℃的干净温水，在室温条件下浸泡8～10小时，期间搓洗数次，然后捞出催芽。在烫种时一定要注意迅速不停地从这个瓢倒入那个瓢，若停留时间稍长就可能烫伤种子。

3. 药剂消毒　就是把可能带有病菌的西瓜种子浸入药液中消毒。防治枯萎病和蔓枯病，可用50%多菌灵可湿性粉剂500倍液浸种1小时，或用2%～4%漂白粉液浸种30～60分钟。此外，10%磷酸三钠溶液浸种10分钟可防病毒病。生产中应注意西瓜种子用药剂浸种后，必须用清水冲洗净药剂方可进行浸种催芽；否则，易发生药害。

4. 强光晒种　春、夏季节育苗时，可选择晴朗无风天气，把种子摊在布、纸或草席上，厚度不超过1厘米，使其在阳光下暴晒，每隔2小时左右翻动1次，使其受光均匀。阳光中的紫外线和较高的温度，对种皮上的病菌有一定的杀伤作用。晒种时注意不要将种子直接放在水泥地、铁板或石头等物上，以免影响种子的发芽率。晒种除有一定的杀菌作用外，有促进种子后熟、增强种子活力、提高发芽势和发芽率、打破休眠期等作用。

(二)种子锻炼　为了增强西瓜幼苗的抗寒力，促进秧苗生长发育，应对萌动的种子进行低温或变温锻炼，使胚芽的原生质黏度发生变化、适应低温，并增强持水力。经过锻炼的种子发芽粗壮，幼苗生长发育期提早，苗期根系抗低温能力强。低温锻炼是把萌动的种子放于1℃～5℃的低温条件下1～2天，然后再置于适温条件下催芽。实验证明，种子用高温和低温交替的变温锻炼效果更为显著，方法是把萌动的种子，先置于2℃～5℃条件下6～8小时，再置于18℃～22℃条件下6～8小时，如此反复进行，直至催芽结束。

(三)浸种　为了加快种子的吸水速度，缩短发芽和出苗时间，

应进行浸种。浸种的时间因水温、种子大小、种皮厚度而异，一般浸种6～10小时，水温高、种子小或种皮薄时浸种时间短些；反之，则浸种时间延长。浸种方法：将灭菌消毒处理过的种子，洗去表面的药液和黏质物后进行浸种：①冷水浸种在室温条件下用冷水浸种，一般6～10小时即可，浸种期间每隔3小时左右搅拌1次。②恒温浸种。用25℃～30℃的温水，在恒温条件下浸种，一般浸种4～6小时。③温汤浸种。

（四）催芽　催芽是在人工控制条件下，促使种子加快发芽的过程。种子吸足水分以后，只要环境条件适宜就会萌动发芽。这时所要求的环境条件主要是温度，在适应的温度范围内，随着温度的升高，发芽速度逐渐加快。因此，通过人工控制适宜的温度条件，加快种子萌发过程，促其尽快发芽，对于加快西瓜种子出苗、保证一播全苗具有重要的作用。西瓜种子催芽方法主要有以下几种。

1. 恒温箱催芽法　即科研或生产上常用的恒温发芽箱或恒温培养箱，因有自动控温装置，能控制恒定的温度，该种方法最为安全可靠。催芽时先将控制盘或控制旋钮调到适宜的刻度上，打开开关通电加热。将湿纱布或湿毛巾放在一个盘或其他容器上，把种子均匀平摊在湿纱布上，上面盖1～3层湿纱布，将种子盘放入恒温箱中进行催芽。催芽期间每天将种子取出1～2次，用干净的温水冲洗，沥干水后再重新放入，当胚根露出时即可播种。这种方法温度稳定，发芽条件好，发芽快而整齐。如果没有恒温箱，也可自制温箱进行催芽，方法是取完整的小纸箱1个，将1只100瓦的红色电灯泡或白炽灯泡，接通电源后放入纸箱内(电灯线最好用花线，由纸箱上盖穿孔引入)，灯泡应吊在纸箱下方的正中间。然后将经过浸种的西瓜种子，放在离电灯泡5厘米左右的下方位置盖好纸箱进行保温催芽。期间每隔4～5小时检查1次，可取出种子用温水浸湿纱布后再包好，当胚根露出后即可播种。

2. 火炕催芽　在热炕上铺一层塑料薄膜，在薄膜上铺一层湿布，然后将浸过的西瓜种子和1支管式温度计用纱布包好放在湿布上，上面覆盖一层塑料薄膜，最上面盖棉被等保温。期间每隔4～5小时看一下温度计，尤其是夜间应特别注意观察温度的变化情况，使温度保持在发芽适温，当胚根露出后即可播种。温度低时应烧火加温；温度高时可将种子由炕头向炕尾温度较低处移动，也可在放种子的炕面上垫一层隔热物(纸或布等)。

3. 保温瓶催芽　利用保温瓶催芽是近年来菜农创造的一种简易催芽法。具体做法是先将保温瓶及包种子用的纱布用开水烫过，然后将浸过的种子用湿纱布包起来放入保温瓶内，瓶口不加瓶塞，只用纱布或棉花盖一下即可。这种方法催芽时间稍长。

4. 体温催芽　利用人的体温进行催芽，这是山东、河北、天津、河南等地老蔬菜产区经常采用的一种催芽方法。方法是将浸过的种子用湿纱布包好，放在清洁的塑料袋内，使塑料袋敞着口，再放入布袋，缠于腰间即可。由于人的体温十分稳定，衬衣外、外衣内的温度在30℃左右，是种子发芽所需的温度。

5. 热水催芽　先在较大的盆内放入40℃～50℃的热水，再将浸过的种子用湿纱布包好放在另外一个小盆内，将小盆放于盛热水的大盆中，上面用麻袋片盖好。大盆内水温降低后及时加热水，使温度保持40℃～50℃。

四、播　种

(一)适宜播期的确定　播种的最佳时间也叫适宜播种期，简称播种适期。西瓜播种适期应根据不同品种、栽培季节、栽培方式和苗龄要求等条件来确定。

1. 品种　不同品种生育期不同，而且在耐低温、抗旱及耐涝等方面也有差别。所以，生产中一般生育期较长的品种早播，生育期较短的品种晚播；耐低温的品种早春播种，抗旱的品种旱季播种，耐涝的品种雨季播种。

2. 栽培季节 由于我国地域辽阔，气候复杂，从而形成了不同的栽培季节，不同的栽培季节均有最适宜的播种期。播种适期是根据当地的气温、光照、降雨、霜期等气候条件和栽培方式确定，春季露地直播栽培，最适宜的播种期是在当地终霜后开始播种；夏季栽培，最早播种时间一般在5月底或6月上旬，最晚的播种时间应考虑西瓜成熟前不受初霜危害，一般可在当地初霜前90～120天（主要是根据品种生育期而定）播种；秋季栽培和冬季栽培除海南省外，必须有保护设施，适宜的播种期可因保护设施的不同而异。

3. 育苗方式 西瓜育苗方式主要有露地直播、阳畦育苗、温床育苗、棚室育苗、嫁接育苗、无土育苗及工厂化育苗等。由于各地气候条件不同，不仅不同的育苗方式其播种适期不同，就是同一育苗方式其播种适期也不尽相同。

4. 苗龄要求 不同的栽培方式对苗龄有不同的要求。苗龄通常以育苗期的天数和相应的幼苗形态标准来表示，如在阳畦育苗条件下，西瓜苗龄为30天左右。当定植时间确定后，以适宜苗龄的天数向前推算，即为育苗的适宜播种期。

总之，播种期的确定，要以早熟丰产为目标，以培育适龄壮苗为前提，生产中可根据西瓜生长发育特点、育苗设备、育苗技术水平等条件，因地制宜地灵活掌握。要注意防止不顾实际条件，盲目追求早播早成苗，造成适龄壮苗不能及时定植，在苗床中拥挤徒长或形成小老苗。

（二）播种方法 播种前，育苗畦浇足底水。冬春育苗时，为了避免因浇水降低土（基质）温，浇水后覆盖增温保温，地温升高后播种，播种后出苗前不浇水。播种要选晴暖天气，最好能在午前播完，使播种后有一定时间接收阳光，以提升地温。阴冷天气不能播种时，可把种子放到冷凉的地方，上面盖湿布防止根芽干燥，等天

气转晴后再播种。提前浇底水的，若畦面不湿润可在播种前喷些温水；若畦面过湿可先在畦面撒一层薄薄的细干土再播种。播种时将种子平放点播在营养土块、营养钵或育苗盘等育苗容器的中间位置，随播种随用少量细湿土覆盖种子。当全畦播完后再全畦面覆土，覆土厚度 1.2 厘米左右，并要掌握厚薄均匀一致。覆土后，立即覆盖苗床，以利于提高苗床温度，促进幼苗出土。

露地育苗直播时，为了出苗快而整齐，播种后还可分期多次覆土，尤其是无籽西瓜和种粒很小的品种，更适宜分期多次覆土。具体做法是：播种当天进行第一次覆土，覆土厚 0.5 厘米左右；第二次覆土在播种后 2～3 天幼苗刚刚出土时，覆土厚 0.3 厘米左右；第三次覆土在幼苗出齐后，子叶展开时，覆土厚 0.3 厘米左右。分期覆土的优势：一是先薄覆土易升高土温，促进种芽生长提早出土。二是覆土可把种芽顶土和出苗时破裂的土缝堵严，有利于种皮脱帽。三是保持床土湿润，有利于保墒和根系发育。

五、苗床管理

（一）环境调控

1. 温度　苗床温度调控关键时期：从种子萌动到子叶（指 90％子叶出土，下同）出土前要求床温较高，一般要求晴天 28℃～30℃、阴天 25℃左右；此期如果床温低，会使出土时间延长，种子消耗养分多，幼苗瘦弱变黄。子叶出土后应适当降温，晴天温度保持 22℃～25℃、阴天 18℃～20℃，以免幼苗下胚轴过长。当 90％幼苗第一片真叶展开后，床温逐渐提高至 25℃～27℃。定植前 1 周逐渐降温蹲苗，床温由 27℃降到 20℃左右，直到和外界气温相一致。

苗床温度的调控方法，因育苗设施的不同而异。阳畦育苗或温床育苗主要靠揭盖草苫和开关通风口调节，通风口的大小是靠掀开覆盖苗床塑料薄膜部分的大小来调节的（可用两块砖头或石块支起，中间形成通风口），掀开的部分越大通风量越大。斜面阳畦和温床的通风口，一般都设在南侧和两头；拱形阳畦和温床的通风口，可设在建床覆盖塑料薄膜时没有固定死的临时压膜一侧。子叶出土后，为了增强光照和延长光照时间，除阴雨天外，可于每天上午 10 时至下午 4 时揭开草苫日晒，下午 4 时以后再盖上草苫保温。真叶展开后，随着天气渐暖，要及时通风降温，并随着气温的回升，通风口由小到大，通风时间由短到长，直到除掉所有覆盖物进行秧苗锻炼。

另外，通风口的位置也应及时调换，一般每隔 5 天左右调换 1 次，以保持苗床内温湿度及气体等条件相对一致，促使幼苗健壮而整齐。日光温室和塑料大棚内苗床温度的调节主要依靠天窗的开闭及草苫的揭盖进行，如果属于加温温室或大棚还可通过提高或降低加温温度来进行调节。电热温床的温度，可通过电热线功率、布线时的线距来控制。电热线功率越大，升温越快，床温越高。线间距越小升温越快，床温越高；反之，电热线功率越小，升温越慢，床温越低。线间距越大，升温越慢，床温越低。电热温床的温度还可通过控温仪调节，转动控温仪的调节旋钮，可改变通向电热线的电流强度，从而改变电热线功率的大小，以达到调节床温的目的。

2. 湿度　西瓜育苗期要求较高的土壤湿度，一般要求土壤湿度达到田间最大持水量的 85％～90％，尤其是种子萌发时需要更大的湿度，土壤相对湿度通常为 90％～95％。幼苗期单株需水量虽然不大，但由于根系不甚发达，吸水面积小，而且苗床中秧苗密挤，温度通常较外界高，地面和叶面总蒸发量很大，所以应经常保持苗床土壤湿润。但为了使西瓜秧苗根系发达，培育壮苗，减少病害，苗床空气湿度不可过大，空气相对湿度一般应保持 80％左右。播种时浇足底水的，瓜苗出土前一般不浇水。子叶展平阶段地面保持见干见湿，以保墒为主，可在床面撒一层薄薄的细沙土（俗称描土），以降低土壤水分蒸发量，同时还可预防幼苗猝倒病和立枯

病。真叶展出后，若地面见干可用喷壶喷水，喷水要在晴天上午进行。以后随着温度的回升及地上部幼苗叶面积的扩大，喷水量可逐渐增加，一般可每隔 3～5 天喷水 1 次，直到定植前数日停止喷水进行蹲苗，幼苗 3～4 片真叶展出时即可定植。

此外，设施内的苗床，通过相应的通风设备（如天窗、通风口）及部分揭盖塑料薄膜进行通风换气，使苗床内湿度大的气体与外界湿度小的气体进行交换，从而降低苗床内的空气湿度。

3. 光照　阳光是幼苗叶片光合作用的能量来源，育苗期间的光照条件直接关系到幼苗的生长发育，因此出苗后要千方百计增加床内光照。若光照不足，幼苗茎细叶薄，光合产物积累少，容易徒长，并致使根系生长不良，移栽后缓苗慢、生育期延迟，进而影响产量。增加光照的措施主要是及时揭开覆盖物，一般当日出后气温回升（一般在上午 8～9 时）就应及时揭开草苫等覆盖物，使幼苗接受阳光，下午在苗床温度降低不太大的情况下可适当晚盖覆盖物，以延长幼苗受光时间。同时，还要经常扫除塑料薄膜上面的污物，如草、泥土、灰尘等，以提高薄膜的透光率。育苗后期，秧苗较大，外界气温稳定在 20℃左右时，即可将塑料膜揭开，使幼苗直接接受日光照射，以提高叶片光合能力。揭膜时要由小到大循序渐进，使幼苗逐步适应外界环境，避免一次揭开而使幼苗受害。揭开薄膜后若发现幼苗萎蔫、叶片下垂要立刻从新盖好，待幼苗恢复正常后，再慢慢揭开。值得注意的是遇有阴雨天气时，不要因为没有阳光而一直不揭草苫，使幼苗长期处于黑暗条件下而发生徒长，造成弱苗。正确的做法是在阴雨天气尤其是连阴天气，白天只要床内气温不低于 16℃，就要揭开草苫，接受散射光，使幼苗进行一定的光合作用；如果气温较低，可采取一边揭苫一边盖苫的方法，这样既不降低苗床温度，又可增加光照。

（二）其他管理

1. 浇水　西瓜育苗期间，除按幼苗正常生长发育对苗床湿度

的要求合理浇水外，苗床浇水时应注意以下问题。

（1）育苗前期浇温水　育苗前期气温、地温均低，而且秧苗幼小，尽量不要浇冷水，以免降低床温，影响幼苗根系的吸收和根毛的生长。确实需要浇水时，可浇15℃左右的温水。

（2）分次浇水　苗床浇水一般采用喷水的方法，为了准确掌握浇水量，要分次喷水，切不可对准一处一次喷水过多。对于苗床同一部位要均衡地先少量喷水，等水渗下后再喷第二次，以免局部喷水过多。

（3）苗床不同部位浇水量要不同　苗床中间部分要多喷水，苗床四周要适量少喷水，这样可使整个苗床水分一致，以保证幼苗生长整齐一致。这是因为在苗床内靠近南壁的床土，由于床壁挡光地温较低，蒸发量也较小，依靠中部床土浸润过来的水分基本可以满足幼苗生长的需要，故应少喷水或不喷水；苗床的中间部分接受阳光较多，温度较高，蒸发量也很大，故应多喷水。靠近苗床北壁的床土，由于床壁反光反热，温度条件较好，如果浇水量和苗床中部一样多，幼苗就容易徒长（高温高湿幼苗极易徒长），所以这一部位可比苗床中部适当少浇水。

2. 中耕松土　在育苗期间适当进行中耕松土，不仅可以增加土壤中的空气含量、提高土壤的透气性、促进根系生长，还可以调节土壤湿度、提高床土温度。在床土湿度大、温度低的情况下，中耕松土效果更为明显。一般可从出全苗后开始中耕，将床面锄松，但要浅中耕，一般1厘米左右为宜，这时松土的主要作用是弥补床面裂缝。幼苗破心时再锄1次，促进根系发育，以利于培育壮苗。后可根据实际情况中耕2～3次，一般在每次浇水后的1～2天进行1次松土，以消灭杂草，破除板结，提高土壤温度，调节土壤湿度。中耕松土开始要浅，以防伤害根系，随着瓜苗的长大逐步加深，深度可达2～3厘米。

3. 追肥　育苗期视苗情追施1～2次有机肥和氮素化肥，以

促进幼苗生长。幼苗长势良好时，追肥 1 次，在 3～4 片真叶时进行，在植株南侧 20 厘米处开深约 15 厘米的施肥沟，每公顷施腐熟饼肥 600～750 千克，或人畜粪 3 000～4 500 千克。若幼苗长势较弱可追肥 2 次，第一次在 2 叶期，在植株南侧约 15 厘米处开穴，每公顷施尿素 90～112.5 千克；第二次在团棵后，在植株北侧开沟，每公顷施腐熟饼肥 600 千克，或芝麻酱 900～1 200 千克。另外，若幼苗生长不整齐时，可对个别小苗、弱苗增施“偏心肥”。方法是在离幼苗基部 10 厘米处，用木棍捅一直径 2～3 厘米、深 10 厘米左右的洞，施入适量尿素后点水并盖土，或用 0.5%尿素溶液在幼苗基部开穴浇施，每株用肥液 0.5 千克左右。

4. 保护子叶 子叶是发芽后最早长出的营养器官，也是幼小植株最早进行光合作用的器官。子叶发生后幼苗开始由异养阶段走向自养阶段，以后的根、茎、叶等器官的生长发育也都是在此基础上进行的。所以，子叶大而厚，颜色浓绿，就意味着在光照条件下，有旺盛的光合作用，因而幼苗就会生长健壮。与此相反，子叶受伤、缺损或子叶小而薄，颜色淡黄时，光合作用低下，制造的养分很少，因而幼苗生长就会衰弱。因此育苗时一定要保护好子叶。

5. 避免劣质苗 西瓜壮苗在形态上主要表现为茎粗短、节紧密、叶肥大、色浓绿、根深须多（根系发达）、无病虫害、无损伤、抗逆性强、生长健壮、发育良好等，生产中对西瓜壮苗的要求标准是子叶肥大、胚轴粗壮、真叶舒展、根系发达、侧根较多、根毛雪白并新鲜。劣苗的外表形态与壮苗的外表形态是相对比较识别的，这是生产上通常采用的一种标准。西瓜劣质苗包括徒长苗、僵化苗（小老苗）、伤病苗等，育苗中应尽力避免出现劣质苗。

6. 防止瓜苗徒长 造成幼苗徒长的原因主要是秧苗密度过大，互相拥挤遮阴，光照不足，光合作用减弱，使秧苗体内干物质含量少。此外，床温过高，不通风，呼吸作用强烈，消耗养分较多，植株体内干物质含量迅速减少，使秧苗生长虚弱。在床土氮肥与水分供应充足的条件下，就更容易徒长。防止秧苗徒长应针对发生徒长的原因，采取相应的措施。例如，防止秧苗过密拥挤，增加光照；保持适宜的苗床温湿度，温度过高、湿度过大时加强通风，并控制浇水或撒施草木灰及细干土除湿；移栽定植前加强秧苗锻炼等。

第三节　嫁接育苗技术

一、嫁接育苗的优势

（一）借根抗病　土传病害是西瓜育苗和栽培中的重大问题，尤其是在设施栽培条件下，因不便轮作换茬，其病害更为严重。采用抗土传病害强的作物为砧木，进行嫁接换根，可以有效地防止土传病害的发生，如西瓜枯萎病采用嫁接换根栽培即可避免。

（二）增强生长势　砧木的根系和生长势一般都比接穗强大，因而促进了接穗茎叶的旺盛生长，提高了整个植株的生长势。发达的根系，可以吸收更多的水分和矿物质，供地上部生长和积累所需。

（三）提高抗逆性　作物经嫁接后，其耐寒性、耐热性及耐盐性等都有所增强。西瓜是喜温耐热作物，在冬春栽培易受冻害，若经新土佐南瓜砧木嫁接，采用同样栽培设施，则可提前定植而不受冻害；若换用冬瓜或南瓜作砧木，则可提高接穗的耐热性，而抵御夏季的高温多雨。同时，西瓜是不耐盐碱作物，若以黑籽南瓜作砧木嫁接，则其抗盐性大大提高，这对设施栽培尤为重要。

（四）提高产量　西瓜生产实践已充分证明，嫁接苗定植后生长发育迅速，果实产量增加。据笔者多次试验，嫁接西瓜比自根不重茬西瓜增产 23.2%～35.8%，比重茬自根西瓜增产1 374.4%～1 437.1%。

二、砧木的选择

(一)选择原则　西瓜嫁接育苗必须选择具备根系发达，亲和力、抗病力和抗逆性强，并且不影响(降低)接穗产品品质的砧木。这样的砧木不但嫁接成活率高、幼苗健壮，而且在整个生长发育过程中不发生连作障碍，不降低西瓜品质。西瓜嫁接选择砧木应遵循以下原则。

1. 与接穗有良好的亲和力　亲和力包括嫁接亲和力和共生亲和力两方面。嫁接亲和力是指嫁接后砧木与接穗的愈合程度，可用嫁接后的成活率表示，成活率高则表明该砧木与这个接穗亲和力高；反之则低。共生亲和力是指嫁接成活后砧木与接穗两者的共生状况，包括嫁接苗的生长发育速度和生育是否健壮等，可用嫁接成活后幼苗生长速度为指标。嫁接亲和力和共生亲和力并不一定一致，有的砧木嫁接成活率很高，但进入结果期或生长发育的中后期便表现不良，甚至有些嫁接植株突然凋萎，表现出共生亲和力差。

2. 提高接穗的抗病能力　嫁接育苗的主要目的就是利用砧木的抗病能力避免某些土传病害，因此抗病能力的大小便成为选择砧木的重要标准。导致西瓜枯萎病的病原菌中，以西瓜菌(株)系和葫芦菌(株)系为最重要，因此所用砧木必须同时能抗这两种病原菌。葫芦不抗西瓜菌(株)系的病菌侵染，因而不是绝对抗病的砧木；而南瓜则表现兼抗上述两种病菌，因而南瓜是可靠的抗病砧木。生产中要求选用的砧木应能达到100%的植株抗病。

3. 能增强接穗的抗病能力　在嫁接栽培条件下，接穗的耐寒、耐旱、抗热、抗病、耐湿、耐盐及对不良环境条件的适应能力、生长发育速度、生长势强弱等，均受砧木固有特性的影响。不同砧木对接穗的影响不同，因此要根据栽培季节、环境条件和接穗的实际需要，选择最适宜的砧木。例如，西瓜冬春育苗，要选择抗低温、弱光的新土佐南瓜作砧木;夏秋栽培西瓜要选择耐高温、高湿的白菊座南瓜作砧木。

4. 能使接穗优质高产 优质高产是生产者的最大心愿,优良的砧木是嫁接育苗的基础之一。要培育健壮的幼苗,还须掌握熟练而准确的嫁接技术和配套栽培管理技术。西瓜嫁接栽培,果实品质是选择砧木的重要标准,如果形、果皮厚度、果肉质地、含糖量(包括果实含糖梯度)等均是选择砧木时必须考虑的条件。

(二)主要砧木品种

1. 新土佐南瓜 系印度南瓜与中国南瓜的一代杂交种,作西瓜嫁接砧木,嫁接亲和力和共生亲和力均强,幼苗低温条件下生长良好,发育快,高抗枯萎病,对果实品质无不良影响。

2. 勇士 台湾农友种苗公司育成的野生西瓜杂交种,为西瓜专用砧木。勇士嫁接西瓜生长健壮,高抗枯萎病,低温条件下生长良好,嫁接亲和力和共生亲和力均强。坐瓜良好,果实品质和口味与同品种非嫁接株所结果实完全一样。

3. 长颈葫芦 果实圆柱形,蒂部圆大,近果柄处细长。作西瓜砧木,嫁接亲和力和共生亲和力都很强,植株生长健壮,根系发达,对土壤环境适应性广,吸肥力强,耐旱、耐涝、耐低温,抗枯萎病。坐瓜稳定,对西瓜品质无不良影响。

4. 长瓠瓜 又名瓠子、扁蒲,全国各地均有栽培。根系发达,茎蔓生长旺盛。与西瓜亲缘关系较近,亲和力强,抗枯萎病,耐低温、耐高温。嫁接西瓜后表现抗病、耐低温、坐瓜稳定,对西瓜果实品质无不良影响。

5. 圆瓠瓜 属大葫芦变种,果实扁圆形,茎蔓生长茂盛,根系入土深,耐旱性强。作西瓜嫁接砧木亲和性好,植株生长健壮,抗枯萎病,坐瓜良好,果实大,品质好。

6. 相生 日本米可多公司培育的瓠瓜杂交种,嫁接亲和力和共生亲和力均强。西瓜嫁接植株生长健壮,根系发达,高抗枯萎

病,低温条件下生长良好,优质高产。

三、嫁接方法

嫁接育苗能否在生产中大量推广,关键在于嫁接技术能否做到简便易行,工本低,成活率高。西瓜嫁接方法主要有插接法、靠接法、劈接法和贴接法。其中插接法又分为顶插接、水平插接、皮插接和腹插接,靠接法分为舌靠接和抱靠接。现将常用嫁接方法介绍如下。

(一)顶插接 又称斜插接。此法最好由两人配合,其中一人持特制竹签(宽、厚与幼苗下胚轴相仿,先端约 1 厘米削成楔形)负责插接,另一人持刀片负责切割接穗。嫁接前要保证苗床土湿润,并喷 1 次百菌清或多菌灵之类的杀菌剂。先去掉砧木的第一片真叶和生长点,然后用左手食指和中指夹住砧木茎的上部,拇指和中指捏住砧木内侧一片子叶,右手持竹签从内侧子叶的主叶脉基部插入竹签,尖端和楔形斜面朝下呈 45°角向对面插入 5～7 毫米,以竹尖透出茎外为宜。与此同时,另一个人用左手中指托住接穗的基部偏上部位,右手用刀片从接穗茎两侧距接穗子叶 8～10 毫米处斜切断茎,使切口长略大于插入砧木的插口深度。最后插接人拔出竹签,将接穗切口朝下迅速插入砧木,以接穗尖端透出砧木茎外为宜(图 3-3)。采用插接法两人一天可嫁接 2 000 棵以上,成活率一般在 90%以上。

(二)腹插接 又叫侧接,是在胚轴一侧切口嫁接。嫁接时,在砧木下胚轴离子叶节 0.5～1 厘米处无子叶着生的一侧,由上向下斜切,与下胚轴成 30°～40°斜角,深度约为茎粗的 1/3,不能深切至砧木的中心(髓腔)。然后将接穗距子叶 0.5～1 厘米以下胚轴(根茎)斜切,削成楔形,插入砧木切口内,随即用嫁接夹固定。注意接穗顶端要略高于砧木的子叶。

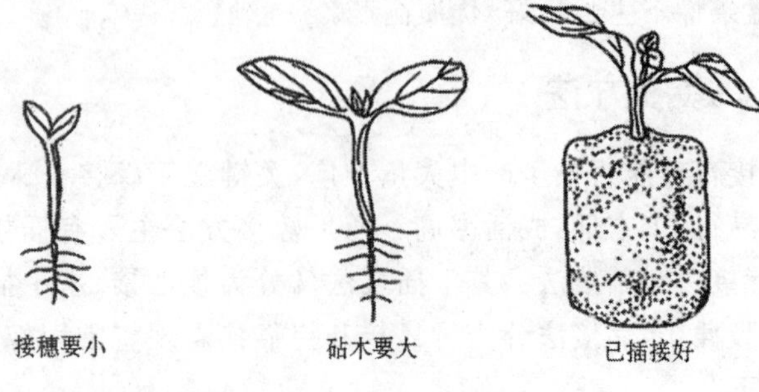

图 3-3 顶插接

(三)舌靠接 嫁接时先在砧木的下胚轴靠子叶处，用剃须刀片向下做 45°角斜切一刀，深达胚轴的 2/5～1/2，长约 1 厘米，呈舌状。再在接穗的相应部位向上做 45°角斜切一刀，深达胚轴的 1/2～2/3，长度与砧木相等，也呈舌状。然后把砧木和接穗的舌部互相嵌入，用薄棉纸条或塑料嫁接夹夹住，栽植在营养钵中。栽植时，嫁接苗基部应稍稍离开地面，以免浇水时浸湿刀口，影响成活（图 3-4）。将嫁接苗置于小拱棚内愈合，要求保持一定的温湿度，特别是湿度，在最初的 3～5 天空气相对湿度应为 95%～99%，并注意遮阴。以后逐渐通风见光，一般 1 周后嫁接愈合，接穗开始生长。15 天后，将接穗的根剪断，再生长一段时间即可于大田定植。

(四)劈接 先将拔取的接穗冲去泥沙，放入盛有水的碗（盘）中，然后用剃须刀片将砧木的生长点和真叶削去，并从幼茎一侧向下纵切约 1.5 厘米长。切砧木时注意不可将幼茎两侧全劈开，否则砧木子叶下垂影响嫁接成活率。砧木劈口后，立即将接穗子叶下 1.5～2 厘米的根茎沿子叶方向削去，并使两侧削面呈楔形，随机将接穗插入砧木劈口内，用塑料嫁接夹夹住。

(五)贴接 当砧木长至 3～4 片真叶时进行嫁接。嫁接时将砧木留 2 片真叶，用刀片在第二片真叶上方斜削，去掉顶端，形成

30°左右的斜面，斜面长 1～1.5 厘米。再将接穗取来，保留 1～2 片真叶，用刀片削成一个与砧木相反的斜面，斜面大小与砧木一致。然后将砧木的斜面与接穗的斜面贴合在一起，用嫁接夹固定。

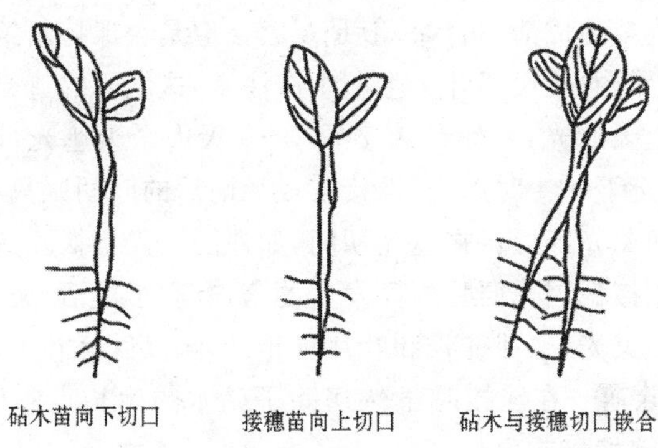

图 3-4　舌 靠 接

四、嫁接苗的管理

(一) 保温　嫁接后砧木与接穗的愈合需要一定的温度，因此要注意苗床的保温。嫁接苗适宜温度白天为 22℃～25℃、夜间 14℃～16℃。由于早春气温变化大，特别是在塑料薄膜覆盖下，温度昼夜变化更大，即使白天晴天或阴雨天，中午和早晚温度变化都会很大。所以，生产中应注意防止高温灼苗，并进行低温炼苗，如果夜间气温低于 14℃，或有寒流侵袭，应及时加盖草苫防寒，并密封苗床保温。

(二)保湿　嫁接苗由于砧木和接穗均有伤口，尤其是顶插接和劈接的接穗，因失去了根部极易失水萎蔫，因此要保持苗床内较高的湿度。一般嫁接苗栽植后，应随即浇 1 次透水，盖好塑料薄膜，在 2～3 天内不通风，使苗床内空气相对湿度保持在 95％左右。3天以后，可根据苗床内温度和湿度情况适当进行通风。

（三）遮光 为了减少接穗的水分消耗，防止萎蔫，嫁接后应将苗床透光面用草苫遮盖起来。但当嫁接苗成活后，应立即去掉遮光物。嫁接苗的成活与否，一般是观察接穗是否保持新鲜不凋萎，是否明显生长并较快展叶。生产中应注意，这期间的遮光时间，并不是每天全天遮光，一般是嫁接后2～3天内全天遮光，以后可以上午10时至下午4时遮光，嫁接苗成活前后的时间则只在中午烈日下短时间遮光即可。在遮光期间，如遇阴雨天要揭除遮光物，这样既可防止接穗因光照强烈而发生萎蔫，有利于成活；又可防止嫁接苗长期不见光，致使徒长和叶片黄化，影响以后健壮生长。

（四）除萌 在嫁接时虽然切除了砧木的生长点和已发出的真叶，但随着嫁接苗生长，砧木上还会萌发出新的腋芽。对砧木上的萌芽，应及早抹除，否则将会影响接穗生长。如果砧木上的萌芽保留到结果期还不抹除，不但会影响接穗生长，还会使果实品质变劣。

（五）防病虫 嫁接育苗轮作周期短，前作多为秋菜，种类复杂，土壤中病虫害种类也多，因而大大增加了嫁接苗遭受病虫危害的机会，特别是炭疽病、疫霉病、线虫病、蛴螬、地老虎等最易发生，所以嫁接育苗应从苗期即加强防治病虫害。

（六）其他管理 嫁接苗成活后苗床大通风时，应注意随时检查和去掉砧木上萌生的新芽，以防影响接穗生长。同时，应根据嫁接苗成活和生长状况，进行分级排放、分别管理，使秧苗生长整齐一致，提高好苗率。一般插接苗接后10～12天、靠接苗接后8～10天即可判定成活与否，有时因嫁接技术不熟练，部分嫁接苗恢复生长的速度慢，可单独加强管理，促进生长。靠接苗成活即可切断接穗接口下的接穗苗茎（又称断根），同时取下嫁接夹。为防止断根过早而引起接穗凋萎，可先做少量断根实验，确认无问题时再进行全部断根。

第四节　工厂化育苗技术

一、工厂化育苗的意义

工厂化育苗是工厂化农业的重要组成部分，是在人工创造的最佳环境条件下，采用科学化、机械化、自动化等技术措施和手段，进行批量生产优质秧苗的一种先进生产方式。工厂化育苗技术与传统的育苗方式相比具有用种量少，占地面积小；能够缩短苗龄，节省育苗时间；能够尽可能减少病虫害发生；提高育苗生产效率，降低成本；有利于统一管理，推广新技术等优点，可以做到周年连续生产。工厂化育苗技术的迅速发展，不仅推动了农业生产方式的变革，而且加速了农业产业结构的调整和升级，促进了农业现代化的进程。同时，工厂化育苗还可以提高种苗的质量和商品性，提高种苗的生产效率，实现精量播种、节约用种，节省能源和资源，机械化程度高，适合大批量生产，适合长距离运输和商品贮运。

工厂化育苗的主要程序：

种子处理—恒温催芽—送入育苗车间繁育—自动灌溉施肥—筛选成苗—消毒后装箱—运输销售。

二、工厂化育苗的主要设施和设备

(一)播种车间　播种车间占地面积视育苗数量和播种机的体积而定，一般面积为 100 米^2，主要放置精量播种流水线和一部分的基质、肥料、育苗车、育苗盘等。播种车间要求有足够的空间，便于播种操作，使操作人员和育苗车的出入快速顺畅，不发生拥堵。同时，要求车间内的水、电、暖设备完备，不出故障。

(二)催芽室　催芽室是为了促进种子萌发出芽的设备，是工厂化育苗必不可少的设备之一。催芽室可作为大量种子浸种后催芽,也可将播种后的苗盘放进催芽室,待60%种子出芽时挪出。一般大型育苗场要建30米^{2}的催芽室。育苗盘架用角铁焊成,架高1.8米、长2.2米、宽1.1米,每层高20厘米。具体设计要根据育苗量的大小、催芽室的面积而定。

(三)育苗温室 大规模的工厂化育苗企业,要求建设现代化的连栋温室作为育苗温室。要求温室南北走向,透明屋面东西朝向,以保证光照均匀。

(四)工厂化育苗的主要设备

1. 穴盘精量播种设备 育苗播种生产线、基质破碎机、基质混料机、斜披输送带、基质填料机、针式精量播种机、覆料淋水机、平板输送带。

2. 育苗环境自动控制系统 育苗环境自动控制系统主要指育苗过程中的温湿度及光照等的环境控制系统。

(1)加温系统 育苗温室内的温度控制要求冬季白天晴天温度达25℃、阴雪天达20℃,夜间温能保持14℃～16℃,以配备若干台15万千焦/小时燃油热风炉为宜,水暖加温往往不利于出苗前后的温度升温控制。育苗床架内埋设电热线,可以保证秧苗根部温度在10℃～30℃范围内任意调控,以便满足在同一温室内培育不同园艺作物秧苗的需要。

(2)保温系统 温室内设置遮阴保温帘,四周有侧卷帘,入冬前四周加装薄膜保温。

(3)降温排湿系统 育苗温室上部可设置外遮阳网,夏季可有效地阻挡部分直射光的照射,在基本满足秧苗光合作用的前提下,通过遮光降低室内温度。温室一侧配置大功率排风扇,高温季节育苗时可显著降低室内的温湿度。通过温室天窗和侧墙的开启或关闭,也能实现对温湿度的有效调控。在夏季干燥地区,还可通过湿帘风机设备降温加湿。

(4)补光系统 苗床上部配置光通量1.6万勒、光谱波长

550～600 纳米的高压钠灯，在自然光照不足时，开启补光系统可增加光照强度，满足幼苗健壮生长的需求。

(5)控制系统 工厂化育苗的控制系统对温度、光照、湿度等环境条件和水分、营养液灌溉实行有效地监控和调节。控制系统由传感器、计算机、电源、监视和控制软件等组成，对加温保温、降温排湿、补光和微灌系统实施准确而有效地控制。

(6)灌溉和营养液控制设备 工厂化育苗必须有高精度的喷灌设备，要求供水量和喷淋时间可以调节，并能兼顾营养液的补充和喷施农药。对于灌溉控制系统，最理想的是能根据水分张力或基质含水量、温度变化控制调节灌水时间和灌水量。生产中应根据种苗的生长速度、生长量、叶片大小以及环境的温湿度状况决定育苗过程中的灌溉时间和灌水量。苗床上部设行走式喷灌系统，可确保每个穴盘孔浇水分均匀。

3. 运苗车和育苗床架 运苗车包括穴盘转移车和成苗转移车。穴盘转移车将播种后的穴盘运往催芽室，其高度及宽度应根据穴盘的规格、催芽室的空间和育苗数量确定。成苗转移车采用多层结构，根据商品苗的高度确定放置架的高度，车体可设计成分体组合式，以利于不同种类园艺作物种苗的搬运和装卸。育苗床架可选用固定床架和育苗框组合结构或移动式育苗床架。可根据温室的宽度和长度设计育苗床架，育苗床上铺设电热线、珍珠岩填料和无纺布，以保证秧苗根部的温度，每排育苗床的电加温由独立的组合式控温仪控制。移动式苗床设计只需留一条走道，通过苗床的滚轴任意移动苗床，以扩大苗床的面积，使育苗温室的空间利用率由 60％提高至 80％以上。育苗车间的育苗架设置以经济有效地利用空间，提高单位面积的种苗产出率，便于机械化操作为目标，选材以坚固、耐用、低耗为原则。

三、工厂化育苗的方式

育苗包括播种育苗、扦插育苗、试管育苗等方法，生产中以播种育苗最为常见。播种育苗方式主要包括穴盘育苗、塑料钵、聚氨酯泡沫育苗块育苗、基菲育苗块育苗等。

(一)穴盘育苗　采用塑料片经过吸塑加工制成，在育苗穴盘上具有许多上大下小的倒梯形或圆形的小穴。育苗时将育苗基质装入小穴中，播种后压实、浇水即可。

(二)塑料钵育苗　育苗用的塑料钵有硬质塑料钵和软质塑料钵两种。容积为600～800毫升的主要用作培育大苗，容积为400～600毫升的可培育较小的瓜苗。

(三)聚氨酯泡沫育苗块育苗　将聚氨酯育苗块平铺在不漏水的育苗盘上，每一块育苗块又分切为仅底部相连的小方块，每一小方块上部的中间有一"X"形的切缝。将种子逐个放入每个小方块的切缝中，然后在育苗盘中加营养液，直至浸透育苗块后并在育苗盘内保持0.5～1厘米厚的营养液层为止。出苗之后，可将每一育苗小块从整个育苗块中掰下来，然后定植到水培或基质培的种植槽中。

(四)基菲育苗块育苗　这是由挪威最早生产的一种由30%纸浆、70%泥炭并混入一些肥料及胶黏剂压缩而成的圆饼状育苗小块，外面包以有弹性的尼龙网，其直径约4.5毫米，厚度约7毫米；育苗时先把它放在不漏水的育苗盘中，然后在育苗块中播入种子，浇水使其膨胀，每块育苗块可膨胀至约4厘米厚。这种育苗方法很简单，但只适用于瓜果类作物育苗。

四、基质选择与配制

(一)对基质的要求　穴盘育苗对基质的总体要求是尽可能使

幼苗得到充足的水分、氧气、温度和养分供应。

影响基质理化性状的因素主要有基质的 pH 值、基质的阳离子交换量与缓冲性能、基质的总孔隙度等。有机基质的分解程度直接关系到基质的容量、总孔隙度以及吸附性与缓冲性，分解程度越高，容重越大，总孔隙度越小，一般以中等分解程度的基质为好。不同基质的 pH 值也不尽相同，泥炭的 pH 值为 4～6.6、蛭石的 pH 值为 7.7、珍珠岩的 pH 值为 7 左右，多数蔬菜幼苗要求基质 pH 值为微酸性至中性。基质孔隙度适中是水、气协调的前提，孔隙度与大小空隙比例是控制水分的基础，风干基质的总孔隙度以 84%～95%为好。另外，基质的导热性、水分蒸发蒸腾总量与辐射能等均对种苗的质量产生较大的影响。

(二)工厂化育苗基质选材的原则 ①尽量选择当地资源丰富、价格低廉的物料。②育苗基质不带病菌、虫卵，不含有毒物质。③基质随幼苗植入生产田后不污染环境与食物链。④能起到土壤的基本功能与效果。⑤有机物与无机材料复合基质为好。⑥比重小，便于运输。

(三)育苗基质的配制

1. 选用基础物料 配制育苗基质的基础物料有泥炭、蛭石、珍珠岩等。草炭被国内外普遍认为是最好的基质材料，我国吉林、黑龙江等地的低位泥炭储量丰富，具有很高的开发价值，其有机质含量高达 37%、水解氮为 270～290 毫克/千克，pH 值为 5、总孔隙度大于 80%、阳离子交换量为 700 毫摩/千克，这些指标均达到或超过国外同类产品的质量标准。蛭石是次生云母石在 760℃以上的高温下膨化制成的，具有比重轻、透气性好、保水性强等特点，其总孔隙度为 133.5%、pH 值为 6.5、速效钾含量达 501.6 毫克/千克。

2. 配制 特殊发酵处理后的有机物，如芦苇渣、麦秸、稻草、食用菌下脚料等，可以与珍珠岩、泥炭等按 1∶2∶1 或 1∶1∶1 体积比混合，配制成育苗基质。

3. 消毒 育苗基质的消毒处理十分重要，主要是采用蒸汽消毒或多菌灵处理消毒等，多菌灵处理成本低，应用较普遍，一般每1.5～2 米^3 基质加 50％多菌灵可湿性粉剂 500 克拌匀。最后在育苗基质中加入适量的生物活性肥料，对促进秧苗生长有良好的效果。

第五节　无土育苗技术

一、无土育苗方式

(一)沙砾栽培法 此法是在容器中，用沙或砾石作基质，定时定量地供应营养液而进行的育苗方式。根据其容器不同，又可分为盆栽法和槽栽法。

1. 盆栽 以直径 40 厘米左右、深 50～60 厘米的釉瓷钵、瓷瓦钵等作容器，在容器内装入沙砾及石块等作基质。方法是先在盆底部装一层卵石块、厚约 10 厘米，其上再铺砾石(直径大于 3 毫米)、厚约 5 厘米，最上层铺粗沙(直径 2 毫米左右)、厚约 25 厘米。在盆的上部植株附近安装供液管，定时定量均匀地使营养液湿润沙石，或用勺浇供液。在盆下部安装排液管，集中回收废液，以便循环使用。

2. 槽栽 其装置由栽培床、贮液池、电泵和输液管道等部分组成。栽培床多为铁制或硬质塑料制成的三角槽，槽内装入沙砾。营养液由电泵从贮液池中泵出，经供液管输入栽培槽，在栽培槽末端底部设有营养液流出口，经栽培床后的营养液从出口流入贮液池，再由电泵打入注入口，循环使用。

(二)营养液膜法 营养液膜法是在水栽的基础上发展起来的一种栽培形式，这种方法不需要沙砾等物质作基质，其原理是使一

层很薄的营养液在栽培沟槽中循环流经根系。栽培沟槽一般用硬质塑料或其他防水材料制成，用塑料布折叠在一起形成一个口袋的样子，边缘用扣子或夹子连在一起，植株由缝固定，使营养液在袋中循环流动。也可在平底长槽中，放上一个有微孔的厚塑料覆盖板，其上按一定株行距开种植孔进行播种。覆盖板放在槽中，随着根系的生长而上升，用电动抽水机使营养液在槽中流动，小规模生产的也可用手工操作使营养液流动，以供植株吸收。

(三)雾栽法　又称气培，就是作物根系悬挂于栽培槽的空气中，用喷雾的方法供应根系营养液，使根系连续或不连续地浸在营养液细滴(雾或气溶胶)的饱和环境中。此法对根系供氧效果较好，便于控制根系发育，还可节约用水。但对喷雾质量的要求较高，根系温度受气温影响波动较大，不易控制。日本已将喷雾法进一步改进，形成多种形式的喷雾水栽装置，并大面积应用于生产，取得了良好效果。

(四)营养液膜(NFT)　又称浅液流栽培，由英国温室作物研究所 AllenCooper 教授最早研究推出，是指营养液以浅层流动的形式在种植槽中从较高的一端流向较低的一端的一种水培方式。营养液在泵的驱动下从贮液池流到种植槽内，不断循环流经作物根系，提供一层很薄的营养液(0.5～1 厘米厚的营养液薄层)，然后通过回水管回到贮液池内，形成循环式供液体系。

(五)深液流技术(DFT)　是指植株根系生长在较为深厚并且是流动的营养液层的一种水培技术。种植槽中盛放 5～10 厘米或更深厚的营养液，将作物根系置于其中，间歇开启水泵供液，使得营养液循环流动，以补充营养液中氧气并使营养液中养分更加均匀。

二、无土育苗基质

基质的作用在于固定幼苗根系、稳定植株，为根系生长发育提供良好的条件。无土育苗基质的好坏决定了地下部分水、肥、气三大因素之间的合理调节，尤其是水、气两者之间的调节。蔬菜育苗基质材料有沙、砾石、泥炭、泥炭藓、煤渣、锯末、炭化砻糠、珍珠岩、蛭石、矿棉(石绒棉)、酚类树脂泡沫颗粒等。优良的基质要求容重小、总孔隙度大、大孔隙(空气容积)与小孔隙(毛管容重)有一定比例、引水力和持水力较大、经过消毒不带病虫害，而且能就地取材、价格便宜、资源丰富。无土育苗对优良基质的具体要求：①容重。经试验认为，容重以 0.7 左右为适当。菜园土容重为 1.1～1.5，太重搬动育苗盘时费力；蛭石、珍珠岩、炭化砻糠等容重为 0.15～0.25，太轻压不住根，浇水时易倒苗。生产中可以用多种基质材料相互混合，将容重调整至 0.7 左右。②总孔隙度。一般育苗盘内总孔隙度应大于 55%，总孔隙度较大有利于水、气贮存及根系发育。蛭石等基质总孔隙达 133.5%，出苗仍然很好。③空气容积。试验证明，基质中空气容积以占总孔隙度的 25%～30%为好。例如，炭化砻糠的空气容积占总孔隙度的 57.5%时，育苗盘中易失水干燥；而珍珠岩及蛭石的空气容积占总容积的 25%～30%，育苗盘持水多，不易干燥。④毛管水。基质的每一颗粒其毛管水含量应大，颗粒之间的毛管水应小。这样有利于水分的贮存，可减少水分的散失，如蛭石、煤渣、珍珠岩毛管水的含量分别为基质重量的 108%、33%、30.75%。⑤基质中营养元素含量。无土育苗时，基质的主要任务是固定根系、供给氧气。据南京农业大学会同中国农业科学院测定表明：炭化砻糠、煤渣等基质中含有相当多的氮、磷、钾及锰、硼、锌等营养元素，应成为使用不同基质、配制不同营养液的依据，如以煤渣基质育苗时，在营养液中施用微量元素是多余的。基质的配制方法，参考本章第四节工厂化育苗技术相关内容。

三、无土育苗营养液

(一)营养液的养分和要求

1. 对营养液养分的要求 营养液是根据作物对各种养分的需求,将一定数量和比例的无机盐类溶解于水中配制而成的。作为无土育苗的营养液,必须达到以下要求:①必须含有作物生长发育所必需的全部营养元素,包括大量元素和微量元素。②这些矿质元素应根据作物的需要,按其适当比例配制成平衡营养液。③所配制的无机盐类,在水中的溶解度要高,并且是离子状态,易被作物所吸收。④不含有害及有毒成分,并保持适于根系生长、利于养分被吸收的酸碱度和离子浓度。⑤取材容易,用量少,成本低。⑥水源、含有营养元素的化合物及辅助物质等原料要符合要求。生产中使用的水通常来自雨水、井水和自来水等,总的要求是与符合卫生标准的饮用水相当,主要是硬度不能太高,以碳酸钙计不超过 180 毫克/升为宜,pH 值为 6.5～8.5,氯化钠含量小于 2 毫摩/升,重金属如汞、镉、铅等及有害健康的元素含量在允许范围之内。对无机盐化合物的要求,由于营养液配方标出的用量是以纯品表示,在配制营养液时,要按各种化合物原料实际的纯度来折算出原料的用量,商品标识不明、技术参数不清的原料禁用。如采购到的大批原料缺少技术参数,应取样送检,确认无害时方可使用。此外,原料的纯度要符合要求,少量的有害元素应不允许限度;否则均会影响营养液平衡。

2. 配制营养液的肥料选择 营养液提供作物生长所必需的矿质养分,因此由什么肥料配制营养液是必须要考虑的。由于设施栽培的营养供应是通过全价营养液滴灌到基质中的,植物根系从基质中吸收水分和养分,这就要求营养液不能有沉淀,各营养成分间不能发生化学反应,而且酸碱度要合适。综合考虑肥料的溶解性、酸碱度、稳定性以及所带入的副成分及价格等因素,确定氮源以尿素、硝酸钙为主，硝酸钾为补充；磷源以磷酸二氢钾、磷酸一氢钾为宜；钾源以硫酸钾为主，硝酸钾补充；钙源为硝酸钙；镁源为硫酸镁；铁源为螯合铁，如 edta-Fe，dtpa-Fe，edthha-Fe 等。铜、锌、锰、硼、钼、氯化学性质较稳定，其中铜、锌、锰的硫酸盐溶解性好，且硫也为植物所需，一般用硫酸盐。硼用硼砂，钼用钼酸钠，氯的需要量很少，水源中的氯基本上已够用。

营养液配制既可用单质肥料如氮肥、磷肥、钾肥和微量元素肥料，也可用配方复合肥。荷兰等温室栽培发达的国家多采用单质肥料，营养液的配方比较灵活，营养成分的调整比较方便；但肥料种类多，配制过程较复杂。以色列、芬兰等国家，主要是使用高浓度全溶解的复合肥。笔者建议我国应使用西瓜专用复合肥。

（二）营养液配制　生产中配制营养液，一般分为浓缩贮备液（也叫母液）的配制和工作营养液（也叫栽培营养液）的配制两个步骤，前者是为方便后者的配制而设的。配制浓缩贮备液时，不能将所有盐类化合物溶解在一起，这是因为浓度较高，有些阴、阳离子间会形成难溶性电解质而引起沉淀。一般将浓缩贮备液分成 A、B、C 3 种，即 A 母液、B 母液、C 母液。A 母液以钙盐为中心，凡与钙作用不产生沉淀的盐都可溶于其中，如 $Ca(NO_3)_2$ 和 KNO_3 等；B 母液以磷酸盐为中心，凡与磷酸根不形成沉淀的盐都可溶于其中，如 $NH_4H_2PO_4$ 和 $MgSO_4$ 等；C 母液为微量元素母液，由铁（如 $Na_2FeEDTA$）和各微量元素合在一起配制而成。母液的倍数，可根据营养液配方规定的用量和各种盐类化合物在水中的溶解度来确定，以不致过饱和而析出为准，如大量元素 A 母液、B 母液可浓缩为 200 倍，微量元素 C 母液，因其用量小可浓缩为 1 000 倍。母液在长时间贮存时，可用 HNO_3 酸化至 pH 值 3～4，以防沉淀产生。母液应贮存于黑暗容器中，工作营养液一般用浓缩贮备液来配制，在加入各种母液的过程中，也要防止局部出现沉淀。配制工作营养液时，先在大贮液池内放入相当于要配制营养液体

积的40%的水量，再将A母液应加入量倒入其中，开动水泵使其流动扩散均匀。然后将应加入的B母液慢慢注入水泵口的水源中，让水源冲稀B母液后带入贮液池中参与流动扩散，此过程所加的水量以达到总液量的80%为好。最后将C母液的应加入量也随水冲稀带入贮液池中参与流动扩散。加足水量后，继续流动搅拌一段时间使之达到均匀即可，用合格的平衡营养液配方配制的营养液应不出现难溶性物质沉淀。在配制时应运用难溶性电解质溶度积法则来指导，以免产生沉淀；在称量肥料和配制过程中，应注意名实相符，并反复核对确定无误后才配制，同时应详细填写记录。

(三)调整营养液的pH值　大多数作物根系在pH值5.5～6.5的酸性环境下生长良好，营养液pH值在育苗过程中应尽可能保持在这一范围之内，以促进根系的正常生长。此外，pH值直接影响营养液中各营养元素的有效性，易使作物出现缺素或元素过剩症状。营养液的pH值变化是以盐类组成和水质(软硬度)等为物质基础，以植物的主动吸收为主导而产生的。尤其是营养液中生理酸性盐和生理碱性盐的用量比例，其中以氮源和钾源的盐类起作用最大，如$(NH_4)_2SO_4$、NH_4Cl、NH_4NO_3和K_2SO_4等可使营养液的pH值下降至3以下。为了减轻营养液pH值变化的强度，延缓其变化的速度，可以适当加大每个植株营养液的占有体积。营养液pH值监测的最简单方法是用石蕊试纸进行比色，测出大致的pH值范围。目前市场上已有多种便携式pH仪，测试方法简单，而且快速、准确，是进行无土栽培必备的仪器。当营养液pH值过高时，可用H_2SO_4、HNO_3或H_3PO_4调节；pH值过低时，可用NaOH或KOH调节。具体操作时，先取出定量体积的营养液，再用已知浓度的酸或碱逐渐滴定加入，达到要求pH值后计算出其酸或碱用量，从而推算出整个栽培系统的总用量。加入酸或碱时，注意要用水稀释为1～2摩/升的浓度，然后缓缓注入贮液池中，随注入随拌匀，不要造成因局部浓度过大而产生 $CaSO_4$ 或 $Mg(OH)_2$、$Ca(OH)_2$ 等沉淀。一般一次调整 pH 值的范围以不超过 0.5 为宜，以免对作物生长产生不良影响。

四、营养钵无土育苗

营养钵无土育苗包括基质配制、建立苗床、播种和苗床管理等关键技术，总的要求是实现一播全苗，在苗床培育早苗壮苗。基质配制和苗床管理，参考穴盘育苗部分相关内容。主要介绍建造苗床与播种方法。

（一）建造苗床 根据种植密度和种植面积确定苗床面积，苗床要尽量靠近大田以便就地移栽。如移栽面积较小，苗床可选地势较高、背风向阳、水源方便、无病无盐的地方；移栽面积较大，可在定植田内划出一定面积就地建造苗床。苗床要整成高畦，畦宽以能搭塑料小拱棚为度。营养钵装基质时，先装半钵稍压实，再装至钵高 9/10 处，装后将营养钵按梅花形排列于畦面上，钵与钵之间间隙越小越好。如苗拥挤，可适当加大间隙，间隙用沙土填满。营养钵排放要整齐一致，可略高出地面，苗床四周挖排水沟，以防雨水渗入苗床。

（二）播种 播种前 2～3 天，装好营养钵并喷透水，达到墒饱墒足，避免中途揭膜喷水降低苗床温度。播种前进行种子消毒和催芽，然后选好晴天进行播种。播种时在钵的中央点穴，将种子轻放穴内，每钵播种粒数与定植时每穴栽植苗数相同，然后用蛭石覆盖。播种后用塑料薄膜覆盖苗床，并将膜四周封好压实。

五、有机生态型无土育苗

有机生态型无土育苗，是指全部使用固态有机肥代替营养液，灌溉时只浇清水，其排出液对环境无污染，具有一般无土育苗的特点。追施固态有机肥，滴灌清水或低浓度的大量元素营养液，进行

开放式栽培，大大简化了操作管理过程，降低了设施系统的投资，节省生产费用，产品洁净卫生，可达绿色食品标准。制作有机基质的原料丰富，农产品的废弃物，如玉米、小麦、水稻、向日葵等作物秸秆；农产品加工后的废弃物，如椰壳、酒渣、醋渣、蔗渣等；木材加工的副产品，如锯末、刨花、树皮等；还有造纸工业下脚料、食用菌下脚料等有机废弃物均可用来制作有机基质。这些有机废弃物经粉碎，加入一定量的鸡粪、发酵菌种等辅料，堆制发酵制成有机基质。南京农业大学等单位利用造纸厂的下脚料合成优质环保型有机苇末基质，并实现了商品化生产，广泛应用于穴盘育苗和无土栽培中。为了改善有机基质的理化性状，在使用时可加入一定量的蛭石、珍珠岩、炉渣、沙等固体基质，如国际通用的一半泥炭一半蛭石混合，一半椰子壳一半沙混合，7 份苇末基质、3 份蛭石或 3 份炉渣混合等。混配后的复合基质容重应达到 0.5 克/厘米^3 左右、总孔隙度 60%左右、大小孔隙比 0.5 左右、pH 值 6.8 左右、电导率 2.5 毫西/厘米以下，每立方米基质内应含有全氮 0.6～1.8 千克、磷（五氧化二磷）0.4～0.6 千克，钾（氧化钾）0.8～1.8 千克。有机基质的使用年限一般为 3 年左右。有机基质一般采用槽式栽培，栽培槽可用砖、水泥、混凝土、泡沫板、硬质塑料板、竹竿或木板条等材料制作。建槽的基本要求是槽与土壤隔绝，在作物栽培过程中能把基质拦在栽培槽内。为了降低成本，各地可就地取材制作各种形式的栽培槽。为了防止渗漏并使基质与土壤隔离，应在槽的底部铺 1～2 层塑料薄膜。槽的大小和形状因作物而异，西瓜、黄瓜等大株型作物，一般槽宽内径 40 厘米、槽深 15 厘米、每槽种植 2 行，槽的长度可视灌溉条件、设施结构及人行道等因素来决定。槽的坡降应不少于 1∶250，还可在槽的底部铺设粗炉渣等基质或铺设一根多孔的排水管，以有利于排水和增加通气性。有机基质无土栽培系统灌溉一般采用膜下滴灌装置，在设施内设置贮液（水）池或贮液（水）罐。贮液池为地下式，通过水泵向植株供液或供水；贮液罐为地上式，距地面1米左右，靠重力作用向植株供液或供水。滴灌一般采用多孔的软壁管，40厘米宽的槽铺设1根，70～95厘米宽的槽铺设2根。滴灌带上盖一层薄膜，既可防止水分喷射到槽外，又可使基质保湿、保温，还可降低设施内空气湿度。滴灌系统的水或营养液，要经过一个装有100目纱网的过滤器，以防杂质堵塞滴头。

六、无土育苗的基本程序及管理

（一）基本程序

1. 育苗前的准备 ①选择育苗方式。西瓜可选用50～72穴盘育苗，也可用营养钵或岩棉块育苗。生产中可根据当地实际情况因地制宜选择育苗方式和育苗材料，育苗材料使用前要进行消毒。②基质准备。选择泥炭、蛭石、珍珠岩等，一般配比为泥炭∶蛭石∶珍珠岩＝3∶1∶1。在基质中加入适量的无机肥和有机肥，一般每立方米基质中加三元复合肥2.6～3.1千克、脱味鸡粪10～15千克，拌匀并进行消毒。如果基质过于干燥，应加水进行调节。③装基质。播种前要做育苗床或育苗畦，装好基质，码排好育苗盘或育苗钵备用。

2. 播种 ①种子处理。②催芽。③播种。把经过催芽的种子点播于苗盘、营养钵或岩棉块上，播种后用蛭石均匀覆盖在种子上，浇透水后覆盖一层白色地膜，保温保湿。

3. 育苗管理 参考第二节常规育苗技术部分的相关内容。

（二）无土育苗的管理 水质与营养液的配制有密切关系。水质标准的主要指标是电导度（EC），pH值和有害物质含量是否超标。

1. 消毒 育苗基质和育苗装置使用前均要进行消毒处理，杀灭残留病菌和虫卵。

2. 水质管理 无土育苗对水质要求严格，尤其是水培，这是

因为它不像土培具有缓冲能力，许多元素含量均应比土壤栽培允许的浓度标准低，否则易发生毒害。一些农田用水不一定适合无土栽培，收集雨水用于无土栽培，是很好的方法。西瓜对营养液pH值的要求以中性为好。

3. 营养液的管理　配制营养液要考虑到化学试剂的纯度和成本，生产上可以使用化肥以降低成本。营养液的pH值要经过测定，必须调整到适于作物生育的pH值范围，以免发生毒害。营养液配方在使用过程中，要根据西瓜不同生育期、不同栽培季节或因营养不当而发生的异常表现等，酌情进行配方成分的调整。西瓜苗期以营养生长为中心，对氮素的需要量较大，而且比较严格，因此应适当增加营养液中的氮量。氮素一般以硝态氮为主，少用或不用铵态氮，在日照较长的春季育苗时可适当增加铵态氮的用量。缺氮时叶黄而小，全株发育不良。温室无土育苗易发生徒长，营养液中应适当增加钾素用量。缺铁表现叶脉间失绿比较明显，其原因是营养液的pH值较高，铁化物发生沉淀，不能为植株吸收，可通过加入硫酸等降低pH值，并适量补铁。

4. 提高供液温度　营养液温度直接影响幼苗根系的生长和对水分、矿质营养的吸收。冬、春季无土育苗极易发生温度过低的问题，可采取营养液加温措施（如用电热水器加温等），以使液温符合根系要求。如果为沙砾盆栽或槽栽方法，可尽量把栽培容器设置在地面以上，棚室内保持适宜的温度，以提高根系的温度。

5. 补充二氧化碳　二氧化碳是幼苗进行光合作用，制造营养物质的重要原料。棚室内无土育苗，幼苗吸收二氧化碳速度很快，但由于基质中不施用有机肥料，因而二氧化碳含量较少。温室内补充二氧化碳的方法：一是开窗通气。上午10时以后，在不影响室温的前提下开窗通气，以大气中的二氧化碳补充棚室内的不足。二是采用碳酸铵与硫酸化学反应产生二氧化碳。三是施用干冰或压缩二氧化碳。国外一般用二氧化碳发生器和燃烧白煤油来产生二氧化碳。

6. 其他管理 无土育苗，如采用沙砾盆栽法，一般每天供液2～3次，上午和下午各1～2次，晴朗、高温的中午增加1次，幼苗期供液量少一些，后期量大一些。营养液膜法和雾栽法2次供液间隔时间一般不超过半小时。

第六节 试管育苗技术

一、培养材料和培养基

试管育苗也称组织培养，就是利用植株的一部分组织或器官，在无菌条件下培养成完整植株的一种新的无性繁殖方法，是无籽西瓜和其他珍稀名贵品种实现优良品种快速繁殖的有效途径。尤其结合嫁接技术，借用砧木较强适应能力和发达的根系，效果较好，既提高了瓜秧质量，保证了较高的成活率和抗病性，又解决了西瓜的连作障碍问题。

(一)培养材料 无籽西瓜或其他珍贵品种的种胚、茎尖、根尖、花粉及子房等均可用于组织培养，目前应用最多的是种胚和茎尖组织培养。

(二)培养基 无籽西瓜组织培养的培养基因所选用的材料及培养阶段不同而有差异。一般分为种胚培养基、芽团分化培养基和生根培养基3种。

1. 培养基的成分 培养基的成分包括无机盐(常量元素和微量元素)、有机化合物(蔗糖、维生素类、氨基酸及其他水解物等)、螯合剂(乙二胺四乙酸等)和植物生长调节剂等。常量元素除氮、磷、钾外，还有碳、氢、氧、钙、镁、硫等。常用的氮素有硝态氮和铵态氮，多数培养基用硝态氮。微量元素主要有铁、硼、铜、钼、锌、锰、钴、钠等。一定浓度的无机盐有利于保证培养组织产生发育所

需的矿质营养，促使加快生长。有机化合物中的糖类是组织培养不可缺少的碳源，并能使培养基保持一定的渗透压。维生素类主要需加维生素 B_1、维生素 B_6、维生素 B_{12}、维生素 PP、生物素等。此外，还有肌醇（环己六醇）、甘氨酸等。植物生长调节剂对于组织培养中器官形成起着主要的调节作用，其中影响最显著的是生长素和细胞分裂素。使用植物生长调节剂要注意其种类、浓度以及生长素和细胞分裂素之间的比例。一般认为，生长素与细胞分裂素比值大利于根的形成，比值小则可促进芽的形成。常用的生长素主要有吲哚乙酸（IAA）、萘乙酸（NAA）、吲哚丁酸（IBA）和 2,4-D 等。常用的细胞分裂素主要是激动素（KT）、6-苄基氨基嘌呤（6-BA）、玉米素（Z）等。琼脂是常用的凝固剂，系培养基质，用以固定、着生培养物，用量通常为 0.6%～1%。

2. 培养基配制　3 种培养基中常量元素、微量元素、维生素类及有机物等完全相同，只有植物生长调节剂类有所不同。无籽西瓜芽团培养基的配方如表 3-3 所示。

无籽西瓜种胚培养基的配方中常量元素、微量元素、维生素及有机物等全部与芽团培养基相同，但植物生长调节剂应去掉吲哚乙酸和 6-苄基氨基嘌呤，蔗糖改为每升 20 克（食用白糖 33.3 克），pH 值调高至 6～6.4。

无籽西瓜生根培养基的配方是将芽团培养基中的吲哚乙酸和 6-苄基氨基嘌呤去掉，换用吲哚丁酸每升 1 毫克，其余各类元素不变。

配制培养基时，先依次按需要量称取各种成分并混合在一起，再将蔗糖或食用白糖加入溶化的琼脂中，然后再将混合液倒入琼脂中，加蒸馏水定容至所需体积。随即用氢氧化钠或盐酸将 pH 值调至要求值，最后分装于培养容器内。

表 3-3　无籽西瓜芽团培养基配方

成　分	含　量（毫克/升）	成　分	含　量（毫克/升）
硝酸铵(NH_4NO_3)	1650	维生素 B_6	0.5
硝酸钾(KNO_3)	1900	肌　醇	100.0
氯化钙($CaCl_2 \cdot 2H_2O$)	440	二乙胺四乙酸铁盐(EDTA-Fe_2)	74.5
硫酸镁($MgSO_4 \cdot 7H_2O$)	370	甘氨酸	2.0
磷酸二氢钾(KH_2PO_4)	170	烟　酸	0.5
硫酸锰($MnSO_4 \cdot 4H_2O$)	22.3	维生素 B_1	0.4
硫酸锌($ZnSO_4 \cdot 7H_2O$)	8.6	硫酸亚铁($FeSO_4 \cdot 7H_2O$)	55.7
硼酸(H_3BO_3)	6.2	吲哚乙酸(IAA)	1.0
碘化钾(KI)	0.83	6-苄基氨基嘌呤(6-BA)	0.5
钼酸钠($NaMoO_4 \cdot 2H_2O$)	0.25	琼　脂	7000.0
硫酸铜($CuSO_4 \cdot 5H_2O$)	0.025	蔗糖（或白糖）	30000(50000)
氯化钴($CoCl_2 \cdot 6H_2O$)	0.025	pH 值	5.5～6.4

二、培养方法

（一）消毒　将无籽西瓜种子先用 70％酒精浸泡 5 分钟，再用饱和漂白粉混悬液浸泡 3 小时，用无菌水冲洗 3 次，然后在无菌条件下剥取种胚，接种到种胚培养基上进行培养。

（二）接种及转瓶

1. 接种　接种一般在超净工作台或接种箱内进行，应严格按无菌操作规程认真进行。每接种一批要及时放入培养室，随接种

随培养，形成工厂化连续生产。在适宜的条件下，胚根首先萌发，2周后2片子叶展开转绿时，将带子叶的胚芽切下进行转移培养。以后每隔3～4周切割1次，将顶芽和侧芽分离，植于芽团培养基中进行继代培养。如果从田间无籽西瓜苗上直接取茎尖或侧芽，则应先将取来的材料用自来水冲洗干净，再用70%酒精消毒10秒钟，用0.1%升汞溶液消毒2分钟，然后用无菌水冲洗4～5遍，接种于芽团培养基上进行培养。

2. 转瓶　无论种胚培养基还是芽团培养基所培养的无菌苗，当其增殖至3个芽时，应立即转瓶（分别转移到另一个三角瓶中）。特别是芽团培养基上的无菌苗，时间越长分化形成的幼芽越多，不仅芽细弱，而且不便于将每个芽完整地分离。

三、培养条件

无籽西瓜组织培养过程中，受温度、光照、培养基、pH值和渗透压等各种环境因素的影响，需要严格控制培养条件。

（一）温度　无籽西瓜种胚培养的最适温度为28℃～30℃，芽（茎尖）培养的最适温度为25℃～28℃。温度低于16℃或高于36℃，不仅影响细胞增殖，而且影响器官的形成。

（二）光照　光照强度、光照时间及光的成分，对无籽西瓜组织培养中细胞的增殖和器官的分化均有很大的影响。在育苗中，培养室内每100厘米×50厘米的面积应安装40瓦日光灯1盏，每日光照10小时，瓜苗生长快而健壮。

（三）pH值　由于培养基的成分不同，要求的pH值也有差异。无籽西瓜种胚培养基适宜的pH值为6～6.4，但如果培养基中无机铁源是$FeCl_2$，当pH值超过6.2时即表现为缺铁症；如果培养基中无机铁源是EKTA-Fe，即使pH值为7也不会表现出缺铁症。无籽西瓜芽团分化培养适宜的pH值为5.5～6.4。

（四）渗透压　培养基的渗透压对器官分化有较大影响，如适当提高培养基中蔗糖或食用白糖的浓度,对提高无籽西瓜愈伤组织的诱导频率和质量起着重要作用。

(五)气体 愈伤组织的生长需要充足的氧气。在生产实践中,为了保证供给培养物足够的氧气,通常用疏松透气的棉花做瓶塞,并将培养瓶放置在通风良好的环境中。

四、嫁接与管理

当芽团培养基中,经分离培养的无根苗长 3～4 厘米时,可从基部剪断,作为接穗嫁接在葫芦或南瓜砧木上。当砧木子叶充分展开并出现 1 片小真叶时切除真叶,用插接法或半劈接法进行嫁接。嫁接后的管理主要是保湿保温,空气相对湿度保持 95%以上,温度保持 26℃～30℃。经过 15 天左右,当接穗长出 3～5 片较太叶片时即可定植。在定植前 5～7 天,应将嫁接苗放到培养室外进行炼苗。炼苗前的 1～2 天,应将培养温度降至 20℃～24℃,空气相对湿度降至 75%～85%。

五、加快幼苗繁殖的措施

(一)及时调整培养基中植物生长调节剂的种类和浓度 在无籽西瓜组织培养过程中,芽的分化数量与培养基中所加入的细胞分裂素的种类和数量有关。例如,培养基中加入 2 毫克/升 6-苄基氨基嘌呤,培养 3～4 周后,可形成 10～15 个芽团;加入 2 毫克/升激动素,只能形成 2～3 个芽团。但是从芽的伸长生长来看,激动素的作用优于 6-苄基氨基嘌呤。附加激动素培养 3～4 周后,芽长可达 4 厘米左右,可以剪取芽作继代分株培养,也可直接作接穗用于嫁接栽培。附加 6-苄基氨基嘌呤的培养苗,则一直处于丛生芽的芽团状态。因此,生产中为了尽快增加芽的数量,可加入 6-苄基氨基嘌呤,以加速芽的增殖;而为了尽快取得足够的嫁接接穗或剪取一定长度的幼芽作继代培养,可加入激动素。

此外，北京市农林科学院林果研究所高新一等研究证明，用高浓度的激动素（3～8 毫克/升）加低浓度的吲哚乙酸（1 毫克/升），再附加赤霉素（2 毫克/升），可促进苗的生长。将幼芽转瓶后 2 周即能长至 3～4 厘米高、带有 4～5 片小叶，而且生长健壮，可供嫁接用。

（二）加强管理，保持适宜的培养条件　在培养过程中要加强管理，尽量满足无籽西瓜细胞分化和器官形成对环境条件的要求。发现培养苗黄化并逐渐萎缩甚至死亡时，可将培养基中的铵盐适当降低，把铁盐增加 1 倍，并将 pH 值调至 6.4。

（三）改生根培养为嫁接培养　按照植物组织培养常规程序，无论利用种胚还是茎尖培养，要形成独立生长的植株，最后均需移植于生根培养基中，待形成一定的根系后才能定植到田间。但培养材料在生根培养基中生根不仅需一定的时间，而且操作较复杂，期间还有污染感病的危险。如果将分化形成的小苗或 2～4 厘米长的无根丛生苗，从基部剪取作为接穗，其残留部分仍可继续培养利用。由于接穗幼嫩，嫁接培养时除应熟练掌握嫁接技术外，还要注意选择适宜的砧木，以提高嫁接成活率。长度不足 1.5 厘米的细弱接穗，嫁接成活率很低，一般只有 20%～25%。封顶的芽嫁接成活率更低，而且即使嫁接成活后也长时间不能伸长生长，因而无法在田间定植应用，这是在嫁接时应避免的。用插接法或劈接法嫁接时，砧木应粗壮或达到一定粗度时再嫁接。嫁接后空气相对湿度要保持 95%以上、温度保持 26℃～30℃，并注意遮花阴。嫁接后 7～10 天接口愈合成活，嫁接后 15～20 天、接穗长出 4～5 片叶片时即可定植。

第七节　扦插育苗技术

一、扦插栽培繁殖的意义

试验证明，利用西瓜茎蔓切段扦插繁殖栽培与利用同一品种种子繁殖栽培，所结果实进行比较，除单瓜重量较小外，其品质和含糖量均无明显差异。扦插栽培的意义：一是节约种子。用种子生产无籽西瓜，由于发芽率和成苗率低，一般需 5～7 粒种子保 1 株苗。采用插蔓繁殖，只要开始有 1 棵苗，切取茎蔓扦插即可繁殖大量的秧苗。如果利用田间无籽西瓜整枝时剪下的多余分枝进行扦插，则可以完全不用种子而大量地繁殖秧苗。这对新引进的珍贵品种加速繁殖意义更大。二是繁殖系数高。西瓜的分枝性很强，在生长过程中植株不断地发生分枝，每一分枝又可产生许多节，扦插时每根插蔓需 2～3 节即可，所以 1 株西瓜一生中能提供插条 1 200 根左右。三是方法简便易行，成本低。西瓜插蔓繁殖方法比较简单，只要预先培养好扦插所用瓜蔓（如果延迟栽培可用整枝时剪下的瓜蔓进行截段扦插），整好畦浇水后即可扦插。无籽西瓜插蔓繁殖可节省种子和育苗费用，成本很低。可利用田间整枝剪下的瓜蔓扦插，也可先利用采蔓圃培养瓜苗，然后再用采蔓圃的瓜蔓进行扦插。四是保存种质资源。通过插蔓繁殖的西瓜，具有原母体品种相对稳定的植物学特征和生物学特性，而且这种稳定性在以后的继代插蔓繁殖后代中仍能保存下来，使来自同一株瓜蔓的各世后代形成无性繁殖系，并能使历代均相对稳定地保持其原祖代品种的特征和特性。因此，西瓜插蔓繁殖可作为保存种质资源的一种特殊方法，用于某些珍贵稀有品种种质资源保存。

二、扦插繁殖方法

西瓜插蔓繁殖，可根据瓜蔓来源考虑设采蔓圃或不设采蔓圃。设采蔓圃时，可利用温室、大棚或电热温床提前育苗，培养健壮母株。如果采用保护地栽培，可不单设采苗圃，利用整枝时剪下的分枝截段扦插即可。

(一)做扦插畦　扦插畦多设在棚室内，以便保温保湿和防风遮阴等，一般畦宽 1.2～1.5 米、长 10～15 米、深 0.2～0.25 米。畦内可放高 10 厘米、直径 8～10 厘米的塑料钵或营养纸袋，钵(袋)内装满营养土。也可将畦内填入营养土，踩实整平，营养土厚度达 10 厘米，浇透水，在水刚渗下时用刀等切割成 10 厘米×10 厘米×10 厘米的营养土块。营养土由沙质壤土 6 份、厩肥 4 份混合配制，每立方米营养土再加螯合复合肥或控释复合肥 1 千克，充分混合均匀。注意田土和厩肥要过筛后使用。

(二)采蔓　先将采蔓刀或剪子用 75%酒精消毒，然后从田间或采蔓圃内采取瓜蔓。采蔓后立即放入塑料袋里，防止失水萎蔫。

(三)扦插　插前先将扦插畦内的营养土浇透水，再将采集的西瓜蔓用刀片(用 75%酒精消毒)切成带有 3～5 片叶的小段，并将每段基部的 1 片叶连同叶柄切去(如有苞叶、卷须、花蕾等也应切去)，但要保留茎节，以利产生不定根。下切口削成马蹄形，在生根液内浸泡半分钟，即可进行扦插。扦插时瓜蔓与畦面呈 45°角，深度为 3.5 厘米左右。也可先插蔓后浇水，但扦插深度要控制适当，防止因浇水而倒蔓。采蔓、浸泡、扦插等操作应连续进行，扦插完成后立即覆膜。

(四)覆膜　先用小竹竿在扦插畦面扎拱棚骨架，每畦扦插完毕立即覆盖塑料薄膜，以保温保湿和防风。拱棚下面可于一侧固定封死，另一侧暂时封住，留作人员进出管理的活口。

三、扦插后管理

西瓜扦插苗成活率与所采取的瓜蔓节位高低、分枝级次和叶片多少等有一定关系，根据多年试验发现，其规律是同一条分枝不同节位的瓜蔓，基部切段的成活率大于中部切段，中部切段的成活率大于顶部切段；不同分枝相同节位的瓜蔓，母蔓切段的成活率大于子蔓，子蔓切段的成活率大于孙蔓；同一条瓜蔓上，顶部切段以具有 5 片叶，中部切段以具有 2 片叶，基部切段以具有 1 片叶，其扦插成活率最高。同时，生根液对提高无籽西瓜蔓扦插成活率有显著作用，一般成活率可提高 1.9～2.7 倍，而且生根液对幼龄分枝或同一分枝较高节位的作用更大些。除生根液外，无籽西瓜茎蔓中的营养物质及内源生长激素，对瓜蔓切段的成活率也有一定影响。生产中除了尽量选择基部蔓切段外，为了提高西瓜扦插苗的成活率，扦插后还应采取以下管理措施。

(一)遮阴　扦插后的 3 天内要在塑料拱棚上加盖草苫或遮阳网，防止阳光直射。第四至第六天，只在中午前后进行遮阴。7 天以后则不需进行遮阴。

(二)保温调温　插蔓后畦内表土下 2 厘米处地温白天最好保持在 28℃～32℃、夜间 20℃～22℃，以利生根。畦内表土下 2 厘米处地温为 14℃以下时，插后不会生根，故不能插蔓。保温调温可通过电热温床的控温仪或塑料薄膜和草帘揭盖时间的长短进行调节。

(三)湿度调节　插蔓后的 1～3 天，畦内空气相对湿度保持在 95%～98%，4～6 天降至 80%～85%，7～10 天降至 75%～80%，直至移栽定植，10 天以后降至 70%～75%。

(四)叶面喷肥　插蔓后的 3 天内，每天上午和下午各叶面喷施 1 次 0.3%尿素和 0.3%磷酸二氢钾溶液，以供给叶面光合作用所需的水分及矿质营养。

(五)浇生根液　插蔓后的1～7天内,每隔1～2大在插蔓基部喷洒1次生根液(主要成分有98%生根粉、聚糖多肽生物钾等),每次每株浇10毫升左右。如果株数较少可采用滴管滴,在每天上午和下午各滴1次,每次用量2～3毫升。

(六)移栽定植　插蔓后15～20天,插条基部发生许多不定根,这时即可进行大田移栽定植。大田移栽定植方法及栽培管理措施与普通栽培相同。栽培中一般采用三蔓式整枝,选留主蔓坐瓜,每株只留1个瓜。

第四章 西瓜栽培技术

第一节 定植前的准备

一、土地选择

(一)西瓜栽培对土质的要求 西瓜根系生长,喜欢透性良好、吸热快、疏松的沙质壤土。为了使西瓜根系向纵深发展,扩大吸收面积,生产中还要进行深翻,以改善土壤结构,增加土壤透水层,加大通气性。沙地也可以种西瓜,但应在种植穴内换上深、宽各30～40 厘米的肥沃沙质壤土。沙地种植西瓜的特点是秧苗生长快,果实成熟早、品质好,但因沙土保肥保水能力差,植株容易早衰,且发病。黏土地春季地温回升慢,西瓜苗期生长缓慢,而且土壤越黏重,地温回升越慢。沙质壤土则是沙性越大,地温回升越快。尤其在晴朗的白天,黏重土地与沙土地的地温回升差别特别明显,我国北方农民常说"春田沙质土发苗,黏质土不发苗",就是这个道理。在黏土地种植西瓜应深耕细耙,多施有机肥,并采取铺沙、中耕、排水等项措施,以改善渗水、通气和调温等性能。

西瓜喜弱酸性土壤,但对土壤溶液的反应不太敏感,在 pH 值 5～8(弱酸性→中性→弱碱性)的范围内,生长发育没有太大的区别。嫁接栽培时,由于葫芦、南瓜等砧木不耐酸性,而且需磷量高,所以应选择中性且有效磷含量较高的土地。发生过枯萎病的地区种西瓜,应选择酸性小的土壤种植。在含盐量不超过 0.008%的土壤中,西瓜可以正常生长,但是出苗不好,应采取育苗移栽,并带大土坨，以利幼苗生长健壮。在酸性较强的土壤中种植西瓜，应增施石灰或碱性较强的肥料中和酸性，以利于西瓜生长。

(二)重茬地栽培西瓜应注意的问题 西瓜最忌重茬，重茬西瓜植株生长衰弱，易感病，严重时造成大幅度减产。但在一定条件下，采取某些农业防治措施，西瓜也可以连作重茬。根据各地多年生产经验，重茬地种西瓜应注意以下问题：

1. 要求未发生过枯萎病 如果西瓜种植第一年田间没有枯萎病发生，一般第二年连作时也很少发病。同样，第二年种植西瓜田间仍没有枯萎病发生，那么第三年还可以连作。一旦西瓜发生枯萎病，下一年则不能继续连作西瓜。

2. 选用抗病品种 在重茬地种西瓜，应特别注意选用抗病品种，如郑抗 1 号、黑巨冠、西农 10 号、新先锋、丰乐旭龙、豫艺 15 号及多倍体西瓜。

3. 错开种植行 西瓜种植行，要与上一年的种植行错开位置，其距离应为 60 厘米以上。当年西瓜收获后，及时清理瓜蔓、瓜根，在安排其他种植茬口时，最好不要打乱原来的西瓜行向土层，可在耕翻土地时做好标记，避免原西瓜行的土壤与留作下年西瓜行的土壤相混合，防止通过土壤传播病害。

4. 实行早熟栽培 连作西瓜要采用育苗移栽和地膜覆盖早熟栽培，使西瓜及早成熟，以避开枯萎病的发病季节。

5. 增加种植密度 任何作物在生理上均具有所谓“连作障碍”(连作后生长发育不良)，瓜类作物特别明显。西瓜连作后生长势减弱，单瓜重变小，产量降低，甚至常常出现缺株死苗情况。加大种植密度后，可弥补缺苗及减产损失。

6. 施用复合肥料 连作西瓜应多施复合肥，少施氮素化肥；有条件的要增施磷、钾肥和碱性肥料，少施或不施酸性肥料，以提高西瓜的抗病能力，并抑制枯萎病病菌繁殖。

7. 减少伤口和避免产生不定根 连作西瓜在整枝压蔓时，应掌握尽量减少瓜蔓伤口。压蔓时,可以明压或以树条卡子固定瓜蔓,尽量使西瓜茎蔓裸露地面。同时,进行地面铺草或地膜,以免产生不定根。采取以上措施,均可减少土壤内枯萎病病菌侵害西瓜植株的机会。

8. 嫁接栽培 如果用南瓜等作砧木、西瓜为接穗进行嫁接栽培,可以防止西瓜枯萎病的传播,故上述1～6条可以不予考虑。因此,可以说采用嫁接栽培及7条中的要求,是西瓜连作的根本出路。

(三)丘陵地种植西瓜应注意的问题 西瓜较耐瘠薄,对土壤要求不太严格。在土层很薄,甚至新开垦的荒地种植西瓜,也生长良好。丘陵地的光照充足,昼夜温差大,土壤中所含的微量元素也较丰富,种植西瓜果实品质优良。但是,在丘陵地种植西瓜,要达到早熟、高产、优质栽培的目的,生产中应注意以下问题。

1. 地势的选择 丘陵地种植西瓜时,应根据当地气候特点、种植品种及轮作规划进行合理布局。例如,采用早熟耐湿品种或北方干旱地区早春栽培西瓜,应选择背风、向阳、温暖、地势低洼处;采用晚熟耐旱品种或南方温暖多雨地区栽培西瓜,则应选择高燥、向阳的坡地栽培。

2. 防止"水重茬" 在制定轮作计划时,应特别注意"水重茬"。引起西瓜枯萎病(俗称重茬病)的病原菌,可以存活6～8年之久。病菌可以通过种子、肥料、水流等传播。特别是水流,如上水头(上坡地)西瓜发病,下水头种西瓜的土壤中也可存在该病菌,第二年或以后6～8年内种植西瓜时仍可发生此病,故称为"水重茬"。所以,在丘陵地种植西瓜,一般是先安排低处后安排高处,也就是由低而高逐年轮茬。

3. 防止水土流失 丘陵地种植西瓜应以防止水土流失、保水保肥为主,不能过分强调畦向。生产中一般应使瓜沟与坡向垂直延伸,并提前修好灌水渠和排水沟,以利于灌溉和排涝。

4. 增施有机肥料　丘陵地土壤中有机质含量少，为了增加土壤中有机质的含量，提高西瓜产量，必须增施有机肥料。生产中除适当增加厩肥和圈肥外，还可就地沤制绿肥、土杂肥等，有条件的可施用部分饼肥。

5. 加强田间管理　丘陵地一般水浇条件较差，生产中除选用抗旱西瓜品种外，还应按旱作西瓜的要求加强中耕等田间管理。

二、整地做畦

种植西瓜的地块，应于封冻前进行深翻，使土壤充分风化并积纳大量雨雪。结合深翻施基肥，深翻后及时整地，并根据当地实际需要做畦。

(一)挖西瓜丰产沟　西瓜丰产沟简称瓜沟，就是在西瓜的种植行挖一条深沟，然后将熟土和基肥填入沟内，以备做畦。春西瓜地最好在上一年封冻前挖沟，以便使土壤充分风化，而且沟内可以积纳大量雨雪。挖西瓜沟的好处：瓜沟内的土壤全部回填熟土，使土壤疏松层加厚、孔隙增多，提高了储水和透水能力，为西瓜根系的纵横生长创造了良好条件；挖沟可以促进土壤有效养分增加，如沟内土壤经过深翻，土壤内可被西瓜吸收利用的磷和氮的含量均有增加，而且深翻还可促进好气性微生物活动和繁殖，使土壤内的有机物质易于分解，提高肥料的利用率。此外，沟内土壤经过深翻，还可以将土壤中的越冬害虫翻于地面冻死。西瓜沟多为东西走向、南北排列。这是因为我国北方地区春季仍有寒冷的北风侵袭，如果瓜沟南北走向，“顺为北风”将会对瓜苗造成严重威胁。挖沟时可以用深耕犁，也可以用铁锨，西瓜沟宽 40 厘米左右、深 50 厘米左右(约两锨宽、两锨深)。先把翻出的熟土放在沟两边，再把下层生土紧靠熟土放在外侧(图 4-1)。后沟要尽量挖直，两壁也要垂直，沟宽要求均匀一致，沟底要平整。沟底土壤坚实，可用铁锨翻或镢头刨一遍，以加深疏松和风化土层。

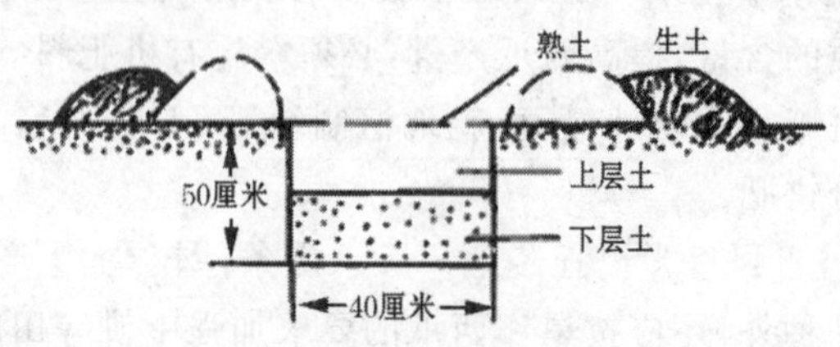

图 4-1　西瓜丰产沟

西瓜沟挖好后不要马上回填土，一般可待做畦时再进行回填，以利土壤风化。在做畦前要施基肥、平沟。平沟前先用镢头沿瓜沟两侧各刨一下，使挖沟时挖出的熟土和原处上层熟土落入沟内，然后将应施入的土杂肥沿沟撒入，并与土混合均匀。从沟底翻出的生土不要填入沟内，留在地面上以利风化。整平沟面后即可做畦。在长江流域以南地区，春季雨水较多，应多结合挖瓜沟开挖排水沟，具体做法是每条瓜沟（畦）两边开竖沟，瓜田四周开围沟，围沟与进水沟和出水沟连接，做到沟沟相通。竖沟深 30～35 厘米，围沟深 45～50 厘米，出水沟的沟底要低于围沟，以利于排水通畅。

（二）西瓜畦方向的确定　西瓜畦的方向应依据当地的地势、栽培方式及气候条件确定。一般来讲，我国北方地区春季多有寒冷的北风侵袭，冷空气是影响早春西瓜缓苗和生长的主要因素，所以西瓜畦以东西走向为好（表 4-1）。采用龟背形西瓜沟畦，瓜苗定植于沟底，沟底距离畦顶的垂直高度为 10～20 厘米，故畦顶便成为西瓜苗挡风御寒的主要屏障。对于早春冷空气较少侵袭的地区、西瓜地北侧有建筑物或比较背风向阳的地方，以及支架栽培或采用塑料拱棚覆盖栽培等，均可采用南北走向的西瓜畦。西瓜株距比其他作物大，而且瓜蔓多为爬地生长，所以无论西瓜畦南北向还是东西向，一般不存在植株间相互遮阴的问题。另外，对于坡耕

地，应以防止水土流失、保水保肥和便于排灌为主，不能过分强调畦向，可使西瓜畦与坡向垂直延伸。

表 4-1　畦向对瓜苗生育的影响

畦　向	主蔓长度（厘米）	侧蔓数（条）	侧蔓总长（厘米）	雌花开放植株（%）
东西向	1505	3.6	216.2	54.9
南北向	109.9	2.5	116.5	2.0

(三)西瓜畦式的选择与制作　在播种或定植前 15 天左右，将瓜沟两侧的部分熟土与肥料混匀填入沟内，再将其余熟土填入，待恢复到原地面高度后整平做畦。常见的西瓜畦有平畦、低畦、锯齿畦、龟背畦、高畦等，北方地区多采用平畦或锯齿畦，南方地区则多为高畦。

1. 平畦　分大畦和小平畦两种，因畦面与地平线相齐，故称平畦。将瓜沟位置整平，做成宽约 50 厘米的小畦，称为老畦或老沟，用来播种或定植瓜苗。将从瓜沟中挖出的生土在老畦前整平做成大畦，称为加畦或坐瓜畦，为伸展瓜蔓和坐果留瓜之用。大畦和小畦之间筑起畦埂，以利挡水。

2. 锯齿畦　将原瓜沟整平做成宽 50 厘米左右的畦底，北侧的生土筑成高 30 厘米左右的畦埂，并整成南高北低的斜坡，从侧面看上去整个瓜田呈“锯齿”形，故称锯齿形瓜畦。锯齿形瓜畦具有良好的挡风、反光和增温保温作用，适于我国北方地区早春栽培西瓜应用。

3. 龟背畦　把原挖的瓜沟做成畦底，整成宽 30 厘米左右的平面，再将畦底两侧的土分别向畦背（挖瓜沟时放生土的地方）扒，使两沟间形成龟背状，即成龟背畦。龟背畦的坡度要适宜。由于多在畦底处播种或栽苗，所以畦底的深度（畦底与龟背之间的高度差）应根据地势、土质和春季风向而定，地势高宜深些，低洼地宜浅

些；沙土宜深些，壤土易浅些；春季顺沟风多宜浅些，横沟风多宜深些。一般畦底深度为 20 厘米左右。

4. 高畦 南方地区春季雨多易涝，故多采用高畦栽培。高畦有两种规格：一种是畦宽 2 米、高 40～50 厘米，两畦间有一宽30～40 厘米的排水沟，在畦中央种 1 行西瓜；另一种是畦宽 4 米，在畦面两侧各种 1 行西瓜，使其瓜蔓对爬，同样在畦间开挖排水沟。做高畦前，将土壤深翻 40～50 厘米，施入基肥后整平。瓜田四周挖与畦间排水沟相通的深沟，以利排水。在地下水位特别高或雨水特别多的地区，常在高畦上再做圆形瓜墩，以利排水通气。

为便于浇水和田间其他农艺操作，无论哪种瓜畦均要平整，瓜畦长度以不超过 30 米为宜。

(四)施基肥

1. 肥料种类 基肥以肥效较长、养分完全的有机肥料为主，再加入适量速效化肥。西瓜对肥料种类的要求比较严格，各地瓜农普遍认为肥料种类与西瓜果实品质的好坏关系密切。西瓜常用的有机肥料有厩肥、堆肥、草粪、土杂肥等粗肥，以及大粪干、饼肥、鸡粪、鱼粪、骨粉等细肥，以含磷、钾量较高的饼肥、鸡粪和鱼粪为最好。

2. 施肥量 基肥施用量应根据土壤的肥力情况而定。在土质瘠薄、肥力较差的土壤上，每公顷可施土杂肥 60 000～75 000 千克或厩肥 45 000～52 500 千克，加饼肥 2 250 千克；中等以上肥力的土壤，每公顷施土杂肥 45 000～60 000 千克或厩肥 30 000～45 000千克，加饼肥 1 500 千克。在北方地区一般土壤缺磷，西瓜生长发育需钾量较大，因此基肥中要适当增施磷、钾肥。每公顷可施硝基磷酸铵 450～500 千克、硫酸钾 225～375 千克，或三元复合肥 550～600 千克。

3. 施肥方法 基肥的施用方法应根据肥料种类和施肥量来确定，土杂肥或厩肥量较大时，可一部分在耕地前撒施，其余的在

做畦时集中沟施;量较小时,结合做畦一次施入瓜沟即可。沟施时应将肥料和回填的熟土掺和均匀。饼肥和化肥应调匀后,在做畦前施入瓜沟表层土壤中。有机肥在施用前必须集中堆沤腐熟,避免在地里发酵烧苗和滋生地下害虫。沟施肥是先在定植畦两侧各开一条深、宽分别为 20～30 厘米的施肥沟,将肥料一次性施放沟内,然后整平畦面,瓜苗定植在两条施肥沟的中间,这样有利于根系均匀吸肥。

4. 间作套种地块的整地施肥　西瓜与早春蔬菜间作套种的,冬前不挖瓜沟,可于早春结合整地将基肥撒施。基肥施用量应比西瓜单作时多一些,每公顷可施土杂肥 75 000～90 000 千克、硝酸磷肥 450～600 千克,全面深耕 20～30 厘米,整平耙细,按预定行距留出西瓜行。在西瓜行间做 0.8～1.2 米宽的菜畦,畦埂距西瓜定植行应不少于 40 厘米。西瓜与冬小麦间作套种的,应在小麦播种时留出西瓜沟,一般每 9 行小麦留 1 个 80 厘米宽的空畦,可在小麦播种前挖西瓜沟时施基肥。

第二节　播种(定植)与田间管理

一、播种或定植

(一)播　种

1. 播种方法　田间直播和播种育苗大多采用点播的方法,如果没有催芽,发芽率在 85%以上的每穴播 1～2 粒种子,发芽率在 80%左右的每穴最好不少于 2 粒种子;催芽的种子,一般每穴播 1 粒种子,或每穴播 1 粒有芽种子和 1 粒无芽种子。可以在播种处开穴播种,也可以先播在钵面上,播完后再覆盖营养土。没出芽或刚露白的种子,播种时可用手拿种子直接播入;已出芽的种子,尤其是出芽较长的种子,最好用镊子或筷子夹取,切不可用手直接拿

种芽，以免折断种芽。

2. 播种深度 播种的深度要适当，过深出苗时间延长，若遇床土湿度大、温度又低影响出苗，甚至发生烂种；播种过浅出苗虽然较快，但容易发生带壳出土现象，而且床土较硬时影响根系下扎，床土失水较快时还很易造成落干，覆盖薄膜的苗床更容易发生这种现象，直接影响出苗或幼苗生长。据试验，西瓜播种深度以1.5～2厘米时出苗率高、出苗速度快、带壳出土率低，超过3厘米出苗时间延迟。

(二)移栽定植

1. 定植前瓜苗锻炼 适时进行适当的幼苗锻炼是西瓜育苗过程中不可缺少的环节。通过炼苗可以增强幼苗的适应性和抗逆性，使瓜苗健壮，移栽后缓苗时间短，恢复生长快。西瓜秧苗锻炼一般从定植前5～7天开始进行。炼苗前选晴暖天气浇1次足水(锻炼期间不要再浇水)，然后逐渐增加通风量，使苗床温度由25℃～27℃逐渐降至20℃左右。电热温床育苗的应减少通电次数和通电时间。炼苗期间夜间一般不再盖草苫，塑料薄膜边缘所开的通风口夜间也不关闭。随着外界气温的回升，定植前2～3天当外界气温稳定在18℃以上时，除掉苗床所有覆盖物(电热温床应停止通电)，使瓜苗得到充分的锻炼。在炼苗期间，如果遇到不良天气，如大风、阴雨、寒流、霜冻等，则应立即停止采取相应的防风、防雨、防寒、防霜等保护措施。另外，如果秧苗锻炼时间已达到要求，但因天气不良或突然遇到某种特殊情况时，可暂不定植，在瓜苗不受冻害的前提下继续进行炼苗。

2. 西瓜定植适期的确定 早春定植西瓜苗最重要的是考虑地温和霜冻。各地历年的终霜期不一，为了确保安全，早春露地栽培和地膜覆盖栽培一般在终霜期过后定植为宜。定植时的天气情况对定植后的幼苗生长发育有很大影响，如西瓜早春栽培，若遇连阴雨天或寒流天气，宁肯晚定植几天也比阴雨天、寒流天早定植好

得多。中小拱棚覆盖栽培,或地膜加小拱棚双覆盖栽培的定植期,一般可比露地定植提早 20 天左右。大棚保护栽培,或小拱棚夜间覆盖草帘保护栽培,一般可比露地栽培提早 1 个月定植。早春冷风较多的地区和风大的地区,对于适期露地早定植的瓜苗应采取防风措施。为了提高经济效益,避免西瓜集中上市,延长西瓜供应期,生产中应根据实际情况和自身条件,尽量做到西瓜品种早、中、晚熟合理搭配、分期播种,并根据天气情况和瓜苗大小分期定植。

3. 提高西瓜定植成活率的措施

(1)增强瓜苗抗逆能力　加强苗床管理,提高瓜苗质量。定植前加强瓜苗锻炼,使植株本身的抗逆能力增强。

(2)提高地温　春季地温低是影响缓苗和成活率的重要原因,因此要在定植前 15 天整好畦面,以便充分晒土,提高地温。定植时不要浇大水,以免降低地温。最好进行穴灌或开浅沟浇小水,浇水量以定植瓜苗根系周围的土壤充分湿润为度,浇水后封埯。定植后结合封埯将土铲细铲松,既增加土壤透气性,又能提高地温。

(3)定植深浅要适宜　定植深度一般以覆土后子叶距地面1～2 厘米为宜,切不可过深或过浅。定植过深地温低,缓苗慢,潮湿地块还易烂根;定植过浅则表土易干,影响成活。

(4)避免伤苗和伤根　定植时应仔细操作,以免碰伤瓜苗或碰破营养土块。采用营养纸袋育苗者,定植时一般不要将纸撕去。采用营养土块育苗者,应将苗床设在瓜田附近,以尽量缩短运苗距离。采用塑料营养钵育苗者,要在栽苗时才将瓜苗连同培养土一起轻轻从钵中取出,以尽量减少伤根。

4. 确定西瓜苗定植深度的原则　西瓜苗定植时栽植深浅适宜,可使瓜苗迅速恢复生长,从而达到早熟高产栽培的目的。如果把瓜苗栽得过深或过浅,瓜苗难于成活,即使能够成活也会使瓜苗生长缓慢,影响早熟并降低产量。适宜的定植深度是使营养纸袋(或营养土块)的上口与地面相齐平(一般子叶距地面 1～2 厘米),

这种深度能够满足瓜苗根系生长对环境条件的要求,定植后瓜苗缓苗快,发棵早。

5. 定植方法 定植就是将育成的西瓜苗按一定的株行距栽植于大田中(或栽培设施中)。在定植前5～7天,平整好瓜沟,使其土壤充分日晒,以提高地温。地温高定植后能加速次生根的生长,有利于根系对水分和矿物质的吸收,有利于缓苗。定植时,用瓜铲或瓜苗定植器按株、行距开穴栽植,封土按实,然后浇定植水。

二、苗期管理

(一)查苗补苗 西瓜苗齐、苗全、苗壮是高产的基础。生产中如果严格按照播种、育苗和瓜苗定植技术要求操作,一般不会出现缺苗现象。但有时由于地下害虫的危害、田间鼠害,或在播种、育苗和定植时某些技术环节失误,会造成出苗不齐不全或栽植后成活率低的现象,遇此情况可采取以下方法进行补救。

1. 催芽补种 西瓜直播时,如果播种过深或土壤湿度过大,会造成烂种或烂芽而出现缺苗。这时要抓紧将备用的瓜种进行浸种、催芽,待瓜种露出胚根后,用瓜铲挖埯补种。

2. 疏密补缺就地移苗 即把一埯多株的西瓜苗,用瓜铲将多余的苗带土移到缺苗处。栽好后浇少量水,并适时浅划锄,促苗快长。

3. 移栽预备苗 在西瓜播种时,于地头地边集中播种部分预备苗,或定植时留下部分预备苗。当瓜田出现缺苗时,可移苗补栽。这种方法易使瓜苗生长整齐一致,效果较好。

4. 加强肥水管理促苗 对于秧苗生长不整齐的瓜田,要在瓜苗长出3～4片真叶时或定植缓苗后,对生长势弱、叶色淡黄的瓜苗追施1次偏心肥,以促使弱苗快长。方法是在距瓜苗15～20厘米处,揭开地膜挖一小穴,每株浇施腐熟人粪尿约0.2千克或0.5%尿素溶液0.5千克,待肥水渗下后埋土覆膜。此外,对个别

弱苗，施偏心肥7～10天后，还可在距瓜苗15～20厘米处开沟，每株追施尿素20～30克或三元复合肥50克，覆土后浇水0.5升左右，待水渗下后盖好地膜。

(二)促苗早发棵的措施 促进西瓜幼苗旺盛生长，保障瓜田苗全苗壮，是西瓜早熟、高产栽培的重要环节。

1. 提高播种或定植质量 西瓜播种或定植前要把瓜沟充分浇透，做畦时将畦面整平耙细，使整个瓜畦下实上松。播种或定植要选在晴暖天气的上午进行，并保证播种和定植后有2～3个晴好天气。播种或定植时一定要浇透底水，以利出苗或缓苗。定植时要仔细操作，不能碰破或起破营养土块或营养纸袋，不能碰伤瓜苗。播种或定植后应用细土覆盖，并使覆土厚度按照要求保持一致。如果采用地膜覆盖栽培，要适当多施基肥，可将全部施肥量的80％左右作为基肥，这样可将第一次追肥的时间比不覆地膜的推迟10～15天。同时，将畦面整细整平，以提高覆膜质量。

2. 及时中耕松土 西瓜苗出土或大田定植以后，要经常中耕松土。中耕松土的作用，一方面可切断土壤毛细管，减少水分蒸发，保持墒情；另一方面可使表土层经常保持疏松，以增加土壤通气性，并提高地温，因此中耕松土是促进幼苗根系发育的重要措施。直播西瓜，在苗期一般中耕6～7次，第一次中耕在瓜苗拉十字阶段前，用锄(或瓜铲)在西瓜苗周围及瓜沟处稍锄、深5～6厘米，将杂草除掉，土块打碎，并将地面稍拍实整平。以后每隔4～5天中耕1次，方法与第一次中耕相同，但随瓜苗的生长和根系的扩展，中耕深度应较浅，一般3～4厘米即可。移栽定植的瓜苗，中耕次数应较减少，一般3～5次。第一次中耕在缓苗后进行，方法与直播者相同。以后每隔5～7天中耕1次，深度5～6厘米，最好在浇水和雨后进行。有条件时，最好在西瓜幼苗根部地面铺放一层厚2厘米左右的沙子，既可防止土壤板结，保持土壤湿润，减少中耕次数，而且还能提高地温，促进幼苗生长。此外，覆盖地膜的瓜田，只在地膜外围耥锄除草3～5次即可。

3. 适当加大肥水 选择气温较高的晴天上午浇水并加大浇水量，每公顷可浇水450～600米^3。如果施用基肥不足，可在浇水前先追施尿素，以促进幼苗快速生长。方法是在离苗根部20厘米左右处，开一3～4厘米的浅沟，每株追施尿素20～30克，覆土后浇水。

三、植株调整

在西瓜生产中，对植株进行整枝、压蔓、打杈、摘心等通常总称为植株调整。

（一）西瓜植株调整的意义 西瓜植株调整，实质上就是调整叶面积系数（指单位面积土地上西瓜全部绿叶面积与土地面积的比值），改善群体结构（指西瓜植株在一定范围内的分布状态），以利于碳水化合物的积累，提高西瓜的产量和品质。但不同西瓜品种对植株调整的反应不同，这与其生长结果习性，特别是生长势及分枝性有关，与栽培方式和栽植密度也有关。一般晚熟品种较早熟品种、保护地栽培较露地栽培植株调整的意义更为重要。整枝的作用主要是让植株在田间按一定方向伸展，使蔓叶尽量均匀地分布，以便形成一个合理的群体结构。压蔓的作用主要是固定瓜蔓，防止蔓叶和幼瓜被风吹动而造成损伤；同时，压蔓还可产生不定根，增加吸收能力。打杈和摘心的作用主要是调整植株体内的营养分配，控制蔓叶营养生长，促进生殖生长；还可缩短生长周期，提早成熟。

（二）西瓜整枝方式 西瓜整枝即对秧蔓进行适当整理，使其有合理的营养体，并在田间分布均匀，改善通风透光条件，控制茎叶过旺生长，减少养分消耗，促进坐瓜和果实发育。整枝方式因栽培品种、种植密度和土壤肥力等条件而异，有单蔓式、双蔓式、三蔓式、多蔓式4种。

1. 单蔓整枝　即只保留一条主蔓，其余侧蔓全部摘除。由于主蔓长势旺盛，又无其他蔓备用，因此不易坐瓜，要求技术性强。采用单蔓整枝，通常果实稍小，坐果率低，但果实成熟较早，适于早熟密植栽培。东北、内蒙古、山西等地部分瓜田采用这种整枝方式。

2. 双蔓整枝　即保留主蔓和主蔓基部一条健壮侧蔓，其余侧蔓及早摘除。若株距较小、行距较大，主、侧蔓可以向相反的方向生长；若株距较大、行距较小，则以双蔓同向生长为宜。这种整枝方式管理简便，适于密植，坐果率高，在早熟栽培或土壤比较瘠薄的地块较多采用。

3. 三蔓整枝　即除保留主蔓外，还要在主蔓基部选留 2 条生长健壮且生长势基本相同的侧蔓，其他的侧蔓予以摘除。三蔓式整枝又可分为老三蔓和两面拉等形式，老三蔓是在植株基部选留 2 条健壮侧蔓，与主蔓同向延伸；两面拉即两条侧蔓与主蔓反向延伸。此外，还有的在主蔓压头刀后（距根部 30～50 厘米远处）选留 2 条侧蔓，这种方法晚熟品种应用的比较多。三蔓整枝坐果率高，单株叶面积较大，容易获得高产，生产中应用较普遍，也是旱瓜栽培地区应用最广泛的一种整枝方式。

4. 多蔓整枝　除保留主蔓外，选留 3 条以上的侧蔓，称为多蔓整枝。例如，广东、江西等地的稀植西瓜，每公顷仅栽植 3 000～4 500 株，除主蔓外再选留 3～5 条侧蔓；华北等晚熟大果型西瓜品种栽培，有的采用四蔓式或六蔓式两面拉整枝方法，每公顷栽植 4 500株左右。采用多蔓式整枝，一般表现为结瓜多、瓜个大，但由于管理费工、不便密植，目前生产中已很少采用。另外，还有不打杈，保留所有分枝的乱秧栽培方法，适用于生长势较弱、分枝力较差的西瓜品种，籽瓜栽培中应用较多。

各种整枝方式，均有其优点和缺点。单蔓式和双蔓式整枝，可以进行高密度栽植，利用肥水比较经济，西瓜重量占全部植株重量的百分比(称为经济系数)较高,缺点是费工,植株伤口较多,易染病。特别是单蔓式整枝,植株生长旺盛,果实成熟较早,但要求技术性强,不易坐瓜,瓜个小,一旦主蔓坐不住瓜或被折断,因没有副蔓备用,就会造成空蔓;三蔓式或多蔓式整枝,管理比较省工,植株伤口少,主蔓受伤或坐不住瓜时,可再选留副蔓坐瓜。同时,只要密度适宜,有效叶面积较大,同一品种三蔓式比单蔓式或双蔓式整枝结瓜多或单瓜重量大、产量高。缺点是不宜高密度栽植,浇水施肥不当时易徒长,留瓜定瓜技术要求较高,瓜成熟较晚。

(三)西瓜的倒秧和盘条

1. 倒秧 又称“扳根”,即在西瓜幼苗团棵后,蔓长 30～50 厘米时,将还处于半直立生长状态的瓜秧按预定方向放倒呈匍匐生长,这一作业俗称“倒秧”或“扳根”。西瓜伸蔓期,瓜秧处于由直立生长转向匍匐生长的过渡时期,最容易被风吹摇动而使植株下胚轴折断,而此时不便于压蔓,因此需先将瓜蔓向预定一侧压倒稳定瓜秧。倒秧的方法各地也不太一样。例如,北京市大兴区有“大扳根”和“小扳根”两种方法,大扳根是在瓜苗一侧用瓜铲挖一深、宽各 5 厘米的小沟,再将根(下胚轴)部周围的土铲松,然后一手抓住瓜秧根颈处,另一只手拿住主蔓顶端,轻轻扭转瓜苗,向延伸瓜蔓的方向压倒于沟内,再将根际表土整平,用土封严地膜破口,并在瓜秧根颈处用泥土封成半圆形小土堆、拍实。“大扳根”方法较适用于西瓜植株生长势强或沙地,可防止植株徒长;“小扳根”的方法与“大扳根”不同处在于,将瓜秧自地上部近根处扳倒,而根茎部依旧直立,地上部压入地下 1～2 厘米、拍实,随后用土封住地膜破口,留蔓顶端 4～7 厘米任其继续自然生长。“小扳根”方法适用于植株生长势弱或黏土地,可增强生长势,利于坐果。一般在进行“扳根”作业前,先去掉未选留的多余小侧蔓。山东等地对西瓜植株管理较精细,自古有盘条压蔓的习惯,而在盘条前也有类似北京市大兴区的“扳根”措施,当地俗称“压腚”或“打椅子”,即当西瓜主

蔓长 40 厘米左右时，扒开瓜秧基部的土，将瓜秧向一侧压倒，用湿土培成小土堆稳定瓜秧，随后进行盘条。

2. 盘条　所谓“盘条”，通常是指在“扳根”或“压腚”之后，瓜蔓长 40～50 厘米时，将主蔓和侧蔓（在双蔓整枝情况下）分别引向植株根际左右斜后方，并弯曲成半圆形，使瓜蔓龙头再回转朝向前方，然后将瓜蔓压入土中（不可埋叶）。一般主蔓较长，弯的弧大些；侧蔓较短，弯的弧小些，使主、侧蔓齐头并进。盘条作业要及时，过晚“盘条”部位的叶片已长大，盘条后瓜蔓弯曲处的叶片紊乱和拥挤重叠，长时间不能恢复正常，对生长和坐瓜不利。

通过盘条可以缩短西瓜行距，宜于密植；同时，还能缓和植株的生长势，使主、侧蔓整齐一致，便于田间管理。老瓜区露地栽培的晚熟西瓜品种多进行盘条。

（四）西瓜压蔓　用泥土或枝条将秧蔓压住或固定，称为压蔓。压蔓的作用：一是可以固定秧蔓，防止因风吹摆动或滚秧而使秧蔓及幼果受伤。二是可以使茎叶积聚更多的养分而变粗加厚，有利于植株健壮生长。三是可使茎叶在田间均匀分布，充分利用光照，提高光能利用率。四是压入土中的茎节可产生不定根，扩大根系吸收面积，增强对肥水的吸收能力。

南方地区种植西瓜很少压蔓，多在瓜田铺草，或在伸蔓后于植株前后左右每隔 40～50 厘米分别插 1 束草把，使瓜蔓卷绕其上，即可防止风吹滚秧。西瓜压蔓有轻压、重压之分。轻压瓜蔓顶端生长加快，但较细弱；重压后瓜蔓顶端生长缓慢，但很粗壮。生长势较旺的植株可重压，如果植株徒长可在秧蔓长到一定长度时将秧头埋住（俗称搁顶）。注意雌花着生节位的前后几节不能压蔓，雌花节上更不能压蔓，以免使子房损伤或脱落。为了促进坐瓜，在雌花节到根端的蔓上轻压，以利于功能叶制造的营养物质向前运输；雌花节到顶端的 2～3 节重压，以控制瓜秧顶端生长，迫使营养物质流向子房或幼瓜。北方地区，西瓜伸蔓期正处在旱季，晴天

多、风沙大、温度高宜重压,使其多生不定根,扩大根系吸水能力,同时还可防风固秧。一般是头刀紧、二刀狠,第三刀开始留瓜,同时压侧蔓。西瓜压蔓宜在中午前后进行,早晨和傍晚瓜蔓较脆易折断,不宜压蔓。

应特别注意的是,采用嫁接栽培的西瓜一定不能压蔓。

压蔓有明压、暗压、压阴阳蔓等方式。

1. 明压法 明压也称明刀、压土坷垃,就是不把瓜蔓压入土中,而是隔一定距离(30～40 厘米)压一土块或插一带杈的枝条将蔓固定。明压时一般先把压蔓处的地面整平,再将瓜蔓轻轻拉紧放平,然后把准备好的土块或取行间泥土握成长条形泥块,压在节间上。也可用鲜树枝折成“A”形或选带杈的枝条、棉秆等将瓜蔓叉住。明压法对植株生长影响较小,因而适用于早熟、生长势较弱的品种。一般在土质黏重、雨水较多、地下水位较高的地区,或进行水地瓜栽培时,多采用明压法。

2. 暗压法 暗压即压闷刀,就是连续将一定长度的瓜蔓全部压入土内,又称压阴蔓。具体方法是先用瓜铲将压蔓的地面松土并拍平,然后挖深 8～10 厘米、宽 3～5 厘米的小沟,将蔓理顺、拉直埋入沟内,只露出叶片和秧头,然后覆土拍实。暗压法对生长势旺、容易徒长的品种效果较好,但费工多,而且对压蔓技术要求较高。在沙性土壤或丘陵坡地栽培旱地瓜,一般采用暗压法。

3. 压阴阳蔓法 将瓜蔓隔一段埋入土中一段,故称为压阴阳蔓法。压蔓时,先将压蔓处的地面松土并拍平,再左手捏住瓜蔓的压蔓节,右手将瓜铲横立切地面,挤压出一条深 6～8 厘米的沟槽,然后将瓜蔓拉直,把压蔓节顺放沟内,瓜蔓顶端应露出地面一小段,最后将沟土挤压紧实即可。一般每隔 30～40 厘米压 1 次。在平原或低洼地栽培旱瓜,采用压阴阳蔓法较好。

四、搭架绑蔓

(一)搭设支架 西瓜搭架栽培采用的架式,目前有篱壁架、人字架、塑料绳吊架、棚架和三角架等多种。露地搭架栽培所采用的架式,一般比棚室内的支架矮小,但要求搭的架更为牢固稳定,以适应露地风大的条件。搭架所用材料为竹竿、树枝条等,棚架用的杆长为 2 米左右,架高为 1.5 米左右;三角架用的杆长为 1.2 米左右,架高为 0.8～1 米,由于这种三角架栽培的西瓜果实是坐地生长,故也可采用玉米秸秆或高粱秸秆作架材。搭架一般在西瓜伸蔓初期、蔓长 15～20 厘米时进行。西瓜是喜光性作物,支架方式、支架高度、架材选用及整枝等均应以减少遮阴和改善通风透光条件为前提。

1. 支架方式选择 架式的选择要根据栽培场地(温室、大棚、中棚或露地等)、种植密度及架材等决定。棚室栽培西瓜通常采用篱壁架、人字架(图 4-2)或塑料绳吊架。篱壁架就是将竹竿或树条等按株距和整枝方式绑成稀疏篱笆状直立架,让瓜蔓沿直立架生长、结瓜。这种架式通风透光良好,便于单行操作管理,但牢固性较差,不太抗风。人字架就是将竹竿或树条等按株、行距交叉绑成人字形,让瓜蔓沿人字斜架生长、结瓜。这种架式结构简单、牢固抗风,适于双行定植的西瓜,但通风透光不如篱壁架,行间操作管理也不如篱壁架方便。塑料绳吊架就是在温室或塑料棚内的骨架(如横梁、拱杆、立柱等)上拴挂塑料绳,让瓜蔓沿塑料绳生长、结瓜。这种架式通风透光条件比篱壁架和人字架都好,且不需竹竿、树条等,成本较低,但瓜蔓和果实易在空中晃动。露地搭架栽培西瓜,多采用棚架和三角架支架方式。

2. 架材选择 架材可选用竹竿、细木棍、树枝等。立杆可选用长 1.2～1.5 米、粗 2～3 厘米较直的竹竿或木棍,插地的一端要削尖。辅助材料可选用细铁丝、尼龙绳、塑料绳等。吊架的主要架

材就是塑料绳。在选材时，粗而直立的可用作立杆，细长的可用作横杆、腰杆。

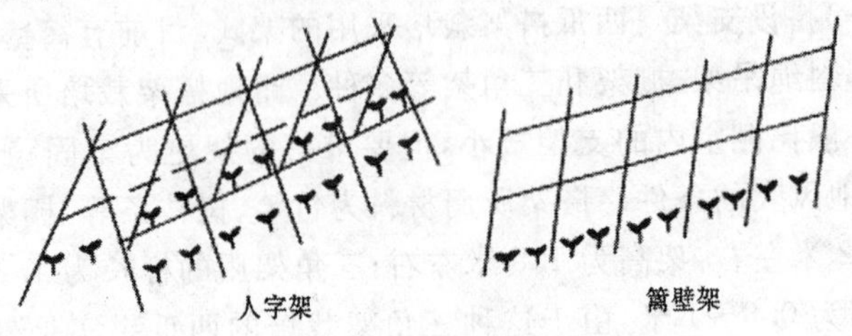

图 4-2 搭架栽培西瓜架式示意图

3. 搭支架方法 当西瓜蔓长至 20～30 厘米长时即应搭支架。搭支架时，立杆在距瓜苗根部 25 厘米左右处插入土内，深度一般为 15～25 厘米，立杆要插牢稳。

(1)篱壁架 搭篱壁架时，先插立杆。立杆要沿着西瓜行等距离地垂直插入土内，深度为 20～25 厘米。为了节约架材，可每隔 2～3 株苗插 1 根立杆。每个瓜畦的 2 行立杆要平行排齐，使其横成对、纵成行、高低一致。在每行立杆的上、中、下部位各绑 1 道横杆，这样就构成了篱壁架。整个篱壁架的纵、横杆交叉处均应用绳绑紧，为了增加篱壁架的抗风能力和牢固程度，可在每个瓜畦的两头和中间用横杆将 2 个篱壁架连接起来。

(2)人字架 搭人字架时，可用长 1.5 米左右的竹竿，在每个瓜畦的两行瓜苗中，每隔 2～3 株相对斜插 2 根，深度为 15～20 厘米。两根竹竿的基脚相距 65～75 厘米，上端交叉呈人字形，用较粗的竹竿绑紧作上端横梁，在人字架两侧，沿瓜苗行向，在距地面 50 厘米左右处各绑 1 道横杆(也叫腰杆)，各交叉点均用绳绑紧，这样每两行瓜苗需搭 1 个人字架。为了提高人字架的牢固性，可在每个人字架的两端各绑 1 根斜桩。

(3)塑料绳吊架 该法比较容易，主要是在每株瓜苗的上方，

将塑料绳吊挂在骨架上，让每条瓜蔓沿着塑料绳生长。

(4)棚架 包括“1”字形的立棚架和“人”字形的人字架或花架。插架时先插立杆，立杆距瓜秧根部 15～30 厘米，插入土中 15～20 厘米。每株或每隔 2～3 株插 1 根杆，顺瓜行插 1 排立杆(每行 1 排)。插杆后，在立杆上绑上、中、下 3 道横杆。每株 1 杆的，可在距地面 50 厘米处绑 1 道横杆；搭成人字形架的，应将畦内两排立杆顶部绑在一起，其上再绑 1 道横杆。总的要求是整个棚架牢固坚挺。

(5)三角形架 每株搭 1 个三角形架，用 3 根立杆斜插在瓜秧周围，杆顶端均向中央聚拢，将 3 根立杆顶端绑在一起，形成稳固的三角支架，瓜秧在三角架下的正中央部位，每根杆间距 40～50 厘米。单行栽植时，可将其中 2 根杆插在瓜秧北侧畦埂上，另一根插在瓜秧南侧。杆插入土中 15 厘米左右，视土壤情况而定，以插牢为准。

(二)整枝绑蔓 西瓜搭架栽培，目前普遍采用双蔓整枝，即选留 1 主蔓 1 侧蔓，其余侧蔓去掉。在主蔓上第二、第三雌花节位选留 1 个瓜。整枝与上架绑蔓是支架栽培西瓜的重要管理工作。当瓜蔓长至60～70 厘米时，开始陆续上架绑蔓。上架过晚瓜蔓生长过长相互缠绕，易拉伤蔓叶和花蕾。上架的同时进行整枝，单蔓整枝时，将主蔓上架，其余侧蔓全部剪除。双蔓整枝时，每株选留两条健壮的瓜蔓(通常为主蔓和基部 1 条健壮侧蔓)上架，其余侧蔓全部剪除。无论单蔓整枝或双蔓整枝，所留瓜蔓上的侧枝均要随时剪除。随着瓜蔓的生长要及时将瓜蔓引缚上架，可用湿稻草或塑料绳将瓜蔓均匀地绑在架的立杆或横杆上。绑蔓时，要一条蔓一条蔓地引缚，切不可将两条蔓绑为一体，注意不要将瓜蔓绑得太紧，以免影响生长。绑蔓方式可根据支架高低、瓜蔓多少及长短等而定。支架较高、瓜蔓较少时可采用 S 形，即将瓜蔓沿着架材呈 S 形曲线上升，每隔 30～50 厘米绑一道，并将坐瓜部位的瓜蔓绑在

横杆上，以便于将来吊瓜；支架较低、瓜蔓较少时可采用“之”字形；支架较高、瓜蔓较多时可采用A形，即将每条瓜蔓先沿着架材直立伸展，每隔30～50厘米绑一道，当绑到架顶后再向下折回，沿着右下方斜向绑蔓，仍每隔30～50厘米绑一道，使瓜蔓在架上呈A形排列；支架较矮、瓜蔓较多时可采用U形，即先将每条瓜蔓引上架再向上直立绑蔓，当第二雌花开放坐瓜时，将坐瓜部位前后数节瓜蔓弯曲成U形，使其离地面30厘米左右。当幼瓜褪毛后，将瓜把（柄）连同瓜蔓固定绑牢，之后随着瓜蔓的生长再直立向上继续绑蔓，这样就使每条瓜蔓在架上呈U形排列。绑蔓时注意不要使叶片相互重叠或交叉。坐住瓜后，不再绑蔓。对于坐瓜节位的绑蔓要求，因保瓜方法不同而异。采用吊瓜方式时，要求坐瓜节位上下的瓜蔓均绑牢，当幼瓜直径10厘米左右时将瓜蔓打顶，每株留叶50余片；当幼瓜长至重0.5千克左右时，用吊兜或吊带或吊瓜草绳圈（直径10厘米左右）托住瓜，并用绳吊挂在棚架上。采用吊瓜法的支架必须坚挺抗风。采用瓜落地生长方法时，可在第一雌花开放坐果期间，重新将瓜蔓曲成倒Ω形，使瓜蔓底部距地30厘米左右，坐瓜节位刚好在倒Ω形的底部。当西瓜长至鸡蛋大小时进行定瓜，并将其上方的蔓绑牢固。以后随着果实长大，瓜表面逐渐接触地面（落瓜）。在瓜如碗口大小时，可在预计落瓜接触地面处铺些稻草或谷草，使瓜坐落其上，以防西瓜受损伤和减轻病虫危害。

三角架西瓜栽培绑蔓时，侧蔓均不上架，将其理顺依次压在地面上匍匐生长，只需将主蔓引绑上架。先将主蔓引向瓜行南边的一根杆上绑住，然后环绕三角架呈螺旋上升式引蔓并绑蔓，直至架顶。此种绑蔓方法与三角形矮架相适应，可采取“落瓜”的保瓜方法，随着幼瓜长大而逐渐下落到地面上生长。为此，生产中应将坐瓜节位前后两道蔓松绑，将瓜放在预先垫草的地面上，或在瓜落地前，在瓜下面垫一草圈，将瓜托住。

由于矮架栽培大多行大弯曲引蔓绑蔓，因此应选在中午前后、瓜蔓软韧时进行绑蔓，以防折断西瓜蔓叶。

(三)留瓜吊瓜　经整枝后每条瓜蔓上只选留 1 个雌花坐瓜，通常选留第二雌花人工授粉，使其坐瓜。多余的小侧蔓和幼瓜及时摘除，使养分向所留西瓜集中，促瓜迅速膨大。支架栽培中的整瓜主要是吊瓜和放瓜，当幼瓜长至 0.5 千克左右时开始吊瓜。吊瓜前准备好吊瓜用的草圈和带(通常每个草圈 3 根)，吊瓜时先将幼瓜轻轻放在草圈上，再将 3 根吊带均匀地吊挂在支架上。支架较矮时一般不进行吊瓜，可先在坐瓜节位上方用塑料绳将瓜蔓绑在支架上，当幼瓜长至 0.5 千克以上时，再将坐瓜节位的瓜蔓松绑，将瓜小心轻放于地面，并在瓜下垫一些麦秸或沙土，这样既可减轻病虫危害，又有利于西瓜发育。

五、浇　水

(一)西瓜定植水　西瓜定植水有浇水后定植和定植后浇水两种方法，生产中这两种方法都常采用。浇水后定植俗称坐水定植，即先在瓜沟内开定植穴或定植沟，然后浇水，等水渗下时栽苗，栽后覆土。定植后浇水是先在瓜沟内开定植穴或定植沟，栽苗后覆土，适当压紧，然后浇水，待水全部渗下去以后，在定植穴的表面覆沙或覆细干土。一般来说，浇水后定植能充分保证土壤湿度，栽苗速度较快，定植后可以马上整平整细畦面，有利于覆盖地膜，因此地膜覆盖栽培或双膜覆盖栽培常用此栽法。定植以后浇水，能使土壤与营养土块或营养纸袋密切接触，利于根系恢复生长。但为了提高地温，不能一次浇水过多，栽后可先浇少量定植水，第二天再浇 1 次缓苗水，这对提高地温和防止早春晚霜危害有一定的作用，一般春季露地栽培常用此法。此外，移栽大苗采用先定植后浇水的方法比较方便；移栽小苗，特别是“贴大芽”，则以先浇水后定植的方法较好。在采用先浇水后定植的方法时，应掌握在水渗下后及时栽植。栽植早了,穴或沟中尚有水,培土按压时可能在根部形成泥块,影响根系生长;栽植晚了,穴或沟中水分已蒸发,培土后根部土壤处于干燥状态,不利于瓜苗发根。

(二)西瓜生育期浇水

1. 浇水量的确定

(1)根据不同品种的吸水特点确定浇水量　西瓜吸收水分的动力来自两方面:一是靠根压从土壤吸取水分,并将水分沿导管向上送到地上部。二是靠叶片的蒸腾拉力,将植株内的水分散发到空气中,并以此为阶梯,将土壤里的水分不断地"拉"到空气中。西瓜不同品种,其根压和蒸腾拉力的大小不同,一般旱瓜生态型品种的根压比水瓜生态型品种大,其蒸腾拉力则比水瓜生态型品种小。凡是蒸腾拉力较大的品种,需水量也较大,不耐旱,浇水量就应多,这就是不同品种需水量和抗旱性不同的根本原因。所以,旱瓜生态型品种浇水量可少些,水瓜生态型品种浇水量应多些;同一类生态型西瓜品种,早熟品种浇水可少些,中熟品种浇水量应多些。

(2)根据不同天气条件确定浇水量　不同的天气条件,如降雨、空气湿度和风力大小等对蒸腾拉力有很大影响。蒸腾拉力是西瓜吸水最主要的动力,根压居次要地位。只有当空气湿度很大而土壤水分又充足时,蒸腾拉力才变得很弱,也只有在这种情况下根压才会成为最主要的吸水动力。因此,在干旱的季节,空气越干燥,蒸腾拉力就越大,就需要大量浇水。

(3)根据不同生育期的耗水量确定浇水量　西瓜的耗水量不仅与品种、气候条件有关,而且还与生育期有关。幼苗期浇水宜少,如果土壤较干,瓜苗先端小叶中午时叶片灰暗、萎蔫下垂即是缺水的象征,可进行喷水。移栽的瓜苗应在2～4天内及时浇缓苗水,以促进缓苗和幼苗生长。伸蔓期植株需水量增加,浇水量应适当加大。瓜苗"甩龙头"以后,在植株一侧30厘米处开沟浇水,浇水量不宜过大,采用小水缓浇,浸润根际土壤。最好在上午浇水,

浇后暂时不封沟，经午间阳光晒暖后，下午封沟，这种方法通常称为暗浇或"偷浇"。以后随着气温的升高，植株已经长大，可以改为畦面灌溉，进行明浇。结果期植株需水量最大，要保证充足的水分供应。从坐瓜节位雌花开放到谢花后3～5天，是西瓜植株从营养生长向生殖生长转移的时期，为了促进坐瓜，这一阶段要控制浇水，土壤不过干、植株不出现萎蔫一般不浇水。幼瓜膨大阶段，即雌花开花后5～6天，要浇膨瓜水。由于此时的茎叶生长速度仍然较快，所以浇水量不要过大，以浇水后畦内无积水为好。当幼瓜长至鸡蛋大小时可每隔3～4天浇1次水。当瓜长至直径15厘米左右时，正是果实生长的高峰阶段，需要大量的水分，开始大水灌溉，天气干旱时可每隔1～2天浇1次水，始终保持土壤湿润。瓜成熟前7～10天应逐渐减少浇水量，采收前2～3天停止浇水。南方地区雨水较多，西瓜生育期间一般浇水较少。但长江中下游一带，西瓜生育后期进入旱季，常常要进行补充浇水。浇水方法可利用排水沟进行沟灌，或采用泼浇的方法。有条件的可进行喷灌。

(4)根据目标产量确定浇水量　任何作物产量的形成都需要消耗一定的水分，因此目标产量越高，需要浇水的次数和浇水量也要越多。一般每生产100千克西瓜，约需要消耗5.6米^{3}水。实际浇水时，还要考虑到土壤储水或流失水以及田间蒸发失水。也就是说，每生产100千克西瓜，实际消耗水量还要大于5.6米^3。生产实践证明，要获得西瓜高产、稳产，必须保证土壤在0～30厘米土层的含水量为田间最大持水量的70%以上，如果低于48%，则引起显著减产。因此，生产中在以产定水时，应结合土壤中的含水量酌情增减，一般可按每生产100千克西瓜需消耗水分10米^3(不包括地面蒸发的水分)计算。

2. 西瓜"三看浇水法"的运用　西瓜要看天、看地、看苗浇水，简称"三看浇水法"。所谓看天，就是看天气的阴晴和气温的高低，一般是晴天浇水，阴天蹲苗；气温高，地面蒸发量大，浇水量大；气

温低,空气湿度大,地面蒸发量小,浇水量小。早春为防止降低地温应在晴天上午浇水;6月上旬以后,气温较高,以早晚浇水为宜,夏季雨后要进行复浇,以防雨过天晴,引起瓜秧萎蔫。所谓看地,就是看地下水位高低、土壤类型和含水量的多少。地下水位高,浇水量宜小,地下水位低浇水量应大。黏质土地,持水量大,浇水次数应少;沙质土地持水量小,浇水次数应多;盐碱地则应大浇淡水,并结合中耕;对漏水的土地,应小水勤浇,并在浇水时结合施用有机肥料。所谓看苗,就是看瓜苗长势和叶片颜色,也就是根据生长旺盛部分的特征来判断。在气温最高、日照最强的中午观察,当瓜苗的先端小叶向内并拢、叶色变深时,是缺水的特征;若瓜苗的茎蔓向上翘起,表示水分正常;如果叶片边缘变黄,表示水分过多。植株长大以后,中午观察时,发现有叶片开始萎蔫,但中午过后尚可恢复,说明植株缺水,可根据叶片萎蔫的轻重以及其恢复的时间长短,判断缺水程度的大小;若看到叶片或茎蔓顶端的小叶舒展,叶片边缘颜色淡时,则表示水分过多。

六、施　肥

(一)西瓜施肥量的确定　西瓜种植习惯于大量施肥,但实际上并不是肥料越多越好。施肥量过大,不仅浪费肥料,还可能引起植株徒长,降低坐瓜率,造成减产。据西瓜无土栽培测算,每生产100千克西瓜(鲜重),需纯氮(N)0.184千克、磷(P_2O_5)0.039千克、钾(K_2O)0.198千克。生产中可根据不同的产量指标和不同的土壤肥力,计算出所需施肥量。

1. 施肥量计算

(1)计算程序　首先查阅土壤普查时的档案找出该地块氮、磷、钾的含量,如果该地块没有进行土壤普查,可按相邻地块推算或进行取样实测。然后根据预定西瓜产量指标,分别计算出所需氮、磷、钾数量。最后根据总需肥量、土壤肥力基础、各种肥料的利

用率，计算出实际需要施用的各种肥料的数量。

(2)计算公式 需肥量计算公式：

$$Q=\frac{KW-T}{RS}$$

式中：

Q 为每公顷所需施用肥料数量(千克)；

K 为生产每千克西瓜所需氮、磷、钾数量(千克)；

W 为计划西瓜公顷产量(千克)；

T 为每公顷土壤中氮、磷、钾数量(千克)；

R 为所施肥料中氮、磷、钾含量(%)；

S 为所施肥料的利用率；

K 为已知试验常数，其中氮＝0.00184，磷＝0.00039，钾＝0.00198。

2. 以产定肥 以产定肥，不仅可以满足西瓜对肥料的需要，还可以做到经济合理用肥。

笔者根据西瓜生产中的肥料试验和以产定肥计算公式，制定了西瓜以产定肥施肥方案(表 4-2)，供西瓜生产者参考。如果所施用的肥料种类与表中不相同，可根据所用肥料的有效成分折算。

表 4-2 西瓜以产定肥施肥方案 (单位：千克)

计划产量	吸收肥量			每公顷需补充施肥量					
	氮	磷	钾	氮	折尿素	磷	折过磷酸钙	钾	折硫酸钾
2000	5.04	1.62	5.72	121.2	263.5	82.2	632.25	112.95	234
2500	6.30	2.03	7.15	159.0	345.6	106.8	812.55	148.2	297
3000	7.56	2.43	8.58	196.8	427.8	130.8	1006.2	184.2	369
3500	8.82	2.84	10.01	234.6	510.0	155.4	1195.3	220.2	441
4000	10.08	3.24	11.44	272.4	592.2	179.4	1380.0	256.05	511.5

续表 4-2

计划产量	吸收肥量			每公顷需补充施肥量					
	氮	磷	钾	氮	折尿素	磷	折过磷酸钙	钾	折硫酸钾
4500	11.34	3.65	12.87	310.2	674.4	204.0	1569.3	291.75	583.5
5000	12.60	4.05	14.30	348.0	756.4	228.0	1753.8	327.45	655.5

表 4-2 中“计划产量”指要求达到的西瓜产量指标；“吸收肥量”指要达到某产量指标时，西瓜植株应吸收到体内的氮、磷、钾量；“每公顷需补充施肥量”指除土壤中已含有养分量外，每公顷还需要补充施用的氮、磷、钾肥量。表中数据系在土壤肥力为每公顷土壤（0～30 厘米）含氮 2 千克、磷 1 千克、钾（K_2O）2 千克的基础上计算出来的，硫酸铵的利用率按 50%、过磷酸钙的利用率按 25%、硫酸钾的利用率按 60%计算。西瓜以产定肥施肥方案，为山东省中等肥力土壤的施肥量。为了简便而迅速确定施肥量，也可以不计算土壤肥力基础，可根据当地土壤的肥沃程度，参考表 4-2 中所列数据酌情增减。例如，某地块较肥沃，可比表中施肥量酌情减少 8%～10%；某地块较瘠薄，可比表中施肥量酌情增加 8%～10%。实际生产中，各地由于肥源、肥料质量、施肥习惯及经济条件不同，加上肥料流失和挥发等因素，施肥量往往有较大的差异。

（二）西瓜施肥方法

1. 基肥　西瓜基肥一般分 2 次施用，方法是沟施和穴施。沟施是在深翻西瓜沟时，结合平沟做畦将基肥施于将来播种或定植行的地面下深 25 厘米左右处，并与土壤掺和均匀。施肥时间应在播种或定植前 15～20 天。这次基肥多为土杂肥，用量为全部基肥用量的 70%～80%，一般每公顷施土杂肥 60 000 千克。除土杂肥外，这次基肥还常常施用猪栏粪、炕土、鸡粪、骨粉及控释复合肥、

硝酸磷肥和磷酸铵等肥料。第二次施基肥为穴施，即在定植穴或播种穴内施用肥料，这次基肥多在播种或定植前10天左右施用。方法是按株距沿着播种或定植行向挖深15厘米左右、直径15～20厘米的圆形小穴，按穴施肥，并与穴内土壤混合均匀，施肥后盖土3～5厘米厚，然后做好标记以备定植或播种。这次基肥用量，随所用肥料种类或肥效大小的不同而异，一般为全部基肥用量的20%～30%。有的西瓜产区第一次基肥是撒施，即在西瓜地深翻之前，将肥料均匀地撒在地面，耕地时将基肥翻入土内。这种方法简单，肥料分布均匀，所以也叫全面施肥法。缺点是需肥量大，而且由于西瓜株行距较大，根系分布有疏有密，肥料利用率低，正如农谚所说：施肥一大片，不如一条线。

2. 追肥　西瓜不同生育期对肥料的吸收量和需肥种类不同，因此生产中应在施用基肥的基础上，通过分期追肥来满足不同生育期对养分的需求。西瓜生育期追肥应根据各个生育时期的吸肥特点，选用适宜的肥料种类，做到营养成分完全，配比恰当。常作追肥的有机肥，北方地区多用大粪干、饼肥（其中以棉籽饼和花生饼最多）、复合肥、水溶肥等，南方地区多用人粪稀、水溶肥、冲施肥等。常作追肥的化肥有尿素、聚能双酶水溶肥、硝酸铵钙、硝酸磷肥、磷酸铵及螯合复合肥等。近几年来，不少地区根据当地的土壤肥力基础和西瓜的吸肥规律，进行氮、磷、钾合理配比，并适量加入腐殖酸及各种微量元素等，研制和生产了多种西瓜专用肥，应用效果良好。西瓜追肥应以速效肥料为主，有机肥与化肥合理搭配，以充分满足西瓜各生育期对矿质元素的需要。

（1）提苗肥　在西瓜幼苗期施用少量的速效肥，可以加速幼苗生长，故称为提苗肥。提苗肥是在基肥不足或基肥的肥效还没有发挥出来时追施的，用量要少，一般每株施尿素8～10克。追肥时，在距幼苗15厘米处开一弧形浅沟，撒入肥料后封土，再用瓜铲整平地面，然后点浇小水（每株浇水2～3升）。也可在距幼苗10

厘米处捅孔施肥。若幼苗生长不整齐,可对个别弱苗增施"偏心肥"。

(2)催蔓肥　西瓜伸蔓以后,生长速度加快,对养分的需要量增加,此期追肥可促进瓜蔓迅速伸长,故称催蔓肥。追施催蔓肥应在植株"甩龙头"前后进行,每株可施腐熟饼肥 100 克,或腐熟大粪干等优质肥料 500 克,或尿素 10～15 克、硝酸磷肥 15 克。施用有机肥的,在两棵瓜苗中间开一条深 10 厘米、宽 10 厘米、长 40 厘米左右的追肥沟,施入肥料后用瓜铲将肥料与土拌匀,然后盖土封沟并踩实。施用化肥的,追肥沟深 5～6 厘米、宽 7～8 厘米、长 30 厘米左右即可。施肥后及时浇水,以促进肥料的吸收。

(3)膨瓜肥　当正常结瓜部位的雌花坐住瓜,幼瓜长至鸡蛋大小时即进入膨瓜期,是西瓜一生需肥量最大的时期,因此也是追肥的关键时期。此期追肥可以促进果实的迅速膨大,故称之为膨瓜肥。膨瓜肥一般分 1～2 次追施,第一次追肥在幼瓜鸡蛋大小时,在植株一侧距根部 30～40 厘米处开沟,每 667 米^2 施磷酸铵15～20 千克或双膜缓控释肥 10～15 千克。也可结合浇水每 667 米^2 追施人粪尿 7 500 千克。第二次追肥在瓜长至碗口大小时(坐瓜后 15 天左右),每 667 米^2 追施多元水溶肥 10～15 千克,或双酶水溶肥 8～12 千克,或靓果高钾硫酸钾 10～15 千克,或螯合复合肥 12～15 千克,可以随水冲施,也可撒施后立即浇水。

此外,在西瓜生长发育期,可叶面喷施 0.2%～0.3%尿素+磷酸二氢钾(1∶1)溶液,每隔 10 天左右喷 1 次。也可结合病虫害防治,将肥液加放药液中喷施。

南方地区西瓜追肥,多采用人粪尿,故均采用泼施法。施肥次数和施肥时期与北方地区相似,但各期追施肥料的浓度不同,幼苗期追施 1～2 次,浓度为 20%～30%;伸蔓期追施 1 次,浓度为 30%～40%;结瓜期追施 1～2 次,浓度为 50%左右。

(二)西瓜常用肥料

1. 常用有机肥　西瓜施用肥，应以有机肥为主，化肥为辅。西瓜常用有机肥除饼肥外，还有以下几种。

(1)土杂肥　土杂肥是来源最广泛、使用最普遍的一种有机肥。由于肥源甚杂，其有效成分含量也差异甚大，因而施用量各地差别也很大。据测定，土杂肥含全氮 0.2%～0.5%、含磷 0.18%～0.25%、含钾 0.7%～5%，利用率约为 15%。土杂肥一般作基肥，每公顷用量通常为 60 000～75 000 千克，可在播种或定植前 15～20 天施入瓜沟内，也可在深翻前撒于地面，深翻时翻于土壤中。

(2)大粪干　我国北方地区习惯以大粪干作西瓜基肥或追肥。大粪干系人粪尿掺少量土晒制而成，一般含全氮 0.8%～0.9%、磷 0.03%～0.04%、钾 0.3%～0.4%，利用率约为 30%。作基肥每公顷用量通常为 30 000 千克左右，作追肥用量为 15 000～22 500千克。作基肥多在定植前施于穴内并与土掺匀；追肥多在植株团棵后至伸蔓时开沟追施，施后封土、浇水。

(3)人粪尿　人粪尿含氮 0.5%～0.8%、磷 0.2%～0.4%、钾 0.2%～0.3%。人粪尿很容易发酵分解，植株吸收利用也比较快，所以主要用于追肥。作追肥常在西瓜生长期间结合浇水冲施，每公顷每次用量 6 000～7 500 千克。积攒人粪尿要使用加盖的粪池或泥罐等，以免影响环境卫生。同时，在贮存过程中，人粪尿不要与草木灰、石灰等碱性物质混合，以免失效。另外，人粪尿一定要充分腐熟后才能施用。

(4)草木灰　西瓜需钾量较多，在硫酸钾等无机钾肥缺少的地区，草木灰是十分宝贵的钾肥。据测定，草木灰含钾 8.3%～8.5%，6 千克草木灰的含钾量相当于 1 千克硫酸钾，同时草木灰含磷约为 60 毫克/千克。草木灰的利用率为 40%，既可以作基肥，也可以作追肥，但以作追肥效果最好。作追肥可采取开沟穴施的方法，施后封土浇水，每公顷用量 1 500～2 250 千克。追肥时为了防止风吹散落于叶面上，应将草木灰中洒少量水拌和一下，并尽量在追肥沟沿地面追施。

（5）鸡粪　鸡粪是氮、磷、钾含量很高的有机肥。据测定，鸡粪含有机质 25.2%、氮 1.63%、磷 1.54%、钾 0.85%，此外还有较多的中、微量元素。鸡粪养分多、易发热、肥效长，是栽培西瓜的好肥料，一般结合深翻或整地做畦施入土下约 20 厘米处，每公顷施用量 30 000～45 000 千克。

2. 常用化肥

（1）氮素化肥　西瓜常用的氮素化肥有尿素、多肽尿素、多肽双脲铵、含硫氮肥、硝酸铵钙和磷酸氢二铵等。尿素含氮量为 45%～46%，通常作追肥施用，西瓜每次每 667 米^2 用量为 15 千克左右。由于尿素易溶于水，所以施入土壤后不要立即浇大水，以免被淋溶到土壤深层而降低肥效。另外，尿素还可以作根外追肥，常用浓度为 0.3%～0.5%。多肽尿素、多肽双脲铵、含硫氮肥等是新型复合氮肥，既具有速效性，又具有缓释和长效功能。磷酸氢二铵含氮量为 18%，易溶于水，并易被西瓜吸收。硝酸铵钙转化快、利用率高、易吸收，尤其在高温、高湿条件下吸收更快。多肽尿素、多肽双脲铵、含硫氮肥及磷酸二铵可作基肥，也可作追肥，作追肥时要比尿素施入得深些，一般要求施用深度在 5 厘米以上，施后及时浇水。

（2）磷素化肥　西瓜常用磷素化肥有硝基磷酸铵、硝酸磷肥、磷酸铵和磷酸氢二铵等。磷酸氢二铵含磷 45%～46%，其中 20%～22%为碱性速效肥。硝基磷酸铵含磷 13%，硝酸磷肥含磷 11.5%，磷酸铵含磷 17%。西瓜施用磷素化肥一般每 667 米^2 用量为 30～40 千克，为了提高肥效，多与有机肥（如土杂肥、猪栏粪等）混合施用。此外，在西瓜雌花开放前或坐瓜后，如果发现植株缺磷，可用硝基磷酸铵溶液进行根外追肥，常用浓度为 0.4%～

0.5%，可在上午或下午喷洒叶面，以促进幼瓜发育，提高西瓜含糖量和种子质量。

(3)钾素化肥　西瓜常用钾素化肥有硫酸钾、新型硫酸钾、靓果高钾、多元水溶肥、双酶水溶肥、黄腐酸钾水溶肥等。硫酸钾含钾50%，易溶于水，西瓜吸收利用率较高、可达60%以上，不能与碳酸氢铵等碱性肥混合施用。硫酸钾、新型硫酸钾、黄腐酸钾既可以作基肥，也可以作追肥。作基肥每667米^{2}用量为20～30千克，作追肥每次每667米^{2}用量为15～20千克。靓果高钾、双酶水溶肥、多元水溶肥等以追肥为好，每次每667米^{2}用量为15～20千克。

(4)复合化肥　复合化肥是含有两种或两种以上主要营养元素的化学肥料，有效成分高，养分比较齐全，有利于西瓜吸收利用。同时，还可以减少单一化肥的施用次数对土壤的不良影响。西瓜常用的复合化肥主要有三元复合肥、多肽缓控复合肥、控释复合肥、双膜缓控释肥、磷酸铵、螯合复合肥、磷酸二氢钾及多美施、奥林丹、黄金搭档等多元复合肥。三元复合肥含氮、磷、钾分别为10%～15%，为淡褐色或灰褐色颗粒状化肥，可溶于水，但分解较慢，肥效迟缓，西瓜栽培主要用于穴施基肥或第一次追肥，每667米^{2}用量30～40千克。螯合复合肥含氮16%、磷9%、钾20%。磷酸二氢钾含磷24%、钾1%，易溶于水，酸性。磷酸二氢钾可作根外追肥，一般叶面喷施0.2%～0.3%溶液，每667米^{2}每次用肥液70～80千克，生长中后期连续喷2～3次，可防止西瓜植株早衰，提高西瓜产量和品质。

(5)西瓜专用肥　西瓜专用肥，是根据西瓜的需肥特点及土壤营养水平，专为西瓜栽培而研制的肥料，具有促进西瓜茎叶粗壮、增强抗病能力，增加含糖量和改善品质、提早成熟及提高产量等作用。生产中可根据当地的土壤肥力和施用时期(基肥或追肥)，选用不同型号的西瓜专用肥。

3. 常用饼肥

(1)饼肥的种类　饼肥是西瓜生产中传统的优质有机肥料，主要有大豆饼、花生饼、棉籽饼、菜籽饼、芝麻饼、蓖麻饼等多种。饼肥属细肥，养分含量较高，富含有机质和氮、磷、钾及各种微量元素。一般含有机质70%～85%、氮3%～7%、磷1%～3%、钾1%～2%，还含有少量的钙、镁、铁、硫和锌、锰、铜、钼、硼等营养元素。主要饼肥中氮、磷、钾含量如表4-3所示。

表4-3　主要饼肥中氮、磷、钾含量

饼肥种类	氮(%)	磷(%)	钾(%)
大豆饼	7.00	1.32	2.13
花生饼	6.32	1.17	1.34
芝麻饼	5.80	3.00	1.30
菜籽饼	4.60	2.48	1.40
棉籽饼	3.41～5.32	1.62～2.50	0.97～1.71
蓖麻饼	5.00	2.00	1.90
桐籽饼	3.60	1.30	1.30
茶籽饼		0.37	1.23

饼肥中的氮、磷多呈有机态存在，钾则大多是水溶性的。这些有机态氮、磷不能直接被西瓜所吸收，必须经过微生物的分解后才能发挥肥效。一般大豆饼、花生饼、芝麻饼施到土壤中分解速度较快；棉籽饼、菜籽饼的分解速度则较慢。饼肥肥效持久，对土壤无不良影响，而且适用于各种土壤。西瓜施用饼肥，对提高产量，特别是对改进西瓜品质有较显著的作用。

(2)西瓜施用饼肥的方法及用量　饼肥可作西瓜基肥，也可作追肥施用。为了使饼肥尽快地发挥肥效，在施用前需进行加工处理。作基肥时，只需将饼肥粉碎即可施用。作追肥时，必须经过发

酵腐熟，才能有利于西瓜根系尽快地吸收利用。饼肥一般采用与堆肥或猪栏粪混合堆积，或粉碎后用清水浸泡10～15天，待发酵后施用。

①基肥施用　饼肥作基肥，可以沟施，也可以穴施。数量较多时，可以将1/3沟施，2/3穴施；数量少时，应全部穴施。沟施就是在定植或播种前20天左右施入瓜沟中，深度为25厘米左右。穴施就是按株距沿着行向分别挖深15厘米、直径15厘米的小穴，每穴施100克左右，与土壤混合均匀后再盖土2～3厘米厚。

②追肥施用　用饼肥作追肥，宜早不宜迟，一般当西瓜苗团棵后即可追施。追施过晚，肥效尚未充分发挥出来，西瓜已经成熟了，这对饼肥的利用就不经济了。但如果追施过早，饼肥的肥效主要用于西瓜蔓叶的生长，当西瓜需要大量营养时，肥效却已“过劲”了，这对饼肥就等于“好钢没用在刀刃上”。饼肥的追施方法，一般是顺西瓜行向，在植株一侧，距根部25厘米左右，开深10厘米、宽10厘米的追肥沟，沿沟每株撒施豆饼100克或花生饼150克，与土拌匀，再盖土2～3厘米厚，封严踩实。

(3)西瓜施用饼肥应注意的问题　随着西瓜栽培面积的扩大，饼肥供应已能满足西瓜生产的需要，同时施用饼肥的成本也较高，所以生产中并不提倡大量施用饼肥。但在大豆、花生、棉花、油菜、蓖麻等油料作物的集中产区，肥源充足，又有长期施用饼肥的习惯，生产者掌握正确的方法施用饼肥，并注意施用中易出现的问题是十分必要的。

①施用时间应适时　饼肥无论作基肥还是作追肥，都要适时施用。基肥施用过早，对幼苗前期生长尚未发挥作用时已失去肥效；施用过晚，对幼苗后期生长继续发挥作用，易引起徒长，延迟坐瓜，使坐瓜率降低，因此饼肥作基肥应在定植前10天左右穴施。追肥施用过早，是造成植株徒长的重要原因之一。例如，催蔓肥追施过早，可使节间伸长过早过快，使叶柄生长过长；当开花坐瓜需

肥时，肥效却早已过去。追肥施用过晚，是造成植株早衰和减产的主要原因之一。因为饼肥需要在土壤里进行的一段时间分解和转化，才能被根系吸收利用。

②需粉碎及发酵　饼肥在压榨过程中形成坚硬的饼块，需粉碎成小颗粒才能施用均匀，并尽快地被土壤微生物分解。由于饼肥在分解过程中能产生大量的热，可使其附近的温度剧烈升高。所以，在作追肥施用时，一定要经过发酵分解后再追施，以免发生“烧根”。

③用量要恰当　饼肥是一种经济价值较高的细肥，为了尽量做到经济合理地，用量一定要恰当。根据对山东、河南、河北、辽宁、内蒙古及黑龙江等地对部分西瓜产区的调查，用饼肥作基肥每667米^{2}用量一般为30～50千克，作追肥一般为60～100千克。试验结果证明每株西瓜施饼肥100克、150克及200克的单瓜重差异不大，每株施50克和250克的则均减产(表4-4)。

表4-4　豆饼追肥用量与西瓜单瓜重的关系

每株用量(克)	50	100	150	200	250
单瓜重(克)	3.5	4.8	5.9	6.1	4.3

④施用位置要适宜　饼肥施用深度应比化肥稍深些，一般基肥为25厘米左右、追肥为15厘米左右。追肥时，不可距根太近，以免引起“烧根”；也不可距根太远，以免根系吸收不到。一般催蔓肥距根25厘米左右，膨瓜肥距根30厘米左右。

⑤施用后不可马上浇水　追施饼肥后一般不能马上浇水，以免造成植株徒长。通常以追饼肥后2～3天浇水为宜，如果在追施饼肥后2天以内遇到降雨，应在雨后及时中耕划锄，以降低土壤湿度。

⑥其他　饼肥较少时，可以与其他有机肥料混合施用。但不可与化肥混合施用，特别是不能与速效化肥混合施用，以免造成植

株徒长或引起“烧根”。

4. 新型有机肥　新型有机肥是以有机质为原料，经微生物发酵，采用低温干燥新技术生产的有机质肥料，以其养分全、肥效长、抗病增产、施用方便、特效无公害等特点受到广大农民的欢迎。目前，生产中应用较多的新型有肌肥主要有豆粕蛋白有机肥、豆粕有机肥、水解油渣有机肥、海藻生物有机肥、金大地复合微生物肥、农溢富鱼蛋白有机液态肥、坤乐多元营养素有机肥、奥世康水剂有机肥、洁特粉状有机肥等。

5. 微量元素肥料　微量元素肥料是指含有一种或几种作用生长发育需要量极少的营养元素的肥料。西瓜对微量元素的需要量虽然很少，但如果缺少就会产生相应的病症，有些微量元素在西瓜生长发育过程中还起着极为重要的作用。施用微量元素肥料，首先要摸清土壤情况，只有当土壤中缺少某种微量元素时，施用该种微量元素肥料才会有良好的效果，如山区、丘陵的黄壤土地种植西瓜，叶面喷施0.03%硫酸锌溶液，可增产5%～7%。此外，硼肥和锌肥还能提高西瓜的品质。西瓜常用的微量元素肥料主要有锌肥、硼肥和钼肥。

(1)锌肥　锌肥中有硫酸锌($ZnSO_4$)、氯化锌和氧化锌等，生产中常用的主要是硫酸锌。锌肥可作基肥、种肥和追肥用，可以与生理酸性肥料混合，但不能与碱性肥混合。作基肥时，每667米^{2}用硫酸锌1～1.5千克。硫酸锌作根外追肥时，一般喷施浓度为0.01%～0.05%。

(2)硼肥　硼肥中有硼酸、硼砂、硼镁肥、含硼过磷酸钙等。一般用硼镁肥、含硼过磷酸钙作基肥；硼砂和硼酸作根外追肥较好。作基肥每667米^{2}可施硼镁肥20～30千克，或含硼过磷酸钙40～50千克。根外追肥可用0.01%硼砂或硼酸溶液叶面喷施。

(3)钼肥　钼肥中有钼酸铵、钼酸钠、钼渣等，西瓜常用的是钼酸铵。钼肥可以作基肥、种肥和追肥，施用一次肥效可达数年之久。钼酸铵、钼酸钠可用作浸种，使用浓度为0.05%～0.1%，浸种12小时。根外追肥常用0.02%～0.05%钼酸铵溶液叶面喷施，在西瓜苗期和抽蔓期施用效果较好。

近年来生产的“金大地”（复合微生物水溶肥）、“沃利丰盛”（黄腐酸钾型水溶肥）等新型肥料，也含有铁、硼、锌、镁等多种微量元素。

七、保花保果

（一）西瓜瓜胎的选留　正确地选留瓜胎，对西瓜优质高产具有十分重要的意义。所谓正确地选留瓜胎，这里包含留瓜节位的确定和选择什么样的瓜胎两层意思。

1. 最理想的坐瓜节位　实践证明，西瓜坐瓜节位过低，生长的西瓜个头小，瓜皮厚，纤维多，易畸形，商品率降低。特别是无籽西瓜，除上述不良性状外，还会出现空心、硬块及着色的秕籽（种子空壳）等。但坐瓜节位过高，则常常助长西瓜蔓叶徒长，使高节位的瓜胎难以坐住瓜；而且节位过高，当发育后期往往植株生长势减弱，西瓜品质和产量降低。西瓜最理想的坐瓜节位，应根据栽培季节、栽培方式和栽培不同品种等综合权衡而定。一般原则是采用加温保护设施栽培者，其坐瓜节位可低些；阳畦育苗或地膜下直播栽培的，坐瓜节位应高些。春季露地栽培的，其坐瓜节位应高些；夏季露地栽培的，坐瓜节位可低些。早熟品种坐瓜节位可低些；晚熟品种坐瓜节位高些，中熟品种又比晚熟品种坐瓜节位低些。坐瓜前后，若处于低温、干旱、肥料不足、光照不良等条件下，坐瓜节位应高些。生产中一般选留主蔓上距根部1米左右处的第二、第三雌花留瓜，即在15～20节留瓜。采用晚熟品种与多蔓整枝的，留瓜节位可适当高一些；早熟品种与早熟密植少蔓整枝时，留瓜节位则应低一些。坐瓜前后，如遇低温、干旱、光照不良等不利条件，或植株脱肥长势较弱时，留瓜节位应高；反之，宜低。侧蔓为结瓜

后备用，当主蔓受伤不宜坐瓜时可选留侧蔓第一、第二雌花。

2. 西瓜雌花的选择　西瓜花有单性雌花、单性雄花、雌性两性花和雄性两性花。单性雌花和雌性两性花均能正常坐瓜，特别是雌性两性花，不但自然坐瓜率高，而且果实发育较快，容易长成大瓜，在选择雌花时应予注意。另外，开花时凡是子房大（与同品种比较）、花柄粗而长的雌花，一般均能发育成较大的瓜。生产中应选留理想节位的理想雌花坐住瓜。

（二）西瓜每株的留瓜数量　西瓜早熟高产栽培，每株留瓜数主要是根据栽植密度、瓜型大小、整枝方式及肥水条件而定。一般来说，每 667 米^2 栽植 500～600 株、大、中型瓜，三蔓或多蔓式整枝、肥水条件较好，每株可留1～2 个瓜；每 667 米^2 栽植 700～800 株、大中型瓜、双蔓式整枝、肥水条件中等，每株留 1 个瓜为宜；每 667 米^2 栽植 500～600 株、大型瓜、双蔓或三蔓式整枝、肥水条件中等，每株留 1 个瓜较好；每 667 米^2 栽植 700～800 株，中小型瓜、三蔓或多蔓式整枝、肥水条件好，每株可留 2 个瓜；每 667 米^2 栽植 600～700 株，中小型瓜、三蔓或多蔓式整枝、肥水条件好，每株可留 2～3 个瓜。总之，栽植密度小可适当多留瓜，栽植密度大可适当少留瓜；大型瓜少留瓜，小型瓜多留瓜；单蔓或双蔓式整枝少留瓜，三蔓或多蔓式整枝多留瓜；肥水条件好适当多留瓜，肥水条件较差适当少留瓜。此外，还应根据下茬作物的安排计划，在确定是否留二茬瓜后再考虑每株的留瓜数。如果下茬为大葱、萝卜、大白菜或冬小麦等秋播作物，一般每株只留 1～2 个瓜；如果下茬为春播作物，则可陆续坐瓜，每株可结 3～4 个商品瓜。在每株选留 2 个以上瓜时，应特别注意留瓜方法，一般采用同时选留和错开时间选留两种方法。同时选留法就是在同一株生长健壮、势力均等的不同分枝上，同时选留 2 个以上瓜胎坐瓜，这种方法适合株距较大、密度较小、三蔓式或多蔓式整枝、肥水条件较好者采用。其技术要点是整枝时一般不保留主蔓，利用侧蔓结瓜，并注意同时不要在同一分枝上选留2个以上瓜胎。错开时间选留法就是在同一株上分两次选留2个以上瓜胎坐瓜，这种方法也叫留“二茬瓜”，适用于株距较小、密度较大、双蔓式整枝、肥水条件中等的情况。其技术要点是整枝时保留主蔓，在主蔓上先选留1个瓜，一般主蔓上的瓜成熟前10～15天再在健壮的侧蔓上选留1个瓜（在同一条侧蔓上只能留1个瓜），大型瓜在第一瓜采收前7～10天选留第二瓜胎坐瓜。

（三）西瓜人工授粉

1. 人工授粉的优越性 人工控制坐瓜节位。在良好的天气情况下，依靠昆虫传粉，虽然能够正常坐瓜，但却不能按照生产者的意志控制在一定节位上坐瓜，因而常常出现最理想的节位没坐住瓜，不理想的节位却坐了瓜的现象。采用人工授粉，则可避免坐瓜的盲目性，做到人工控制在最理想的节位上坐瓜。

（1）提高坐瓜率 人工授粉比昆虫自然授粉可显著提高坐瓜率。瓜农普遍反映，采用人工授粉后，不仅没有空秧（不坐瓜的植株），而且每株坐2个以上瓜的植株大大增加了。尤其是当植株出现徒长或阴雨天开花时，人工授粉对提高坐瓜率的效果更为突出。据试验，人工授粉比自然授粉在晴天无风时坐瓜率可提高10%左右，在阴雨天时坐瓜率可提高1倍以上（表4-5）。

（2）减少畸形瓜 在自然授粉情况下畸形瓜较多，而人工授粉则很少出现畸形瓜。这是因为花粉的萌芽除受气候条件的影响外，还与落到柱头上的花粉多少有关，落到柱头的花粉越多，花粉发芽越多，花粉管伸长也越快。由于1粒花粉发芽后只能为1粒种子受精，所以发芽的花粉粒越多，瓜内产生的种子数也就越多。同时，因为西瓜雌花每根柱头（花柱顶端膨大的部分，能分泌黏液接受花粉）又各自分为两部分，它们又分别与子房和胚珠相联系。所以，如果授粉偏向某一根柱头，或在某一根柱头上黏附的花粉较多时，种子和子房的发育也就会偏向于该侧，于是便形成了畸形

瓜。在通常情况下，自然授粉不仅花粉量较少，而且花粉落到柱头上的部位及密度也会不均匀；而人工授粉由于花粉量较多，且花粉在柱头上的分布密度也比较均匀，所以人工授粉的西瓜很少产生畸形瓜。

表 4-5 人工授粉对西瓜坐瓜的影响 （贾文海）

处 理	晴天无风			上午阴、下午1时30分降小雨		
	开花数	坐瓜数	坐瓜率(%)	开花数	坐瓜数	坐瓜率(%)
自然授粉	32	29	92.6	26	11	42.3
人工授粉	30	30	100.0	24	21	87.5

* 3月21日阳畦育苗，4月23日定植，覆盖地膜。三蔓式整枝，6月22日分别调查6月13日和17日2天的自然授粉和人工授粉坐瓜数。品种为鲁瓜1号，开花数系指调查株数中当日开放的雌花数目。

(3)有利于种子和瓜发育　科学实验和生产实践均证明，人工授粉的西瓜种子数量较多，并且种仁充实饱满，白籽、瘪粒较少。同时，子房内种子数量多的，瓜发育得也大。因此，人工授粉，尤其是重复授粉的西瓜显著增产。

(4)用于杂交制种和自交保纯　人工授粉可以人为地利用事前选择的父母本进行杂交，也可以将原种自交系或原始材料进行自交保纯。

2. 西瓜人工授粉方法　西瓜人工授粉时间性强，要求雌、雄花选择准确，授粉方法恰当。

(1)授粉时间　西瓜开花时间与温度、光照条件有关。西瓜花为半日花，即上午开放，下午闭合。例如，春播西瓜后，晴天通常在凌晨5时左右花冠开始松动，6时左右花药开始裂开散出花粉，上午花冠全部展开，至上午12时左右花冠颜色变淡，下午3～4时花冠闭合。这个过程的长短和开花时间的早晚，往往受当时气温条件的影响，气温高时，开花早，闭花也早，花期较短；气温低时，开花晚，闭花也晚，花期较长。由于上午7～10时是雌花柱头和雄花花

粉生理活动最旺盛的时期，因此此期是人工授粉最适宜的时间。晴天温度较高时，一般10时以后授粉坐瓜率就显著降低。授粉时，气温在21℃～25℃时，花粉粒的发芽最旺盛，花粉管的伸长能力也最强；气温在15℃以下或35℃以上时，花粉粒发芽困难；降雨天气时花粉粒吸水破裂而失去发芽能力，而且开花晚，授粉时间应推迟。因此，生产中西瓜适宜的授粉时间，晴天为上午7～10时，阴天为上午8～11时。同时，有人还测定出完成授粉受精的理想气温是21℃～25℃。

(2)雌、雄花的选择　人工授粉不是将每天开放的雌花与雄花全部授粉，而是当选留节位的雌花开放时，用一定品种当日开放的雄花进行授粉。生产中对雌、雄花的选择按以下要求进行。

①雌花　雌花的素质对果实发育影响很大，花蕾发育好、子房大、生长旺盛的雌花，授粉后容易坐果并可长成优质大瓜，其主要特征是果柄粗、子房肥大、外形符合本品种的形态特征、皮色嫩绿而有光泽、密生茸毛等。子房瘦弱短小、茸毛稀少的雌花，授粉后则不易坐瓜，即使坐瓜也难以发育成大瓜。因此，授粉时应当选择发育良好的雌花，一般主蔓坐瓜较早，侧蔓上的雌花为候补预备瓜。

②雄花　雄花主要是提供花粉，除选用健康无病、充分成熟、具有大量花粉的雄花外，还应根据人工授粉的目的选择雄花。如果人工授粉的目的在于提高坐瓜率和减少畸形瓜，那么除按预定坐瓜节位选择雌花外，可以就近选择当日开放的同株或异株、同品种或不同品种的雄花进行授粉。如果人工授粉的目的是杂交制种，那么雄花就应选择预定的父本当日开放的雄花，并且在父、母本的雄、雌花开放的前1天，将花冠卡住或套上纸袋。如果人工授粉的目的是自交保纯，则应选择同一品种或同株当日开放的雌花和雄花进行授粉，并且在该雌、雄花开放的前1天，将花冠卡住或套上纸袋。

(3)授粉操作 对于以生产商品西瓜为目的的瓜田，授粉时不必提前选花套袋，只要将当天开放且已散粉的新鲜雄花采下，用手捏住将花瓣向花柄方向一捋，然后将雄花的雄蕊对准雌花的柱头，全面而均匀地轻轻蘸几下，看到柱头上有明显的黄色花粉即可。对于以生产西瓜种子为目的的瓜田或植株，要在开花前1天下午巡视瓜田，选择翌日开放的父本的雄花和母本的雌花(此时花冠顶端稍现松裂，花瓣呈浅黄绿色)，用长约4厘米、宽约3毫米的薄铁片或铝片做成卡子，在花冠上部1/3处把花冠夹住。夹花时，防止夹得过重，以免将花瓣夹破；但也不可太轻，以免翌日早晨花冠开张时铁片脱落。以自交保纯或杂交育种为目的时，一般采用花器隔离(套袋)或空间隔离。夹好花(套袋)后，应在花梗处做好标记，以便第二天上午授粉时寻找。已选好的雄花，也可于下午4～6时连同花柄一起摘下来，插入铺有湿沙的木盘内，或放入玻璃瓶或塑料袋内，以备翌日授粉用。授粉时，先把雄花取下，除去花冠上的铁(铝)片卡子，或从盛放雄花的沙盘、玻璃瓶、塑料袋内取出雄花，剥掉花瓣，再用指甲轻碰一下花药，看有无花粉散出。若已有花粉粒散出，就将雌花上的卡子打开取下，使花瓣展开，然后拿雄花的花药在已经露出的雌花柱头上轻轻地涂抹几下，使花粉均匀地散落在柱头各处。授粉后，再将雌花的花冠用卡子夹好或套袋，并在花柄上拴1个授粉卡片或彩色塑料片做标记。

对于稀有珍贵品种或少量原种、自交材料等保种保纯的，可采用人工授粉方法，要求雄花是来自同一植株或同一品种的不同植株。

(4)人工授粉注意事项 一是授粉前，先熟悉西瓜的开花习性和花器构造，并熟练掌握人工授粉技术。二是授粉要认真操作，既要使大量花粉均匀地散落在柱头各处，又不要碰伤柱头。三是若遇阴雨天，要在雨前用小纸袋或塑料袋将待授粉的雌花和雄花分别罩住，勿使雨水浸入，雨后及时授粉。必要时，也可在雨伞等防雨工具的保护下，在雨天进行人工授粉。四是由于低温、阴天、徒长或其他原因，雄花往往推迟开花和散粉时间，生产中应经常观察，注意花粉散出时间，尽可能及早进行人工授粉，以免贻误授粉的良好时机。五是注意留瓜节位，尽量做到选留部位一致，使坐瓜整齐、成熟一致。

(四)侧蔓上瓜胎的处理　西瓜多数品种是主蔓结瓜能力强、坐瓜早、产量高，所以生产中一般以主蔓上留瓜为好。但在遇到下列 3 种情况之一时，可在侧蔓上留瓜。

1. 侧蔓留瓜的 3 种情况

(1)主蔓受伤　由于病虫危害或机械损伤，使主蔓丧失了继续健壮生长和正常结瓜的能力(如遭到小地老虎的蛀截或感染枯萎病等)，应及时控制主蔓生长，改在最健壮的侧蔓上留瓜。具体做法是整枝时，在原主蔓伤口以下剪去 3～4 节瓜蔓，将所留瓜蔓放于原侧蔓位置，而将选中的健壮侧蔓置于原主蔓位置，并固定住所留的瓜胎。

(2)单株选留多瓜　就是在每株上同时选留 2 个以上瓜的栽培法。具体方法是西瓜团棵后、第五片真叶展开时即进行摘心，促使侧蔓迅速伸出。然后在基部 2～3 条侧蔓上选留坐瓜，但每条侧蔓上只能留 1 个瓜。这种留瓜方法的优点是可以增加单位面积的瓜数，且瓜形整齐、成熟一致。缺点是瓜个较小，平均单瓜重量低。

(3)二次结瓜　主蔓上的瓜成熟前，在侧蔓上选留 1～2 个节位适宜的瓜胎继续生长(同一条侧蔓只留 1 个瓜)，而将其余的瓜胎全部及时摘掉。采用这种方法，应注意主、侧蔓上的瓜选留时间一定要错开，以免发生互相争夺养分的现象。生产中，一般是在主蔓上的瓜成熟前 10～15 天，再选留植株基部最健壮的侧蔓留瓜。这种方法选留的瓜，通常是第一个瓜较大(主蔓上)，第二个瓜较小(侧蔓上)。

2. 识别雌花能否坐住瓜的方法　开放的雌花无论是自然授

粉还是人工授粉，都不能保证100%坐瓜。识别西瓜雌花能否坐住瓜，对于及时准确地选瓜留瓜、提高坐瓜率，以及获得优质高产商品西瓜具有重要意义。识别西瓜雌花能否坐住瓜的主要依据有以下几点。

（1）根据雌花形态　参考本章“（一）西瓜瓜胎的选留”部分的相关内容。

（2）根据子房发育速度　能正常坐瓜的子房，经授粉受精后发育很快，授粉后的第二天果柄即伸长并弯曲，子房明显膨大，第三天子房横径可达2厘米左右。如果授粉后子房发育缓慢、色泽暗淡、果柄细而短，这样的瓜胎就很难坐住，应及时另选适当的雌花坐瓜。

（3）根据植株生育状况　西瓜植株生长过旺或过弱均不容易坐瓜，生长过旺时，蔓叶为生长中心，营养物质过分集中到营养生长方面，严重影响花果的生殖生长，表现为节间变长、叶柄细而长、叶片薄而狭长、叶色淡绿、雌花出现延迟，不易坐瓜；生长过弱时，蔓细叶小、叶柄细而短、叶片薄叶色暗淡、雌花出现过早、子房纤小而形圆，易萎缩而化瓜。

（4）根据雌花着生部位　雌花开放时距离所在瓜蔓生长点（瓜蔓顶端）的远近，也是识别该雌花能否坐住瓜的依据之一。据调查，当雌花开放时，从雌花到所在瓜蔓顶端的距离为30～40厘米时，一般均能坐住瓜；从雌花到所在瓜蔓顶端的距离为60厘米以上或15厘米以下时，一般均坐不住瓜。此外，雌花开放时，在同一瓜蔓上该雌花以上节位（较低节位）已坐住瓜时，则该雌花一般坐不住瓜。

（5）根据肥水供应情况　在雌花开放前后，肥水供应适当，就容易坐瓜；如果肥水供应过大或严重不足，均易造成化瓜。

3. 保胎护瓜措施　在识别能否坐住瓜的基础上，应主动采取积极措施，进行系统护瓜，以提高坐瓜率。主要措施是进行人工授粉;将该雌花前后两节瓜蔓固定住,防止风吹瓜蔓摩伤瓜胎;将其他不留的瓜胎及时摘掉,以集中养料供应所留瓜胎生长;于花前花后正确施用肥水,以保胎护瓜。在田间管理时对已选留的瓜胎要倍加爱护,防止踏伤及鼠咬虫叮,防止浇水时水淹泥淤。在采用上述措施后仍坐不住瓜时,应立即改在另一条生长健壮的侧蔓上选留雌花授粉,并根据情况采用保胎护瓜措施,一般均可坐住瓜。

4. 瓜胎清理方法 西瓜若任其自然坐瓜,1 株可着生 6～10 个幼瓜。生产中,为了提高商品率,保证瓜大而整齐,一般每株只留 1～2 个瓜。不留的瓜胎何时摘掉要根据植株生长情况和所留幼瓜的发育状况而定。一般来说,凡不留的瓜胎摘去的时间越早,越有利于所留瓜的生长,还可节约养分。但事实上,有时疏瓜(即摘去多余的瓜胎)过早,还会造成已留瓜的“化瓜”情况。在西瓜新种植区常常遇到不留的瓜胎已经全部摘掉,而原来选好的瓜又“化瓜”了的情况,如果等到新的瓜胎出现再留瓜,不仅季节已过、时间大大推迟,而且植株生长势也已衰弱,多数形不成商品瓜。但有些老瓜区接受了疏瓜过早的教训,往往又疏瓜过晚,不但造成许多养分的浪费,同时还影响了所留瓜的正常生长。

生产中适宜的疏瓜时间,应根据下列情况确定:①所留瓜胎已谢花 3 天,子房膨大迅速,瓜梗较粗,而且留瓜节位距离该瓜蔓顶端的位置适宜。②所留的瓜已褪毛后,即开花后 5～7 天,子房如鸡蛋大小,茸毛明显变稀。③不留的瓜胎应在褪毛之前去掉。

5. 护瓜整瓜 护瓜整瓜包括松蔓、垫瓜、曲蔓、翻瓜和荫瓜等。

(1)松蔓 松蔓即当果实生长到拳头大小时(授粉后 5～7 天),将幼瓜前后的倒“V”形卡子或秧蔓上压的土块去掉,或将压入土中的秧蔓提出土面放松,以促进果实膨大。

(2)顺瓜和垫瓜 西瓜开花时,雌花子房大多是朝上的,授粉受精以后,随着子房的膨大,瓜柄逐渐扭转向下,幼瓜若落入土块

之间，易受机械压力而长成畸形瓜，若陷入泥水之中 或沾污较多的污浆，会使果实停止发育而腐烂，因此应进行垫瓜和顺瓜。垫瓜即在幼瓜下面以及植株根际附近垫以碎草、麦秸或细土等，可防炭疽病及疫病病菌的侵染，使果实生长周正，同时还有一定的抗旱保墒和防病作用。顺瓜即在幼瓜坐稳后，将瓜下的地面整细拍平，做成斜坡形高台，然后将幼瓜顺着斜坡放置。北方干旱地区常结合瓜下松土进行垫瓜，当果实长至1～1.5千克时，左手将幼瓜托起，右手用瓜铲沿瓜下地面进行松土，松土深度约2厘米，并将地面土壤整平，一般松土2～3次。在南方多雨地区，可将瓜蔓提起，将瓜下面的土块打碎整平，垫上麦秸或稻草，使幼瓜坐在其上。

(3)曲蔓　曲蔓即在幼瓜坐住后，结合顺瓜将主蔓先端从瓜柄处向后曲转，并使其仍向前延伸，将幼瓜与主蔓摆成一条直线，然后顺放在斜坡土台上。用这种方法垫放幼瓜，从根部输入果实的养分、水分畅通而快速。对于行距较小、株距较大的瓜田，更有必要进行曲蔓。

(4)翻瓜和竖瓜　翻瓜即不断改变果实着地部位，使瓜面受光均匀，皮色一致，瓜瓤成熟度均匀。翻瓜一般在膨瓜中后期进行，每隔10～15天翻动1次。翻瓜时应注意：①翻瓜时间以晴天的午后为宜，以免折伤果柄和茎叶。②翻瓜时要看果柄上的纹路(即维管束)，通常称为瓜脉，要顺着纹路而转，不可强扭。③翻瓜时双手操作，一手扶住果梗，一手扶住果顶，双手同时轻轻扭转。④每次翻瓜沿同一方向轻轻转动，注意一次翻转角度不可太大，以转出原着地面即可。在西瓜采收前几天，将果实竖起来，以利果形圆正，瓜皮着色良好，即为“竖瓜”。

(5)荫瓜　夏季烈日高温，容易引起瓜皮老化、瓜肉恶变和雨后裂瓜，可以在瓜上面盖草，也可牵引叶蔓为果实遮阴，避免果实直接裸露在阳光下，这就是荫瓜。

第三节 西瓜高产优质高效栽培关键技术

一、西瓜高产栽培关键技术

(一)西瓜高产的主要因素

1. 密度较大 西瓜种植密度大,有效雌花数多,但密度越大,坐瓜率越低。因此,为了保持一定的坐瓜率,密度不可过大,掌握的原则是在不致引起徒长和空秧或化瓜的前提下,尽量增加密度。虽然由于密度的增加,会使平均单瓜重量减小,但是研究证明,产量与平均单瓜重之间没有密切的关系,有的年份平均单瓜重虽大,但产量增加并不多(相关系数为 0.1～0.4);有的年份平均单瓜重虽大,但产量反而减少(相关系数为 0.5～0.83)。这说明高产的首要因素是增加瓜数,其次是提高单瓜重量。因此,因稀植或缺苗而减产的部分,用增加单瓜重量的办法是不能弥补的。

2. 坐瓜率高 西瓜在一定的密度条件下,单位面积产量与采收瓜个数成正比,而采收瓜个数与坐瓜率也成正比。这就是说,在种植密度固定的条件下,坐瓜率越高,收瓜个数越多;在平均单瓜重基本固定的条件下,收瓜个数越多,单位面积产量就越高。西瓜提高坐瓜率的主要方法是人工辅助授粉、合理施肥和浇水。

3. 瓜个大 西瓜果实的发育状况是产量高低的关键之一。瓜发育良好,瓜个就大。瓜的发育状况最初应看子房的大小及瓜把的粗细和长短。通常认为,开花时子房大,瓜把粗而长的瓜发育快,最终瓜个也大。开花时子房小而圆,瓜把细而短的发育慢,最终瓜个也小。凡表现高产的西瓜,在开花后 5 天幼瓜即迅速发育,膨大较快。5～20 天期间瓜的横径每天增长量都很大,一般为 1.16～1.21 厘米。生产中为了获得高产,开花后 5 天应开始加大

肥水供应量，到花后 12 天，在短短的 1 周内可追肥 1～2 次、浇水 2～3 次。此外，西瓜果实生长发育盛期所持续时间的长短也与产量高低有密切关系，持续时间越长，瓜个越大，产量越高。

（二）西瓜高产的关键技术

1. 精选良种　一是要尽量选择当前国内外推广的综合经济性状优良又适合本地栽培的品种。二是要注意种子质量，特别是纯度、发芽率等。对品种成熟性方面，不能只注意全生育期，更应注意各生育时期的长短。对产量的评价应注意早期产量、商品产量、坐瓜率及平均单瓜重等。对品质方面，不仅要注意果实含糖量，还要注意到中边糖梯度、瓤质、风味和瓜皮厚度等。对抗病性则要特别注意抵抗炭疽病、枯萎病、病毒病能力的强弱。根据上述要求，西瓜高产栽培宜选用西农 8 号、红冠龙、开杂 12、美抗 8 号、郑抗 8 号、聚宝 3 号、华蜜 8 号、豫艺 2 000、陕农 9 号、华西 7 号、黑美人、京欣、双星及燕都巨龙王等品种。

2. 及早培育壮苗　早育苗是西瓜早熟高产的基础。西瓜营养钵育苗费工不多，却能节省种子，提早播种，集中育苗，易于管理，可培育壮苗，而且定植时还能按大小苗分别定植，使瓜苗生长平衡，生长势一致。大面积栽培采用营养钵育苗可做到壮苗早发，平衡增产，因而可提高总产量。

3. 覆盖栽培　因地制宜地选择地膜、拱棚或双膜覆盖栽培西瓜，具有提高土壤温度，减少土壤水分蒸发，保持土壤疏松，增强土壤微生物活动，改善土壤营养条件，防止肥料流失和促进瓜苗生长发育等作用，能够确保苗全、苗壮，从而使西瓜达到早熟、高产。目前，各西瓜产区凡采用地膜覆盖栽培的其增产效果都很明显，而且覆盖方法简便，成本较低，如采用 1 米宽的单幅地膜覆盖，每公顷只需 60 千克地膜。铺膜时可于植株的内侧铺 30 厘米、外侧铺 70 厘米，这样日后追肥时就不必破膜或揭膜了。覆盖前先栽植营养钵苗，然后在苗的两侧施复合肥，以供苗期生长之用。施肥后开始

铺膜，边覆盖地膜边开口将瓜苗扶出膜面，并用土将开口处封严压牢，以利于提高温度和防止冷风吹入而影响根系生长。双覆盖就是在地膜上再覆盖一层小拱棚以防霜冻，西瓜双膜覆盖栽培可以在清明节前定植，定植后生长迅速，拱棚可于立夏后拆掉。

4. 适当密植 西瓜产量的构成因素是单位面积株数、单株结果数和平均单瓜重量。在一定限度内，产量随着株数的增加而提高，但并不是栽植越密产量就越高。如果超过一定密度，不但不会继续增产，还会引起减产。这是因为栽植密度与品种、整枝方式、肥水用量、栽培方式及土质条件等有关，所以目前无法具体规定最适密度。这里只能大致介绍各类品种的密度范围：较早熟品种、双蔓式整枝，每 667 米^2 800 株左右；中熟品种、双蔓式整枝，每 667 米^2 700 株左右；晚熟品种、双蔓式整枝，每 667 米^2 500 株左右。西瓜密植总的原则是：在保持叶面积系数为 1.5～1.7 的前提下尽量增加株数，就会达到最适密度和最高产量。

5. 合理整枝 整枝是人为地调节植株生长势，控制叶面积，从而使营养生长和生殖生长协调进行的有效措施。整枝与栽植密度有直接关系，通过整枝去掉植株一些不必要的部分，使养分集中供应所保留的部分，因而使植株生长健壮，通风透光良好，有利于早熟、优质、高产。但如果整枝过重，就会造成单株叶面积过小，光合产物积累少，瓜个显著变小，即使密度大，总产量也不会太高，何况过密还会使坐瓜率显著下降。但如果整枝过轻或放任生长，则由于蔓叶过多，叶柄过长，叶质薄弱，功能叶片（具有较强光合作用能力的叶片）寿命短等，易使植株徒长、感病，坐瓜率降低，最终造成产量低、品质差。因此，生长势和分枝力强的品种以双蔓式整枝为宜，生长势或分枝力其中之一强的品种以三蔓式整枝为宜；每 667 米^2 900～1000 株时宜采用单蔓式整枝，700～800 株时宜双蔓整枝，500～600 株时宜三蔓整枝，500 株以下时可轻整枝或放任生长。生产中整枝应及时进行，如果等到应整掉的部分长大以后再行剪除，则不仅消耗了大量营养，更主要的是由于它的存在而影响了其他部位的正常生长。

6. 科学施用肥水　西瓜需肥量较大，特别喜欢有机肥和复合肥。露地栽培与覆盖栽培、旱地瓜栽培与水地瓜栽培肥水施用有很大的不同。目前各地栽培的绝大部分品种，多采用地膜覆盖水地瓜栽培，在施肥方面，应改变传统的多次追肥的露地栽培施肥法，减少追肥，增加基肥。基肥每667米^{2}可施土杂肥5000千克、棉籽饼或花生饼50千克、三元复合肥25千克、硫酸钾10千克，果实膨大期每667米^{2}追施尿素20千克、硫酸钾15千克。由于各地土壤肥力和施肥水平不同，也可按当地每667米^{2}总施肥量参照以下施用比例确定每次的用肥量：基肥占总施肥量的60%～70%，追肥占总施肥量的30%～40%，这种施肥比例产量最高。追肥可分1～2次追施：第一次在幼瓜褪毛后（约鸡蛋大），在植株一侧开沟追施，数量可占总追肥量的20%～25%；第二次在西瓜碗口大时，于植株另一侧开沟追施，数量可占总追肥量的10%～15%。

西瓜田浇水总的原则是看天、看地、看苗浇水，即根据天气、土质、土壤含水量及瓜苗需水情况确定是否浇水和浇水量的大小。一般原则是：水地瓜生态型品种如金甜宝、庆红宝、庆农5号及开杂5号等，坐瓜前浇水量小，浇水次数少；瓜褪毛后加大浇水量、增加浇水次数，每隔3～5天浇1次水，西瓜成熟前5～7天停止浇水。

此外，留瓜节位、人工授粉、病虫害防治和适时采收等与西瓜早熟、优质、高产也都有密切关系，应该引起注意。

二、西瓜早熟栽培关键技术

（一）早熟栽培的意义　根据我国北方大部分地区的气候特点，春播西瓜必须抓住“早”字，在适宜西瓜播种期间，尽量将播种

期提前，做到早播早管。西瓜适期早播所以能高产，是因为西瓜苗体内储藏物质的多少，与苗龄大小及苗期生长发育的环境条件有关。苗龄越大，苗期的生长条件越好，体内储藏的营养物质就越多，开花、坐瓜就越早，将来的产量也就越高，而且品质越好。坐瓜期间的气候条件对西瓜的产量和质量影响很大，开花期间阴雨天会影响授粉；坐瓜期间阴雨天会造成化瓜。整个西瓜生长发育期间阴雨天较多、日照不足，瓜的生长慢，而且雨水多西瓜的含糖量低，特别是在西瓜膨大盛期雨水多，会造成裂瓜，使质量大大降低。根据各自的气候条件，适期早播可以避开汛期，充分利用有利条件，使西瓜在降雨少、晴天多、气温不太高时开花授粉，以提高坐瓜率；使瓜膨大期正好在气温高、光照强、昼夜温差大时，以提高产量和品质。

(二)早熟栽培的措施

1. 选用早熟品种 可选用特小凤、红小玉、世纪春蜜、小天使、早佳、黑美人、极早蜜龙等早熟品种。西瓜早熟品种雌花坐瓜节位较低，而雌花开放至西瓜成熟的天数较少。例如，京欣3号雌花多数在8～9节，雌花开放坐瓜后28～30天便可成熟，故适于早熟栽培。

2. 大苗带土移栽 采用土块、营养纸袋或塑料钵育苗，培育成有3～4片真叶的壮苗，再定植于大田，这样生育期可提前10天左右，露地栽培可以提前到7月上旬收获。

3. 地膜覆盖栽培 大田定植后接着覆盖宽70～100厘米的地膜，可提高土壤温度，防止水分蒸发，保持土面疏松，促进土壤微生物活动，加速养分分解。因此，有利于西瓜的加速生长，提早坐瓜，增加产量。西瓜地膜覆盖栽培，种植行要略高于地面，以防止种植孔积水；畦面要整得平而细，地膜要绷得紧，使膜紧贴地面；种植时开口要小，四面及种植孔要压紧，并注意压蔓防风。

4. 棚室覆盖栽培 利用塑料棚室的增温保温作用，可以使西

瓜播种时间大大提早。而提早的时间则因棚室结构、规格及性能而异，一般来说温室早于大棚，大棚早于中棚，中棚早于小拱棚。现以最简易、推广最快的小拱棚覆盖栽培为例，简要介绍其早熟栽培。小拱棚是在种植畦上用竹竿架一个宽约120厘米、高约60厘米的拱架，其上覆盖塑料薄膜，以提高气温。据测定，3月上旬，晴天时温度可以提高8℃～10℃，阴天时可以提高2℃～3℃。小拱棚覆盖栽培，应提前至3月上中旬育苗，4月中旬定植有3～4片真叶的大苗，5月中下旬开花坐瓜，6月中旬开始采收。棚室覆盖栽培应加强栽培管理：适当密植，每公顷以种植15 000株为宜，以尽量利用棚内空间；采用双蔓整枝，加强理蔓和压蔓，使叶蔓分布均匀；注意温度的控制，前期应以保温为主，中后期晴天应争取多见阳光；夜间保温，阴雨天应覆膜防雨、保温；温度高、湿度大时，要适当通风，避免40℃以上的高温危害；坐瓜后应增施肥料等。

三、西瓜高效栽培关键技术

(一)延长西瓜上市供应期　过去按老传统栽培西瓜，一般都是春种夏收，上市时间多集中在7～8月份。近几年来，新的栽培技术不断涌现，不仅提高了西瓜的产量和品质，同时利用不同栽培方式，调节播种期，还可经济有效地延长西瓜上市供应期。

1. 塑料大棚上架栽培　山东省通常在1月上旬播种，3月上中旬陆续坐瓜，4月下旬开始上市。塑料大棚栽培西瓜，是早春西瓜生产中增产最显著、上市最早、经济效益最高的一种栽培方式。利用塑料大棚生产西瓜，一般可比露地直播提早70～75天上市，每667米^{2}产量可达6 000千克以上。但由于建造大棚投资较大、用工较多，发展受到限制。

2. 多层覆盖栽培　这种方式分为地膜加拱棚双覆盖和多层拱棚覆盖。山东省通常在2月下旬播种，4月下旬坐瓜，5月底至6月初上市。利用塑料薄膜双覆盖栽培西瓜，一般可比露地直播

提早 50～60 天上市，每 667 米^2 产量可达 5 000 千克。由于多层覆盖栽培投资比大棚少，上市早、收入高，所以目前发展较快。

3. 阳畦育苗移栽 即利用单斜面或拱形苗床覆盖塑料薄膜进行育苗，当幼苗长出 2～3 片真叶时定植到露地。山东省通常在 3 月中旬播种育苗，5 月下旬开始坐瓜，6 月下旬至 7 月上旬上市。西瓜阳畦育苗移栽，一般可比露地直播提早 30 天左右，每 667 米^2 产量 3 000～4 000 千克。由于阳畦育苗移栽设备简单，投资少，成本低，产量高，所以这种方式适于在许多地区采用。

4. 地膜覆盖直播栽培 即用 0.015～0.02 毫米厚的地膜沿西瓜植株行向紧贴地面进行全生育期覆盖栽培。山东省通常在 4 月中下旬播种，6 月上中旬坐瓜，7 月中下旬上市。地膜覆盖直播栽培西瓜，一般比露地直播可提早 10 天左右上市，每 667 米^2 产量 2 500～3 500 千克。由于地膜覆盖栽培方法简便易行，不需特殊设备，成本很低，经济效益较高，所以最近几年在我国各地发展极为迅速。

5. 麦茬栽培 即在小麦收获后立即灭茬整畦，浸种直播。山东省通常在 6 月上旬播种，7 月中旬开始坐瓜，8 月中下旬上市，每 667 米^2 产量 1 500～2 000 千克。麦茬栽培在春田较少而秋季较热的地区越来越受到重视，北方各地栽培面积逐年增加。

6. 秋西瓜栽培 也叫秋延后栽培。山东省通常在 6 月下旬至 7 月上中旬播种，8 月下旬至 9 月上旬坐瓜，10 月上中旬上市，每 667 米^2 产量一般为 1 500～2 000 千克。秋西瓜栽培是延长西瓜下半年供应期最有效的一种方式。由于秋西瓜贮藏期较长，如果配合贮藏保鲜技术措施，可使西瓜供应期延长至翌年春节前后。

(二)开发旱瓜栽培 旱作西瓜，有些地区也叫旱瓜栽培。通过种植业内部结构调整和推广瓜、粮、棉、油、菜、果、茶间套复种等措施，扩大西瓜栽培面积，是我国发展高产、优质、高效农业生产的一条有效途径。我国旱坡地面积约占总耕地面积的 68.3%，如果

能在旱坡地上种植西瓜，将可极大地提高我国农业整体经济效益。我国有较早的旱瓜栽培历史，但因旱瓜产量低，随着农田水利建设而逐渐放弃。近年来，由于水浇田面积逐年减少（菜田面积和城镇建设用地逐年增加），不少地方又把开发旱地瓜栽培提到了议事日程。旱地瓜栽培可提高西瓜品质（皮薄、瓤沙、味甜），但存在产量低、果形差的缺点。为了提高旱瓜产量，生产中要抓好以下几个环节。

1. 选择耐旱品种　我国许多优良地方品种大都具有很强的耐旱性，在生物学特性方面具有旱地瓜生态型的典型特征。旱瓜生态型的主要特点是植株生长势较旺，分枝力强，主根入土深，根系发达、呈菱形分布；叶裂深，叶片大；蔓粗壮、易生不定根；第一雌花出现较晚，坐瓜节位较高；瓜个中大或大型，瓜皮稍厚，种子较大；成熟期较晚，全生育期 110～120 天；抗旱性强，不耐湿。主要品种有西农 8 号、庆农 5 号、红冠龙、郑抗 8 号、华西 7 号和大江 2008 等。

2. 露地直播　西瓜根系生长迅速，组织脆嫩，再生能力较弱，移植时常造成伤根，影响幼苗正常生长。直播的西瓜根系发达，瓜苗较粗壮。西瓜露地直播以点播法为好，一般用锄或铁铲在瓜田正中按一定株距开穴，穴深 2～3 厘米、长 10～15 厘米。穴内浇满水，等水渗下后播 4～5 粒（水瓜栽培直播时每穴播 3～4 粒）种子，种子间距为 2 厘米左右，随播随覆土且轻按一下。播种时最好将种子平卧播种，这样不仅可以使整个种子所吸收的水分一致，而且上层土壤压住种壳，借胚茎基部向上突起的机械力，易使瓜种脱去种壳。旱地瓜直播需种量较多，每 667 米^2 用种子 200～250 克。

3. 整枝压蔓　旱作西瓜一般采用双蔓式整枝，即保留主蔓并自主蔓基部发生的一条粗壮的侧蔓作为副蔓，而在主蔓上留瓜。若株距较小，行距较大，以主、副蔓背向生长为宜；若株距较大，行距较小，则以主、副蔓同向生长为宜（主、副蔓一面倒）。在主蔓上留不住瓜时，可及早在副蔓上留瓜。除选留的主蔓、副蔓外，其余发生的各次分枝应随时摘除，以减少水分和养分的消耗。压蔓多采用暗压法，即用瓜铲沿瓜蔓延伸位置在地面开1条浅沟，然后将瓜蔓埋入沟内，并使叶柄露出地面。瓜蔓在土面可产生不定根，以增加抗旱性，并且可以防止风吹瓜蔓及摩伤幼瓜。

4. 加强中耕 旱作西瓜中耕很重要，除了使土壤疏松、通气性良好及清除杂草等以外，主要的作用是保墒防旱，促使西瓜根系扩大以提高吸收能力。瓜苗出土以后，要经常中耕松土，一般进行7～8次。最初用锄或瓜铲在瓜沟处稍锄深3～4厘米，将杂草锄掉，土块打碎，并将地面整平。随着瓜苗的生长和根系的扩展，松土深度渐浅。除每次雨后要进行中耕划锄以外，一般每隔5～6天划锄1次。当瓜蔓基本占满地面时，可结合拔草用铁铲将见光地面划锄一下。

5. 根外追肥 旱作西瓜根外追肥不仅可以提供营养元素，同时肥液中的水分被叶面吸收，从而增强植株的抗旱能力，防止叶片萎蔫。还可结合防治病虫害，在药液内加入0.3%尿素或腐熟人尿液进行根外追肥。根外追肥所施用的肥料主要有磷酸二氢钾、尿素、复合肥以及微量元素肥料等。喷洒时间最好在下午至傍晚前进行。

四、提高西瓜品质的主要措施

(一)影响西瓜品质的主要因素和关键时间 西瓜栽培除选用优质品种外，光照、温差、肥水等条件对西瓜品质均有重要影响。西瓜果实的发育期一般为30～40天，前20～25天主要影响产量，后10～15天主要影响品质。据笔者多年观察，决定西瓜品质风味的关键时期是果实成熟前15天左右至采收前2～3天。也就是说，子房(瓜胎)在授粉后的20天左右时间内，一切环境条件和栽培措施只能对果皮、胎座、种壳等组织的形成和膨大(亦即整个果

实的膨大）起决定作用，而此时果实组织特别是胎座和种子正处在迅速发育阶段，还没有储存、转化大量果糖的能力，故不能也无法影响果实品质。在果实发育到成熟前15天左右时，环境条件和栽培措施主要对果实品质起决定作用，而对其产量高低则影响甚小。

（二）提高西瓜品质的主要措施

1. 提高光合强度　西瓜甜度的高低主要是由蔗糖、果糖、葡萄糖等糖类的多少所决定的，而这些糖类的形成，都离不开光合作用。因此，提高西瓜植株的光合作用强度，通过一系列复杂的生理转化过程，输送到瓜里的蔗糖、葡萄糖、果糖等糖类的含量就会大大增加，从而使西瓜的甜度也会相应地提高。保持较高的光合作用强度，可以通过提高光照强度、延长光照时间和增加空气中二氧化碳含量3项措施实现，后两项措施在塑料大棚内容易做到，但提高光照强度则比较困难。延长光照时间可以通过人工补光（增挂300瓦或500瓦的太阳灯）来实现。增加二氧化碳的方法有两种：一是利用碳酸氢铵与稀硫酸反应，生成二氧化碳和硫酸铵。二是燃烧丙烷气，产生二氧化碳。

2. 减少氮素的供应比例　西瓜膨大后应减少氮素肥料的供应，适当增加钾肥用量，可在追膨瓜肥时，每株增施硫酸钾15～20克。特别要控制西瓜生长后期植株对氮素的吸收，一般应使氮、磷、钾的比例由抽蔓期的3.59∶1∶1.74改变为3.48∶1∶4.6。此期如果西瓜吸收氮素过多，会降低品质。这是因为瓜个已不再生长，多余的氮素在瓜内积聚反而使西瓜甜度和风味变坏。在此期间侧蔓增多就是氮素过多的特征。

3. 提高昼夜温差　白天温度较高可以提高光合作用，日落后降低大棚的温度，可降低呼吸强度，减少糖分的消耗，使更多的糖分储存到瓜中。因此，加大白天与夜间的温差，有利于糖类物质的积累，能提高西瓜甜度。新疆吐鲁番地区的瓜果之所以特别甜，就是这个原因。利用塑料大棚栽培西瓜，比露地栽培易于调节温度，

因而可以人为地加大棚内的昼夜温差。

4. 采收前控制浇水 在许多西瓜产区流传着“旱瓜甜”的说法，这种说法是有一定道理的。事实上西瓜采收前天旱无雨，西瓜确实较甜；若西瓜采收前遇到大雨，西瓜确实味淡不甜。西瓜的甜度，目前国内外采用的测量方法，多是用手持折光仪糖量计，测定瓜瓤汁液中可溶性固形物含量(浓度)。因此，西瓜含水量越高，西瓜汁液中可溶性固形物的浓度就越低，可溶性固形物的相对含量也就越少，所测出的数值也就越小。同时，用品尝法鉴定西瓜甜度时，也因含水量的多少而感觉的甜度也不同，一般含水量多的西瓜，吃起来甜味较淡；含水量少的西瓜，吃起来甜味较浓。所以，西瓜采收前4～5天停止浇水，可使西瓜甜度相对提高。

5. 选择优良品种 良种不仅是增产的重要条件，也是提高品质，提供不同果型、不同皮色、不同瓤色、不同风味和不同档次商品西瓜的主要措施。国内外西瓜育种家，为人类选育了大量高产优质的西瓜良种，生产中应根据实际情况选择适宜的优良品种。

第五章 西瓜栽培模式

第一节 西瓜露地栽培

一、露地春西瓜栽培技术

春西瓜栽培的关键问题是低温，生产中无论采用育苗移栽还是直播均要围绕增温保温采取措施。

(一)茬口安排 前作一般为玉米、大豆、花生等或非瓜类秋菜地。

(二)品种选择 露地春西瓜栽培应选择抗寒、耐低温、坐果性强的品种，如黑美人、早巨龙、地雷、改良京抗2号、京欣4号、红小玉等。

(三)栽培技术 见第四章相关内容。

二、露地夏西瓜栽培技术

(一)整地做畦 夏播西瓜的前作一般为小麦。小麦收割后，立即用拖拉机深耕一遍，耕深35厘米左右，再用圆盘耙耙2遍，然后每667米^{2}施3 000～5 000千克土杂肥作基肥。基肥可按行距1.7～1.8米，将肥料撒成50～60厘米的带状，用耘锄深耘2遍，使粪土混匀翻入土内。如果基肥施用饼肥或化肥，因用量较少，可用耧串施于栽种行内。施肥后做好标记，以便定植或播种时识别。夏播西瓜需注意排水防涝，应做成简易高畦。方法是先做成平畦，然后在离定植或播种行一侧约25厘米处开一条深15厘米、宽25

厘米的排灌水沟，西瓜种植于每条排灌水沟的两侧(图 5-1)。为了有利于排水、灌水，畦长可根据地形和坡度确定，一般为 20～30 米。瓜畦越长，排水灌水沟越应沟边直、沟底平，以利于排水和浇水。

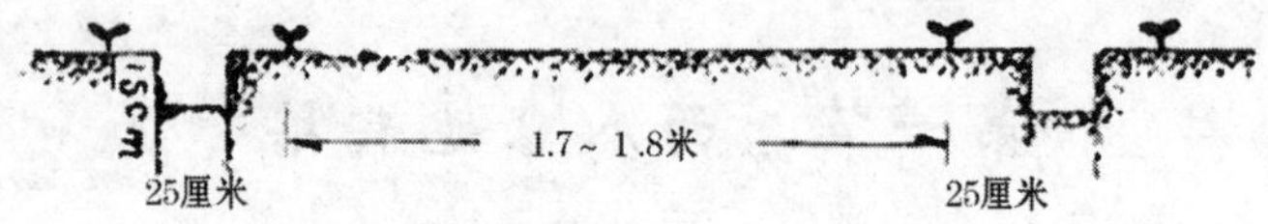

图 5-1　夏西瓜高畦示意图

(二)品种选择　露地夏西瓜应选择生育期短、抗病耐热的早熟品种，如甜美人、翠玲等，但往往产量较低。如果选用中熟品种，如西农 8 号、红冠龙、聚宝 3 号、郑抗 8 号等，则应采取提早育苗和提早坐瓜的相应技术措施。

(三)露地夏西瓜栽培技术要点

1. 高畦栽培　西瓜根系不耐淹渍，积水时间稍长就会引起烂根，造成死蔓。因此，要选择地势高、能灌能排的沙质壤土地块种植，采用高畦或起垄栽培。起垄栽培时，因单行栽培或双行栽培的不同，垄的规格大小也不同。单行栽培的垄背高 15～20 厘米，垄上宽约 15 厘米、底宽约 50 厘米，株行距 0.5 米×1.6 米或 0.4 米×1.8 米；双行栽培的垄背高 15～20 厘米，垄上宽约 50 厘米、底宽 60～80 厘米。株行距 0.5 米×3 米或 0.4 米×3.6 米。起垄栽培的好处：防止积水、土壤通透性良好、温度回升快且降温也快、会形成较大的昼夜温差、浇水时避免了根部积水、土壤不易板结等，这样既促进了西瓜根系的生长，又加快了地上部植株的生长发育，对瓜的膨大和糖分积累都非常有利。

2. 及时追肥　在基肥不足的情况下要及时追肥。在幼瓜鸡

蛋大时，每 667 米^2 可追施大量元素水溶肥或聚能双酶水溶肥 15～20 千克，或螯合复合肥 20～30 千克，或海藻生物有机肥 15～20 千克。起垄栽培的在株间穴施，高畦栽培的沟施或随水冲施。

3. 覆盖银灰色地膜 7～8 月份是气候多变的季节，特别是中大雨多、阴雨天气多，有时雨后骤晴强光暴晒。这个时期会造成土壤养分大量流失，土壤表层板结，透气不良，同时各种病虫害严重发生，对西瓜生长发育不利。覆盖银灰色地膜，既可稳定土壤墒情（既抗旱又防涝），又有避蚜和增加光照的作用，增强了西瓜的长势，减少了西瓜病毒病的发生。

4. 浇水和排涝 夏播西瓜因生长期间雨水较多，为防止植株徒长必须控制浇水和及时排涝。如果是露地直播栽培，夏播西瓜苗期要严格控制浇水。这是因这个阶段温度高、水分大，幼苗比成龄大苗更容易徒长。出苗后根据情况严格控制浇水，必须浇水时也要少浇，以控制秧苗生长速度，避免徒长。移栽定植的大苗也要做好雨后及时排涝，一般要求降雨时畦面不积水，雨停后沟内积水很快能排泄干净，以免积水时间过长，造成沤根、烂根。

5. 加强整枝打杈 夏播西瓜生育前期，即团棵至坐瓜前，处在高温高湿条件下，营养生长旺盛；生育后期，即瓜膨大至成熟期，温度开始下降，光照逐渐减少，这就必须采取合理的种植密度，并及时整枝打杈。可采取双蔓整枝，使生育前期蔓叶覆盖地面，以充分利用光能提高光合作用。在雌花开放阶段，如植株徒长、不易坐瓜，应在雌花前 3～5 片叶处把瓜蔓扭伤或扪尖，控制营养生长。坐住瓜后，营养生长过旺时，应把坐瓜的蔓在 10 片叶前打顶；如仍有徒长现象，把另一条瓜蔓的顶心也打掉，使田间始终保持良好的通风透光条件。

6. 采取人工授粉 夏播西瓜雌花节位高，花间隔大，不易坐瓜；遇到不良天气推迟坐瓜，导致成熟期推后，甚至不能成熟。要想在理想的节位上坐瓜，必须采取人工授粉的方法。如遇阴雨天气，花蕾要套袋防雨，授粉后继续套袋，以防雨淋后落花或化瓜。

7. 及时防治病虫草害　夏播西瓜病虫草害比春播西瓜种类多、发生早、来势猛、危害重，应特别注意预防，治早、治小。一般从子叶出土后即用2.5%溴氰菊酯乳油3 000倍液灌根，防治瓜地蛆、金针虫等地下害虫。从团棵至伸蔓，结合中耕、间苗等彻底清除田间杂草。伸蔓后结合整枝继续除草。

三、西瓜地膜覆盖栽培技术

（一）覆膜前的准备

1. 施足基肥　覆盖地膜一般在播种或定植以后进行，盖地膜前一定要施足基肥。由于地膜覆盖西瓜生长快、发育早，如果采用多次追肥的方法，既容易造成脱肥，又增加了地膜破损而不利于保墒增温，所以地膜覆盖西瓜应一次施足基肥。在整地做畦时，每667米^{2}沟施土杂肥4 000～5 000千克、穴施硝基磷酸铵30千克或磷酸铵40千克或螯合复合肥30～40千克。

2. 浇水蓄墒　地膜覆盖西瓜，由于土壤条件的改善，植株根系横向伸展快，80%的根群分布在0～30厘米深的土层内，因而不抗旱；加之地温较高，植株生长量增大，需水量也相应地增加，所以必须浇足底水。这样，不但能蓄造良好的底墒，而且还可使西瓜畦踏实，土坷垃细碎，有利于精细整畦和铺放地膜。

3. 精细整畦　为了使地膜与畦面紧密接触，达到增温的良好效果，铺地膜前必须将畦面整细整平，达到无坷垃、畦幅一致、排灌方便、流水畅通。要求畦面呈平垄状，畦宽180～200厘米，灌（排）水沟宽20厘米、深15厘米。沟外起埂，栽瓜苗的部位较宽，这样覆盖地膜后既防旱又防涝，而且受光面大，热量分布均匀。

（二）覆盖地膜

1. 地膜的选择　目前市售地膜有多种规格，厚度有0.02毫米、0.015毫米、0.008毫米；幅宽有60～70厘米、80～90厘米、

100～110 厘米等，如果覆盖宽幅的，最好采用双行栽植（播种）。由于西瓜行距较大，幼苗前期生长又慢，所以生产中一般不选用过宽幅的地膜。有白色地膜、银灰色地膜、黑色地膜、黑白条带地膜，还有降解地膜和无滴地膜，可根据西瓜的种植方式、栽培季节和使用目的（保温、透光、避蚜、防草）等进行选择。

2. 覆膜方式与方法　西瓜覆盖地膜的方式有多种，可因地制宜地选用。

（1）平畦单行种植和双行种植覆膜方式　畦宽 180～200 厘米，灌排水沟宽 20 厘米、深 15 厘米，在沟边起垄种植西瓜。单行种植的，西瓜苗呈直线排列，可选用 60～70 厘米宽的地膜，或50～55 厘米宽的地膜（即 100～110 厘米宽地膜的半幅）。双行种植的，西瓜苗呈三角形排列，可选用 80～90 厘米宽的地膜。地膜沿灌排水沟顺垄覆盖。

（2）小高垄单行种植和双行种植覆膜方式　单行种植的，可选用 60～70 厘米宽的地膜。双行种植的，可选用 100～110 厘米的地膜。地膜以垄顶为中心线顺垄覆盖。

（3）覆盖地膜时间　覆盖地膜可与栽苗或播种同时进行，也可早覆盖 4～5 天，以利于提高地温和保墒防旱。

（4）覆盖方法　覆盖地膜时，先沿种植行两边，分别在短于地膜 10 厘米处开挖一条小沟，然后将地膜在种植行的一头放正，将地膜展平、拉直，使地膜紧贴地面或垄面，然后将地膜用土压入挖好的小沟中并踏实，防止地膜移动。为防止地膜被风吹动，可每隔 2～3 米压一锨土。注意地膜一定要拉紧、铺平、封严，尽量做到无皱褶、无裂口，若出现裂口，要及时用土封严压实。最后，将地膜周边用土压住 10 厘米左右，要压紧压严。

直播西瓜，当子叶出土时，应及时在出苗部位开割出苗孔。育苗移栽西瓜，在定植时按株距随时开割定植孔。为了尽量使孔口小些，直播出苗孔可割成一字形，育苗移栽的定植孔可割成十字形，并于出苗或栽植后随时将孔用土封严。

3. 覆膜应注意的问题

（1）施足基肥，浇足底水　为了保持覆盖地膜的作用，尽量减少地膜破孔，苗期追肥和浇水次数应减少。可在播种或定植前一次施足基肥、浇足底水，使苗期营养充足，墒情良好。

（2）整畦要精细　整畦质量与地膜平整及保温保湿效果关系很大。如果畦面有土块、碎石、草根等，铺膜就不易平整，而且容易造成地膜破损。要求西瓜畦耙细整平，将铺地膜部位的土面上所有土块、碎石、草根等一律清除干净。

（3）注意防风　春季风沙大的地区，应采取防风措施，以免风吹翻地膜。除将地膜四周用泥土严密封压住以外，覆盖地膜后还应沿西瓜沟方向每隔 3～5 米压一道“镇膜泥”（压住地膜的条状泥土）。有条件的也可在瓜沟北侧迎风架设风障或挡风墙，这样不但可以防风，还有防寒的作用。

（4）改变栽植和整枝方式　为了经济有效地利用地膜，除应适当密植外，栽植和整枝方式也应改变。栽植密度可加大至每 667 米^2 800～900 株。如果覆盖整幅地膜（80～100 厘米），以双行三角形栽植（播种）为好。即第一行靠近排灌水沟沿栽植、株距 60 厘米，第二行离第一行 20 厘米并与第一行平行栽植，株距也是 60 厘米，但两行植株应交错栽植（播种），使株间呈三角形。如果覆盖半幅地膜（40～50 厘米），可单行种植，株距以 50 厘米为宜。双行栽植（播种）的，可采用双蔓整枝、单向两沟对爬；单行栽植（播种）的，可采用三蔓式整枝、单向两沟对爬。

（三）综合管理措施　西瓜地膜覆盖栽培的目的在于提早上市，延长供应期，增加产量和产值，为此生产中要采取综合管理措施。

（1）适期播种或移栽　地膜覆盖栽培西瓜，如果采用育苗移栽方式，应尽量早育苗。可于惊蛰后（3 月上旬）先在温床或阳畦育

苗，当幼苗长出4片真叶时再移栽到大田中，边定植边覆盖地膜，并注意及时将地膜上的定植孔用泥土封严。如果采用直播方式，应推迟播种时间，以当地终霜前5～7天播种为宜。这是因为直播式一般在播后覆盖地膜，子叶出土时即需要在每株上方的地膜上开出苗孔，如果播种过早，幼苗在终霜前露出地膜，就容易遭受霜冻；在终霜前幼苗已经出土，若不开出苗孔，由于地膜压力会使幼茎折断，而且子叶顶着地膜，有阳光时还容易烤苗。因此，生产中直播西瓜若播种期掌握不当，幼苗在终霜前已出土，则必须采取防霜措施（如用苇毛、泥碗、纸帽等覆盖瓜苗）。

(2)改革瓜畦　目前有些种植者，西瓜覆盖地膜栽培仍采用传统的龟背式瓜畦，盖膜效果不够显著。这是因为龟背式瓜畦在地面形成一定坡度，距瓜根越远地势越高，而西瓜根系是垂直和水平分布的，所以地面位置越高西瓜根系离地面越深。但地膜的增温效果是地表增温最高，越往下层增温效果越小。改成平畦覆膜，使西瓜根系特别是水平根系接受地膜增温比较均匀。同时，龟背式畦不易铺平地膜；即使铺得很平，由于畦面有弧度，也会反射掉一部分太阳光。

(3)改进压蔓技术　西瓜地膜覆盖栽培，不可采用开沟压蔓方式，以免地膜破损过大，影响增温保温效果。可用10厘米长的细树条折成倒"V"形，在叶柄后方卡住瓜蔓，穿透地膜插入土内。这样，既能起到固定瓜蔓的作用，又大大减少了地膜的破损面积。瓜蔓每伸长40～50厘米固定1次，直到两沟瓜蔓相互交接为止。

(4)增加留瓜数　由于地膜覆盖西瓜生长较快，生育期提前，因而每株可先后选留2个果实。一般先在主蔓上选留第二个雌花坐瓜，作为第一个果实；第一个果实褪毛后，在追施膨瓜肥、浇膨瓜水时，再在生长比较健壮的一条侧蔓上选留1个雌花坐瓜，作为第二个果实。

(四)一膜两用技术　西瓜地膜覆盖栽培，由于方法简单易行，

成本低，效益高，全国各地发展极为迅速。山东省瓜农在西瓜地膜覆盖栽培中创造了一膜两用新方法，即播种后至幼苗5～8片真叶期，使地膜相当于育苗时覆盖的薄膜用，5～8片真叶展开后作地膜用。采用这种一膜两用方法，不用另设苗床即可提早播种，减去了育苗及移栽程序，节约人力物力，且瓜苗不伤根，生长健壮。具体方法：在播种前挖深15厘米、底宽20厘米的瓜畦，畦北沿垂直向下，畦南沿向外倾斜呈30°角，以减少遮光面积。播种后，在畦的两侧沿每个播种穴的上方插一根拱形树枝(用以支撑地膜)，然后在其上覆盖地膜。当幼苗长至5～8片真叶时，在瓜苗上方将地膜开1个十字形口，将瓜苗露出地膜，并将拱形树枝取出，使地膜接触畦面，再将地膜开口处和其他破损处用土封好压住。

此外，还有一种方法是在做西瓜畦时，先挖东西走向深40～50厘米、宽40厘米的丰产沟。平沟时，结合施用基肥，将翻于沟南侧的土填回沟内；翻于北侧的土留在原处，以阻挡北风侵袭瓜苗，同时可作为支撑地膜的“北墙”。做瓜畦时，将播种行整成宽20～30厘米的平底畦，畦底面距北侧地面的深度为15厘米左右，距南侧地面的深度为6厘米左右。播种后每穴上插一根拱形树枝，拱高20厘米左右，然后在其上覆盖地膜。当瓜苗长至5～8片真叶时，在膜上开十字形口放苗出膜，并去掉拱形树条，将地膜覆盖于地面。

四、西瓜地膜+小拱棚双膜覆盖栽培技术

用0.015毫米厚的塑料薄膜作地膜，用0.1毫米厚的塑料薄膜作小拱棚膜，进行地膜+小拱棚双膜覆盖栽培，可使西瓜的上市时间更加提前，比普通露地栽培西瓜成熟期提前30～40天，比单纯地膜覆盖栽培西瓜提前15～20天。

(一)双膜覆盖栽培应注意的问题 地膜+小拱棚双膜覆盖西瓜栽培，其管理技术除和地膜覆盖西瓜栽培技术相同以外，还需注

意以下问题。

1. 早播种，早育苗　地膜十小拱棚双膜覆盖栽培西瓜，比单用地膜覆盖播种或育苗时间应提早。如果利用阳畦育苗，可在2月中下旬播种；如果直播，可在3月上旬播种。育苗或直播时间比露地栽培提前40～50天。

2. 移栽盖膜　移栽前5～7天先用厚0.015毫米、宽0.9米的地膜将西瓜畦盖住，使地面得到预热。苗龄为30～35天时，选择晴天的上午揭开地膜，在排灌水沟上沿每隔40～50厘米开1个深10厘米、直径12厘米的定植穴，将育成的西瓜大苗栽植于穴内。栽后浇透水，封好埯，将畦面整平，重新盖好地膜。覆膜时，在地膜上对准有西瓜苗的位置开十字形小口，使瓜苗露出地膜外，再用细土将定植孔封严。地膜要拉紧拉直，紧贴地面铺平，四周边缘用泥土压牢封好。然后用1.5米跨度的竹片或杨槐枝，在瓜畦两侧每隔50～60厘米插1个和瓜畦相垂直的弓子，最后在弓架上覆盖厚0.1毫米、宽1.6～2米宽的塑料薄膜即成小拱棚。将棚膜拉紧，四周边缘用泥土压牢，春季风多风大的地方，可沿拱棚顶部和两侧拉3道细铁丝固定，以防风固棚。为便于通风管理，每个拱棚以长25～30米、高50～60厘米为宜。

3. 拱棚管理　定植后3～5天、瓜苗开始生长新叶时，可在晴天的上午9时至下午3时打开拱棚两端通风换气。前期管理主要是预防寒流冻害，夜间可加盖1～2层草苫保温，以棚内温度不低于16℃为宜。早春寒流多降温剧烈，风大且持续时间长，要加厚拱棚迎风面的覆盖物，以挡风御寒。覆盖物要用绳固定，防止被风卷走和吹翻。寒流过后气温回升较快，应逐渐揭去覆盖物，白天增加光照，并从棚两端开通风口进行通风换气散湿。随着外界温度的升高，通风时间应逐渐延长，并在背风面增加通风口，白天温度保持28℃～30℃。后期要防止高温灼伤幼苗和通风过急“闪苗”，中午棚内温度较高时，切勿突然通大风，以免温度发生剧烈变化。

可在向阳面盖草苫遮阴，以防温度继续升高。立夏后当外界温度稳定在18℃以上时，可将小拱棚撤除。

4. 整枝留瓜 双膜覆盖西瓜栽培宜选用早中熟品种，每667米^{2}栽植800～1 000株，采用双蔓或三蔓式整枝，留主蔓第二雌花坐瓜。双膜覆盖西瓜于4月下旬或5月上旬进入开花盛期，此时仍有低温天气，且地面昆虫活动少，靠自然授粉坐瓜率低，因此应在早上6～8时大部分雌花开放时进行人工辅助授粉，以提高坐瓜率。双膜覆盖西瓜在拱棚内伸蔓，一般无风害，不需要插枝压蔓，只需把瓜蔓引向应伸展的方向或顺垄伸展即可。但要防止因瓜蔓拥挤生长、卷须缠绕，损坏瓜叶。撤除拱棚后将瓜蔓拉出，进行压蔓固定，同时将幼瓜也轻轻拿入坐瓜畦内。之后开始浇水追肥，加强管理，促瓜迅速膨大。头茬瓜收摘后，要及时选留二茬瓜，并做好标记，加强管理，二茬瓜很快长大。

(二)西瓜双膜覆盖栽培技术要点

1. 选用高产抗病品种 适合双膜覆盖栽培的西瓜品种有京抗二号、西农10号、郑抗8号、大江2008、开杂12号、京欣系列等优良品种。

2. 电热温床培育壮苗 在棚室内用电热温床培育大规格壮苗，方法是播种前在苗床铺设电热线，制作电热温床；播种后先在畦面平盖一层地膜，再在苗床上搭棚覆膜，然后接通电源进行加温，夜间加盖草苫。播种6～7天后，如果不出现寒流和阴天，就不用通电加温了。幼苗出土时立即撤掉地膜，并开始小通风，苗床温度白天保持20℃～25℃、最高不超过30℃，夜间保持17℃～18℃、最低不低于15℃。随着瓜苗生长和外界气温逐渐升高，逐渐加大通风量并延长通风时间，白天温度保持25℃～28℃、夜间15℃～18℃。为了锻炼瓜苗，移栽前5～7天适当加大通风口并延长通风时间，夜间逐渐减少覆盖物。移栽前2～3天，叶面喷施0.2%磷酸二氢钾溶液和50%多菌灵可湿性粉剂1 000倍液。

3. 施足基肥，合理追肥　双膜覆盖西瓜，由于不便早期追肥（避免追肥时破膜），所以应有充足的基肥。一般结合填丰产沟，每667米^{2}施优质圈肥4 000～5 000千克、硝基磷酸铵25～30千克或硝酸磷肥30～40千克。也可在栽植前，每穴施磷酸三铵20～30克或复合肥30～50克，与穴土充分拌匀。追肥可分2～3次进行，第一次在团棵期，每667米^{2}追施螯合复合肥15～20千克或双膜缓控释肥15～18千克。第二次在头茬瓜坐住后、幼瓜长到鸡蛋大小时，每667米^{2}追施螯合复合肥15～20千克或聚能双酶水溶肥10～15千克。第三次在头茬瓜收获后，每667米^{2}穴施多肽尿素15～20千克。

4. 及早移栽，合理密植　双膜覆盖西瓜应尽量早移栽定植。移栽前2～3天先用地膜覆盖地面，以提高定植畦地温。为了经济有效地利用地膜和薄膜，最好采用双行密植栽培。移栽定植时，在已整好的西瓜定植畦上，按行距20厘米、株距50厘米进行双行交错三角形栽植。每栽完一畦后立即将地膜重新铺平，并将栽植孔周围用土封严。整个瓜田定植完毕，扣好拱棚膜，夜间加盖草苫保温。西瓜伸蔓后，采用单向整枝，使每畦的两行瓜蔓分别向相反的方向伸展。

5. 提高瓜苗定植质量　双膜覆盖栽培西瓜一般3月底至4月初定植。据山东省历年来的气象资料，3月下旬常有较强的寒流，移栽定植要在寒流过后、天气转暖时进行。一般采用穴栽法，即按株距40～45厘米开定植穴，将苗栽于穴中，四周覆土并轻轻压实，然后浇水，水渗下后封堰。栽好后开孔引苗覆盖地膜，并扣好拱棚。

6. 小拱棚通风控温管理　瓜苗移栽后，一般3～5天内通小风。如遇低温天气，夜间要加盖草苫。缓苗后，随着气温的升高，逐步加大通风量并延长通风时间，白天畦温应保持在25℃～30℃，最高不超过35℃。遇寒流天气，夜间要加盖草苫防寒保温。

5月上中旬，随着外界气温的升高，可将小拱棚逐渐撤除，但地膜不要去掉。

7. 搞好人工授粉 双膜覆盖栽培西瓜开花较早，昆虫活动较差。同时，因夜温较低，花粉不易散落，所以必须进行人工授粉，以提高坐瓜率。

8. 巧留二茬瓜 双膜覆盖栽培西瓜一般于6月中下旬收获。头茬瓜收获后，山东等地高温多雨季节尚未到来，这时西瓜植株仍保持较多的功能叶，可供二茬瓜生长。所以，当头茬瓜收获前10～15天，可在生长健壮的侧蔓上及时选留二茬瓜。二茬瓜也要进行人工授粉，在采收头茬瓜时应注意保护二茬瓜的幼瓜，防止机械损伤。头茬瓜采收后，立即追肥浇水，并清理病叶残蔓，促进二茬瓜的生长。

第二节 西瓜设施栽培

一、小拱棚西瓜栽培技术

小拱棚西瓜栽培，品种选择、播种育苗、整地施基肥，做畦及定植等技术同露地春西瓜栽培。

(一)扣棚 小拱棚的拱架一般用竹片、细竹竿、棉槐(紫穗槐)条等做成。沿畦埂每隔1～1.2米插1根，拱高80～100厘米，拱宽同畦宽。每个拱棚的拱架要插得上下、左右对齐，为使拱架牢固，还应将拱顶和拱腰用细竹竿或8＃铁丝串联成一体。搭好拱架后立即覆棚膜，目前应用较多的是长寿无滴膜，可根据畦宽和棚高选择适宜的幅宽。覆膜应在无大风时进行，棚膜四周用土压紧，较宽、较高的拱棚还要在拱顶和拱腰拉压膜线(绳)。

(二)扣棚后的管理

1. 温度管理 定植后为促进缓苗，一般5～7天内不通风，如

遇晴天中午棚内温度超过35℃时可采取遮阴降温。缓苗后及时通风，特别是中午前后要注意通风降温，使棚温保持在25℃～30℃，最高不要超过35℃。通风方法是在背风面开小通风口，通风口位置要逐次更换，并且随气温的升高，逐渐增大通风口、延长通风时间，以达到降温排湿和改善通风透光条件。

2. 整枝理蔓与留瓜　小棚西瓜为增加种植密度，提高产量，大多采用双蔓整枝方法。伸蔓后及时理顺棚内瓜蔓，使其分布合理。当夜间也不需要覆盖时即可撤棚，撤棚时将瓜蔓引出棚外。当蔓长达60厘米以上时，进行正式的整枝理蔓，采用双蔓整枝，除主蔓外每株选留1条长势健壮的侧蔓，多余的侧蔓及早去掉。一般选留主蔓第二或第三雌花坐果，主蔓坐不住瓜时可选留侧蔓雌花坐瓜。坐瓜节位之前的多余侧枝及早去掉，而坐瓜节位之后的几节侧枝可留3～6片叶打顶。

3. 追肥浇水　在施足基肥、浇足底水的情况下，苗期一般不需追肥浇水。坐瓜后，结合压蔓每667米^{2}施用发酵的饼肥25千克、多肽尿素10千克或磷酸二氢钾20千克或多肽缓控复合肥15～20千克，施肥后浇1次水，瓜农称为坐瓜肥、促蔓水。当果实超过碗口大时，追1次膨瓜肥，一般每667米^{2}施聚能双酶水溶肥或靓果高钾水溶肥15～20千克，或螯合复合肥20～30千克，并浇足膨瓜水。此后，视天气情况，除降雨外，一般每隔3～5天浇1次膨瓜水，直至采收前5天停止浇水。

4. 人工辅助授粉　人工授粉时间是每天上午7～11时，方法是将当天开放的雄花花粉轻轻涂抹在拟选留瓜节位刚开花的雌花柱头上。操作时注意授粉要周到均匀，以免出现畸形瓜。

5. 病虫害防治　拱棚西瓜栽培，易发生鼠害以及蝼蛄、蚜虫、红蜘蛛等虫害，病害主要有炭疽病、蔓枯病、白粉病、病毒病。防治病虫害应坚持预防为主、药剂防治为辅的原则。防鼠害可用商品灭鼠药随发现随防治。杀蝼蛄可用辛硫磷拌炒出香味的麦麸或玉米面，按 1 份药加 5 份水拌 15 份料的比例混成毒饵，播种后或定植后撒于地表。

二、大棚西瓜栽培技术

(一)品种选择 塑料大棚西瓜早熟栽培应选用极早熟、早熟、中早熟或中熟品种的中果型品种，并要求品种应具有低温伸长性和结瓜性好、较耐阴湿环境、适宜嫁接栽培、优质、丰产、抗病等特性。适宜大棚栽培的有籽西瓜品种有特小凤、红小玉、特早世纪春蜜、早佳、黑美人、早红玉、美抗 9 号、冰晶、小兰等。适宜大棚栽培的无籽西瓜品种有黑蜜 2 号、雪峰无籽 304、丰乐无籽 3 号、花露无籽、翠宝无籽、黄露无籽等。

(二)扣棚整地 为使大棚内土壤提早解冻，及时整地和施肥，确保适时定植，应提前扣棚(覆盖地膜)整地，以提高地温。棚地有前茬作物或准备复种一茬作物时，可提前 30～45 天扣棚；没有前茬作物的提前 15～20 天扣棚即可。扣棚前结合耕地每 667 米^{2}施土杂肥 4 000～5 000 千克。扣棚后，随土壤的解冻进行多次翻耕，翻耕深度达 30～40 厘米，并使粪土混匀，以利于提高地温。将土壤整细后，按 1 米行距做高畦或大垄。

(三)闷棚定植 定植前 3～5 天扣棚，以提高地温。如果是连续栽培多茬的旧棚则需再提前 5～7 天扣棚消毒和高温闷棚。定植前 1～2 天用塑料袋灌满水，放置于大棚内，提高水温，备作定植水。定植前，按株行距开定植穴，每穴施适量复合肥。定植时，先将嫁接好的瓜苗植于穴内，使土坨表面比畦面略高(用塑料钵育苗者，应先脱钵)，封掩时先封半穴土，轻轻将瓜苗稳住，然后浇足定植水，待水渗下后封穴。封穴时，用手轻轻按实土坨周围即可，不要挤破土坨和碰伤瓜苗。瓜苗定植后，沿行向在瓜苗周围喷施除草剂，随即覆盖地膜，并在垄面上插小拱架并覆膜。由于棚内无风，小拱架可采用棉槐条或其他细小树枝简易搭成，棚膜也不必压牢，以便昼揭夜盖。

（四）田间管理

1. 温度管理 大棚温度的变化，一般是随外界气温的升高而增高，随外界气温的下降而下降，存在着明显的季节温差，尤其是昼夜温差更大。越是低温季节，昼夜温差越大，而且昼夜温差受天气阴晴影响很大。西瓜性喜高温强光，在温度高、光照好的条件下同化作用强，而且良好温光条件保持时间越长，西瓜生长越好，产量也越高。由于棚温受外界气温影响大，且昼夜温差也较大，有时夜间棚温仅 14℃，而晴天中午最高温可达 45℃以上，因此生产中应注意防止夜间低温，控制午间高温。管理原则是春季栽培多采用开天窗通风和设边门膜的方法调节温度。秋延后大棚栽培，进入 9 月下旬后天气渐凉，又正逢西瓜膨大期，要注意补修棚膜，采取晚通风、早闭棚的方法，千方百计提高棚温，以促进晚茬瓜及早成熟。

山东省春季棚温为 15℃～36℃，最高可达 40℃以上，夜间棚温变化与外界气温的变化基本一致，通常棚温比露地高 3℃～6℃。因此，大棚西瓜栽培，日出前要加强覆盖保温，在上午 12 时至下午 1 时要加强通风，夜间覆盖草苫，使棚温白天保持在25℃～35℃、夜间 15℃～20℃。

2. 湿度管理 棚内空气湿度的变化，一般随棚温的升高而降低；随棚温的降低而升高。晴天和刮风天空气相对湿度较低，阴天和雨雪天相对湿度较高。棚内绝对湿度，随着棚温的升高而增加。棚内水蒸气，因土壤水分大量蒸发和西瓜叶面蒸腾而成倍增加，中午水汽含量是早晨的 2～3 倍。到下午 5～6 时时，由于通风和气温的下降，棚内水汽含量减少。在棚内空气相对湿度为 100%的情况下，可通过提高棚温降低相对湿度，如棚温在 5℃～10℃时，每提高 1℃，空气相对湿度降低 3%～4%。西瓜生长发育的适宜空气相对湿度白天为 55%～65%、夜间为 75%～85%，棚内空气湿度和土壤湿度是相互影响的，可通过浇水、通风和调节棚温等措施，调控棚内湿度。

3. 光照管理 棚内光照条件因部位、季节、天气及覆盖情况等不同有很大差异。从棚室不同部位看，光照强度自上而下逐渐减弱，如棚上部为自然光照的61%时，棚中部距地面150厘米处的光照为自然光照的34.7%，近地面的光照为自然光照的24.5%。棚架越高，棚内光照垂直分布的递减越多。东西走向的拱圆大棚，上午光照东侧强、西侧弱，下午光照西侧强、东侧弱，南北两侧相差不大。此外，双层膜覆盖比单层膜覆盖受光量减少40%～50%；立柱棚比少立柱或无立柱棚遮光严重；尼龙绳作架材比竹竿作架材遮光少等。棚膜对受光的影响，主要是老化薄膜和受污染的薄膜透光差，无水滴膜（微孔膜）比有水滴膜透光强等。及时清除棚膜上的尘土和污物，是增强透光性的主要措施。

4. 气体调节 棚内二氧化碳浓度的变化通常是夜间高、白天低，特别是在西瓜蔓叶大量生长时期，白天光合作用消耗大量二氧化碳，使棚室内二氧化碳含量大幅度降低。所以，在大棚密闭期间，棚内增施二氧化碳气肥，能够提高西瓜光合作用强度，提高产量。利用碳酸氢铵和工业硫酸反应，生成硫酸铵和二氧化碳，是目前我国生产中采用的最简便、最经济、最适宜大面积推广的一种方法。具体方法是在667米^{2}的大棚内，均匀地设置35～40个容器（可用泥盆、瓷盆、瓦罐或塑料盆等，不可使用金属器皿）。先将98%工业硫酸和水按1∶3的比例稀释，并搅拌均匀。稀释时应特别注意，一定要把硫酸往水里倒，而绝不能把水往硫酸里倒，以免溅出酸液烧伤衣服或皮肤。再将稀释好的硫酸溶液均匀地分配到容器中，一般每个容器盛0.5～0.75千克溶液。然后每天在每个盛有硫酸溶液的容器内加碳酸氢铵90克（40个容器）或103克（35个容器）。一般加1次硫酸溶液可供3天加碳酸氢铵之用。二氧化碳气肥最好在西瓜坐瓜前后施用，晴天时，日出后30分钟，

棚内二氧化碳浓度开始下降，只要光照充足、气温在15℃以上即可施用二氧化碳气肥。有条件的可以采用二氧化碳发生器。

5. 肥水管理 大棚西瓜栽培，由于有棚膜覆盖，保湿性能较好，而且水分蒸发后易使棚内空气湿度增大，故不宜多浇水。但在遇到连阴雨天气，要适当浇水，以免出现棚外下雨棚内旱的现象。追肥的施用与露地春西瓜栽培相同。

但是西瓜在高度密植、1株多瓜的情况下，仅施基肥和一般追肥是不够的，应每采收1次瓜追1次肥，做到连续结瓜采收、连续追肥。一般于每茬瓜膨大前期每667米^{2}施三元复合肥20～30千克，每次追肥均要结合浇水冲施。

6. 其他管理 大棚西瓜栽培的管理主要在整枝上架、人工授粉、留瓜吊瓜等环节与露地西瓜栽培不同。西瓜抽蔓后要及时整枝上架，整枝可根据种植密度，特别是株距大小，采用单蔓整枝或双蔓整枝。可采用塑料绳吊架，其优点是架式简单，适合密植，通风透光性好，作业方便，利于保护瓜蔓。瓜蔓上架时，如蔓长、棚矮可采用之字形绑蔓法。即先引蔓上架绑好第一道蔓，绑第二道蔓时应斜着拉向邻近吊绳捆绑，使吊绳方向一致、水平拉齐；绑第三道时，再拉回原吊绳上，如此反复进行。每条瓜蔓只选留1个瓜。当瓜蔓长满吊架时，在瓜上留5～7片叶打顶。采用单蔓整枝时，打顶后及时在下部选留两条侧蔓，并引蔓上架，每条瓜蔓仍选留1个瓜，当瓜坐住后留5～7片叶打顶。主蔓瓜采收后，将主蔓适当短截，以利通风透光，促进侧蔓瓜的生长。

由于西瓜是雌雄异花作物，棚内无风，昆虫很少，必须进行人工授粉。留瓜部位一般在主蔓上12～14节；侧蔓留瓜位置要求不严格，只要瓜形整齐，8～10节即可留瓜。当瓜长至0.5千克左右时，用吊带或吊兜把瓜吊起来，防止瓜大坠伤瓜蔓。吊瓜要及时、牢稳。

（五）大棚内多层覆盖技术 目前，大棚西瓜栽培已出现3～5

层覆盖，山东省昌乐县甚至出现了 7 层覆盖。

1. 三膜覆盖 就是在大拱棚里套小拱棚，小拱棚里覆地膜。此模式一般比双膜覆盖可提早定植 8～10 天。

2. 四膜一苫覆盖 就是在大棚膜下 10～15 厘米处吊一层天幕（一般用 0.015～0.018 毫米厚的薄膜），大棚内套小拱棚，小拱棚上覆盖薄膜和草苫，小拱棚内覆盖地膜。此模式比三膜覆盖的保温保湿性能更好。

3. 五膜一苫覆盖 所谓五膜大棚是全田覆盖地膜，在每个栽培畦上扣 1 个 2 米宽的小拱棚。2 米宽的小拱棚外面再加扣 1 个 3 米宽的拱棚，在大棚顶膜内侧与顶膜隔开 20 厘米吊一层薄膜保温幕，再加上最外面的一层大棚膜，共 5 层膜。大棚横跨 12 米，棚内 1 行中柱，2 行腰柱，2 行边柱，这 5 行柱子自然隔成 4 个横向栽培畦，畦中间稍凹、栽 1 行西瓜，即每棚种植 4 行。

4. 七膜覆盖 大棚用双膜覆盖，大棚内先扣 1.5 米宽的小拱棚，小拱棚上再加套 3 米宽的拱棚，两个小拱棚分别覆盖两层膜，每个小拱棚都覆地膜。简而言之，就是大棚内套中棚，中棚内再套小棚，大、中、小棚均用双层膜覆盖，共计 6 层棚膜，再加地膜共 7 层膜。此模式使西瓜上市时间大大提早，还能留二茬、三茬瓜。

三、温室西瓜栽培技术

（一）栽培季节 由于温室投资较大，生产中要把西瓜采收期安排在本地秋季延迟西瓜供应期之后、春季普通大棚西瓜上市之前。温室西瓜播种期除考虑上市期外，还应考虑到温度对坐瓜的影响。我国幅员辽阔，各地气候各异，无法确定统一的栽培时间，只能提出一个框架：10～12 月份播种育苗，11 月份至翌年 1 月份定植，3～4 月份采收上市。

（二）整地做畦 在温室内按南北走向先挖宽 1 米、深 50 厘米的瓜沟，再回填瓜沟约 30 厘米。结合平沟每 667 米^2 施土杂肥

3 000～4 000 千克、腐熟饼肥 80～100 千克或磷酸三铵 20～30 千克或螯合复合肥 25～30 千克，将肥料混合后撒入沟内与土充分混合均匀，整平地面。在两行立柱之间做畦，畦向与之前挖的瓜沟方向一致。做成畦面宽 60～100 厘米、高约 15 厘米、灌水沟宽约 25 厘米的高畦，整平畦面。

(三)移栽定植　定植 2 叶 1 心的嫁接苗。爬地栽培时采用大小行栽植，即每畦栽植 2 行，行距 30 厘米(小行)、株距 40 厘米，伸蔓后分别爬向东、西两边的瓜畦(大行)。支架(吊蔓)栽培时，行距 1 米、株距30～40 厘米。定植选晴天上午进行，栽苗后立即覆地膜。

(四)田间管理

1. 温度管理　冬季晴天时日光温室，最高温度可达 35℃以上，最低温度也在 0℃以上。但春季以后室温迅速升高，一般当外界气温为 10℃时，白天室温可达 35℃、夜间最低室温可维持在 10℃以上。因此，温室西瓜栽培，冬季应以保温防寒为主，春季则应注意防止高温。日光温室冬季保温增温的方法主要有扣盖小拱棚、拉二道保温幕、屋面覆盖草苫、草苫上加盖一层塑料薄膜或纸被及无纺布等。

2. 光照管理　日光温室的东、西、北三面是墙，后屋顶也不透明，唯一采光面只有南屋面。再加上冬春栽培西瓜需保温，上午草苫揭得较晚，下午又盖得早，这就使一天内的光照时间更短。改善光照的方法：保持棚膜清洁无水滴，以增加透光率；建棚时应根据当地纬度设计好前屋面适宜的坡度，尽量减少棚面反射光和棚内遮光量；在权衡温度对瓜苗影响的前提下，尽量延长采光时间，晴天一般以上午日出后半小时揭草苫、下午日落后半小时放草苫为宜；阴天时，只要室温不低于 15℃，就要卷起草苫，让散射光进入室内。此外，在后墙和东、西两侧墙面张挂反光膜，或用白石灰把室内墙面、立柱表面涂白，也可改善室内光照。有条件时可在每间日光温室内安装1个100瓦以上的日光灯，每天早、晚补光2小时左右，阴雪天时补光效果尤为显著。

3. 整枝压蔓　日光温室西瓜宜及早整枝，可减少无用瓜蔓对养分的消耗，并有利于通风透光。爬地栽培一般采用双蔓整枝，大果型、中熟品种也可采用三蔓整枝。上架栽培一般采用单蔓整枝或改良双蔓整枝。压蔓、吊蔓上架等管理与普通大棚相同。

四、设施西瓜栽培关键技术探讨

（一）设施西瓜优质高产的关键技术

1. 选用优良品种　选用早熟丰产品种，是获得设施西瓜丰产的前提。经各地试种比较试验，认为特小凤、红小玉、世纪春蜜、早佳、黑美人、早红玉、燕都大地雷等设施西瓜栽培宜选用的品种。

2. 培育适龄壮苗　培育适龄壮苗是棚室西瓜高产的基础，可利用加温温室或电热温床提前育苗。如用温室育苗要防止高温徒长，实践经验是出土前保持30℃的高温，当70%的芽拱土时逐渐降温，苗出齐后白天温度保持25℃左右、夜间18℃左右。如用电热温床育苗，因早春外界温度低，需注意提高苗床温度和控制水分，以免发生烂芽、猝倒病及徒长现象。经多年试验观察，西瓜苗以苗龄30～40天、秧苗具3～4片真叶时定植成活率高，且坐瓜早。

3. 适时扣棚整地定植　为使大棚内土壤提早解冻，应提前扣棚烤地。棚地有前茬作物或准备复种一茬作物的提前30～45天扣棚，没有前茬作物的提前15～20天扣棚。

定植期应根据外界温度与棚内温度情况、秧苗大小、防寒设备等条件确定，主要是依据棚温确定。根据西瓜生长发育对温度的要求，一般棚内10厘米地温稳定在12℃以上、气温稳定在8℃以上即可定植。

(二)设施西瓜栽培的改进措施

1. 改善光照　棚室内的水泥横梁、竹竿等材料,尽量用8#铁丝代替,以减少遮阴,增加光照,提高棚室温度。选用透光性能好的薄膜,并注意经常清洁膜面,还可采取早揭晚盖、墙面涂白或后墙挂银色反光膜等措施,以改善光照条件。

2. 用压膜线代替压杆　棚室覆盖塑料薄膜后为防风吹,一般用压杆加以固定。但膜上的压杆需用铁丝穿过塑料薄膜固定在拱杆上,这样薄膜上面就会有很多孔眼、透气进风,势必影响室内的温度,而且压杆在棚面遮光较多。所以,改用压膜线代替压杆,不仅可减少遮光,而且膜面无孔眼有利于密闭保温。

3. 起垄覆膜栽培　整地施足基肥后,先起垄做畦,畦高10～20厘米、宽50厘米,覆盖地膜升温。定植时,按株距和瓜苗大小在地膜上打孔栽植。畦间开排灌水沟。

4. 地下全覆膜　为了增加地面反光和提高地温,降低棚内空气湿度,可采取棚室内地膜全覆盖。

5. 膜下暗灌　西瓜是需水量较大的作物,但大量浇水往往会使棚室内湿度过大。浇水时让水从地膜下的排灌水沟流动(暗灌),则不会使棚室内湿度增加。

6. 吊绳引蔓　棚室栽培西瓜一般采用支架栽培,无论采用何种架式均需一定架材,架材不仅价格较高,而且遮光较多。可改用铁丝或塑料绳代替支架,即沿定植行向在棚室上方横拉细铁丝,在每株苗的上方垂直拉下1根塑料细条(包装绳),当瓜蔓长30～50厘米时,用扎绳将瓜蔓沿每株各自的垂直塑料细条由下而上逐渐引蔓。

7. 人工授粉　采摘刚开放的雄花,露出雄蕊在雌花柱头上轻轻涂抹,须使整个柱头沾上花粉。如果用几朵雄花给1朵雌花混合授粉,则效果更好。为防止阴雨天雄花散粉晚而少,可在头天下午将第二天能开放的雄花用塑料袋取回放在室内温暖干燥处,第二天上午即可给开放的雌花授粉。

8. 增施二氧化碳气肥 在西瓜结瓜期，棚室内二氧化碳浓度严重不足，应增施二氧化碳气肥。

9. 节水灌溉 西瓜栽培采用滴灌技术，可节水50%以上，而且还可减少田间作业量，降低植株发病率，提高西瓜质量，增加种植效益。笔者根据对西瓜滴灌栽培技术的研究，结合生产实践经验，提出以下建议供种植户参考。

（1）管道的布置、安装铺膜方式 输水管道是把供水装置的水引向滴灌区的通道。西瓜滴灌一般采用三级式输水管，即干管、支管和滴灌毛管，其中毛管滴头流量选用2.8升/小时，滴头间距为30厘米，使用90厘米宽的地膜，每条膜内铺设1条滴灌毛管，相邻两条毛管间距2.6米，用量为260米/667米^2。对于水分横向扩散能力弱、垂直下渗能力强的沙性土壤地块，采用一膜两管布管方式，灌溉效果较好。安装时毛管直接安装在支管上，支管接干管或直接与水源系统相接。滴灌应采用干净的水源，水中不能有悬浮物，否则要加网式过滤器，以防铁锈和泥沙堵塞。过滤器采用8～10目的纱网，有条件的还要安装压力表阀门和肥料混合箱（容积0.5～1米^3）。毛管一般与种植行平行布置，支管垂直于种植行。有干管的与支管垂直、与毛管平行，干管应埋入地下80厘米深。滴灌毛管与支管采用三通连接，连接时在支管上部打孔，按扣将三通压入，两端连接毛管即可。使用普通三通时须调好出水孔的大小，也可使用阀门三通，以保证各滴灌毛管出水均匀。滴灌毛管尾部封堵可采用打三角结，或先将毛管尾部向回折，然后剪一小段毛管套住。主管带尾部封堵可采用接一小段主管带打三角结，或先将主管尾部30厘米处折三折，再剪2～5厘米主管套上。如果种植面积较大，可以安装球阀实行分组灌溉。

（2）确定供水面积 在铺设滴灌管之前要充分考虑每根主管的供水面积，如果供水面积过大会导致压力不足，在额定的时间内所供的水量达不到规定的水方；面积过小会使压力过大，滴灌毛管容易胀破。

(3)提供压力的形式　进入滴灌管道的水必须具有一定压力，才能保证灌溉水的输送和滴出。要获得具有一定压力的水可采取以下方法：①动力加压。在地头挖蓄水池或打小水窖，有电力条件的用微型水泵直接供水，无电力设施的用汽油泵或柴油机泵进行供水。②其他加压。在机井旁设置的 2～8 米^3 压力罐，机井水抽入以后加压至 0.1～0.3 兆帕，压力罐应装有自动补水装置，以保证不间断地均匀供水。

(4)适时调整输水压力　西瓜滴灌属于低压灌溉，正常滴水要求压力为 0.01～0.2 兆帕，压力过大易造成软管破裂；压力过小易造成滴水不匀。没有压力表时，可从滴水毛管的运行加以判断，若毛管呈近圆形、水声不大，可认为压力合适；若毛管绷得太紧、水声太大，说明压力太大，应予调整，以免毛管破裂；若毛管呈扁形，说明压力偏小，应加压。

(5)提高水源质量　以河水、渠水为水源的滴灌系统，水在进入过滤器之前应很好地沉淀，不能仅依靠过滤器；否则，会引起各级管道，尤其是毛管被泥沙堵塞而减少滴水量。滴灌的过滤系统应定时进行反冲洗，同时在蓄水池的进水口处设置拦护的过滤网。一旦发现毛管堵塞，应逐一放开毛管的尾部，加大流量进行冲洗。

第三节　西瓜间作套种栽培

一、西瓜与蔬菜间作套种

西瓜与蔬菜间作套种不仅可以充分利用地力、空间和时间，提高经济效益，而且还可以因地制宜地充分利用综合栽培技术、各种生产设备（如育苗设备、排灌设备等），使人力、物力、地力和技术等生产因素都能更加充分地发挥作用。西瓜与蔬菜间作套种方式主要有以下几种。

(一)西瓜间作春白菜 在坐瓜畦内做 20～25 厘米宽的畦面，于 3 月中旬浇水灌畦，撒播春白菜。白菜于 3 叶期间苗，5 叶期定棵，株距 7～9 厘米。4 月下旬(即终霜后)移栽或直播西瓜，5 月中旬西瓜伸蔓后收获春白菜。此外，也可以在坐瓜畦内直播春菠菜、小油菜和红萝卜等。

(二)西瓜地移栽春甘蓝 1 月中旬用棚室温床培育春甘蓝苗，当苗龄达 60 天时，于 3 月中旬在坐瓜畦内按 20 厘米的行距开沟移栽 1 行春甘蓝，每 667 米^2 栽植约 1 800 株。西瓜于 3 月下旬育苗，4 月下旬定植在春甘蓝行间，5 月中旬西瓜伸蔓可收获甘蓝。此外，也可以在坐瓜畦内移栽定植 1～2 行春莴苣、春油菜或春菜花等。

(三)西瓜地点种矮生豆角 西瓜于 3 月下旬阳畦育苗，4 月底移栽定植于大田。西瓜开花坐瓜前后，于 5 月中下旬按株行距 35 厘米×40 厘米的规格，在西瓜行间点播矮生豆角，每墩 2～3 株，每 667 米^2 2 000 墩左右，不需支架，短蔓丛生半直立生长。西瓜采收后，豆角即进入结荚盛期，7 月下旬可大量采摘上市。

(四)西瓜与甜椒或茄子套种 西瓜比甜椒、茄子提前 15 天左右育苗，由于甜椒、茄子苗龄较长，可以使西瓜与甜椒或茄子的共生期缩短。西瓜于 3 月中旬育苗，4 月中旬移栽定植；甜椒或茄子于 3 月下旬育苗，苗龄 60～70 天(即显蕾期)，于 5 月下旬或 6 月上旬(西瓜开花坐瓜后)在坐瓜畦内移栽定植 2 行甜椒或茄子，株行距为 20 厘米×30 厘米，每 667 米^2 3 700 株左右。6 月下旬至 7 月上旬，地膜西瓜头茬瓜采收后，紧接着采收甜椒或茄子。7 月下旬西瓜拉秧后，甜椒或茄子即进入采收盛期。

(五)西瓜与马铃薯间作套种 西瓜与马铃薯间作套种技术要点如下：

1. 选种催芽　马铃薯最好选用克新3号、东农303和脱毒品种。栽前20天进行切种催芽，方法是先把整薯或切好的种薯块用沙培在阳畦或暖炕上，畦（炕）温保持在20℃～25℃，幼芽刚萌动时（如米粒大）即可播种。用整薯的催芽后，小种薯可直接播种，大种薯每千克应切成50～60块，每块保持有1～2个健壮芽，切后及时播种。西瓜应选用早佳、京欣等早熟品种。

2. 马铃薯播种和管理　立冬前后耕地，耕前每667米^{2}施优质圈肥4000～5000千克、磷酸铵20～30千克或新型硝酸钾复合肥25～30千克。翌年3月上中旬播种马铃薯，可采用大垄双行种植，垄宽90厘米，每垄栽2行马铃薯，行距33厘米、株距30厘米，对角栽植，每667米^{2}栽植4500株，栽后覆盖地膜。每隔2个垄（4行马铃薯）留出1米宽的大垄，为西瓜种植行。马铃薯幼苗出土后，及时破膜放苗，以免灼伤幼苗。其他管理与常规栽培相同。

3. 西瓜套种和管理　西瓜苗移栽于马铃薯留出的大垄上，按株距40～50厘米栽植1行，栽后浇水，以促使早缓苗。西瓜栽植后最好用拱棚覆盖，促进生长。到西瓜甩蔓时收获马铃薯，马铃薯收获后立即推垄平地，对西瓜加强肥水管理和整枝。西瓜采收结束，倒茬整地播种小麦。

二、西瓜与粮、棉、油作物间作套种

（一）西瓜与夏玉米、夏高粱间作套种　西瓜与夏玉米、夏高粱、冬小麦、水稻间种套作，是瓜粮间套作的主要方式。瓜粮间作套种的关键技术是选择适宜品种、及时间作套种和间套作物管理等。

1. 选择适宜品种　间作套种必须尽力避免种间竞争，并充分利用互补关系，方可获得瓜粮双丰收。因此，应尽量选择生长期短、适宜于密植的品种。

2. 间种套作时间　间作套种时间是影响瓜粮产量的重要因

素之一。玉米、高粱播种过早，对西瓜生长发育不利；播种过晚则其适宜的生长期缩短，玉米或高粱的产量将大大降低。根据各地经验，在西瓜成熟前 20 天播种玉米或高粱，对瓜粮作物生长发育及产量互不影响，并可及时倒茬播种小麦。

3. 种植密度和间套方法 试验证明，西瓜间作套种夏玉米，西瓜行距 1.8 米、株距 0.6 米，夏玉米每 667 米^2 种植 4 000 株时，西瓜产量接近最高水平，夏玉米产量较高。间套方法是在西瓜的行间、距西瓜根部 0.3 米和 0.5 米处分别播 1 行夏玉米或夏高粱，其行距 0.2 米、株距 0.3 米，瓜畦中间为 0.8 米宽的行间。这样，拔掉瓜蔓后，夏玉米或夏高粱成为宽窄行相同的大小垄，不但可以充分发挥边行优势作用，还可以在夏玉米的宽行中再套种短蔓绿豆。夏玉米于播种前浸种催芽，夏高粱通常干籽播种，套种时均采用点播法，使各植株呈菱形分布。

4. 田间管理 西瓜按常规管理。夏玉米或夏高粱播后 20 天内要防止踩伤和倒伏。西瓜收获后，要抓紧对夏玉米或夏高粱进行管理：①瓜蔓拉秧后及时进行深中耕，除掉杂草，疏松土壤，提高通气和蓄水能力。②夏玉米每穴定苗 1 株，夏高粱每穴定苗 1～2 株。缺苗应移栽补苗。③追肥。通常追施 2 次速效肥，第一次是提苗肥，第二次是孕穗肥。提苗肥于西瓜拉蔓后及时追施，可于疏苗后结合第一次中耕每 667 米^2 追施螯合复合肥 25～30 千克或多肽双脲铵 20～25 千克。孕穗肥可于玉米抽穗前（播种后约 35 天）或高粱伸喇叭口时追施，每 667 米^2 追施多肽尿素 20～30 千克。④病虫防治。夏玉米或夏高粱的主要病虫害有黑穗病、黑粉病和黏虫、钻心虫及蚜虫等，应及时防治。

（二）冬小麦套种西瓜 在冬小麦田间套种西瓜是一种成功的套种方式，在北方多地推广后均获得了粮瓜双丰收。麦田套种西瓜，秋种前就应选择好地块，将麦田做成畦面宽 1.5～1.7 米、畦埂宽 0.5 米、畦长 25～30 米的规格，畦面平整，以利流水畅通。小麦

种植密度较小的地块，于小麦拔节期可在畦埂上开沟每667米^{2}施优质圈肥2500千克作为西瓜基肥。地下虫害较重的地块，可在基肥中加辛硫磷颗粒剂，每667米^{2}用量为3～5千克以防治地下虫害。

麦田套种西瓜，西瓜幼苗处在温度较高、空气不够流畅的套种行内，瓜苗生长瘦弱，伸蔓早，无明显的团棵期。因此，瓜苗与小麦的共生期不宜过长，一般以麦收前15～20天播种西瓜为宜，北方地区一般在5月中旬播种。西瓜要选用生育期为100～120天的中熟品种，种子要精选，并用烫种方法消毒后播种。为保证西瓜适墒下种，出苗齐全，可在雨后抢墒播种或结合浇小麦灌浆水播种。播种时，先在畦埂上按40厘米的穴距开长7～10厘米、深3～4厘米的穴，每穴播2～3粒西瓜种子，覆2厘米厚的细土盖种，播种后6～8天即可出齐苗。为防止鼠害，可顺垄撒施毒饵诱杀。

西瓜苗期管理要以促为主，使雨季到来前能坐住瓜。第一片真叶展开后间苗，伸蔓后先将瓜蔓引向顺垄方向伸展。为早倒茬便于西瓜幼苗生长，小麦蜡熟期应及时收割，收割小麦要小心，防止踩伤瓜苗或扯断瓜蔓。小麦收后及时灭茬，可将麦茬留在坐瓜畦内，将原来畦埂两边的土向外翻，使畦埂形成50厘米宽的垄，垄两边为深、宽均为15厘米的排灌水沟；原来的畦面也要整成两边低、中间高的坐瓜畦。没有施基肥的，可在排灌水沟内侧每667米^{2}撒施优质圈肥2000～2500千克，施肥后浇水。对生长明显缓慢、瘦弱的植株，每株穴施“沃利丰”或“金大地”速效肥15克提苗。浇水后划锄保墒，除去瓜垄上的杂草。同时，将瓜苗间成单株，去弱留强，多余的苗和离苗近的杂草最好从基部拔掉，但要避免拔苗（草）时损伤保留瓜苗的根系。其他管理与夏播西瓜相同。

（三）西瓜与花生间作套种　早春整地时每667米^{2}施圈肥3000～4000千克、硝酸磷钾30～40千克或水解油渣有机肥200～300千克作基肥。花生选用莱农10、花11、321等早熟品种，于4月上中旬催芽播种。花生最好起垄播种,每垄种植2行,行距33厘米、墩距17～20厘米,每墩播2粒种子,每667米^{2}播7 000墩左右。花生播种后,接着喷除草剂盖地膜。每播6行花生,留出130厘米宽的套种带,套种2行西瓜。种西瓜前,在套种带中间开50厘米深的沟,每667米^{2}集中沟施优质圈肥3 000～4 000千克、三元复合肥15～20千克,于4月下旬前后移栽定植(提前1个月进行营养钵育苗)。西瓜行距33厘米、株距66厘米,每667米^{2}套种600株左右。采用双蔓整枝,单向理蔓,坐瓜后留5～7叶摘心,每株只留1个瓜。为使西瓜早熟高产,减少对花生的影响,要选用极早熟品种或早熟品种,栽植后用拱棚覆盖保温。西瓜和花生田间管理技术与常规种植相同。

西瓜6月下旬开始陆续采收上市,7月上中旬结束。花生在8月20日前后收获,收后整地种早茬小麦;也可在西瓜、花生收获后,栽种一茬花椰菜(花椰菜提前1个月育苗),花椰菜收获后,播种小麦,这样每667米^{2}可增收花椰菜1 500千克左右。

(四)西瓜与棉花间作套种　广大棉区通过多年的实践,已形成一套棉花套种西瓜的栽培模式。瓜棉套种,西瓜产量接近单作,棉花产量略低于单作。西瓜棉花套种能够充分利用光热资源、空间和有限的生长季节,而且高矮搭配,可充分利用边行优势和肥力,同时还可一膜两用,节省人工和成本,投入产出比高。西瓜棉花套种技术要点如下:

1. 选用适宜品种　西瓜选用极早熟蜜龙、早佳、特早红、世纪春蜜、春光、早红玉等早熟品种;棉花则宜选择株型高大、松散、单株产量高的中棉10、中棉13等品种。

2. 掌握适宜播种期　为促进棉花生长,缩短共生期,根据山东省的气候条件和栽培经验,育苗移栽的早熟西瓜,播种期以2月20日至3月初为宜;小拱棚双膜覆盖直播西瓜,可于3月中下旬催芽播种。棉花播种期以4月15～20日为宜。

3. 西瓜与棉花的植株配置　通常采用西瓜行距 1.4～1.5 米、株距 0.4～0.5 米，每 667 米^2 栽植 1 000 株左右。在距西瓜行 20 厘米处种 1 行棉花，单行双株的穴距为 0.3 米，每穴留 2 株；单行单株的穴距为 0.18 米，每 667 米^2 留苗 3 000 株左右。

4. 西瓜提早育苗　用电热温床培育苗龄 35～40 天、具有 4 叶 1 心的大苗，提前定植于双膜覆盖的小拱棚，这是缩短瓜棉共生期的关键措施，有利于提早采收，减少对棉花生长的影响。

5. 加强田间管理　前期西瓜生长迅速，而棉苗尚小，应对西瓜进行整枝、理藤、压蔓，以保证棉苗的生长空间。西瓜采用人工辅助授粉，促进坐瓜，避免植株徒长。其他管理同单作西瓜。

6. 防止农药污染　在防治棉花病虫害时必须坚持做到：一是做好预测预报，掌握防治适期，减少用药次数。二是选用高效低毒农药。三是采取涂茎用药技术。四是用药时应对西瓜果实覆盖，即在坐瓜后用药时将西瓜用塑料薄膜盖好，以确保安全。

7. 其他措施　生产中应针对西瓜和棉花的不同生育特点，采取相应的措施。例如，棉花要及时整枝、抹芽和打老叶，减轻对西瓜遮阴；西瓜与棉花相比，根系细弱，抗旱能力较差，若土壤含水量下降至 18%应及时浇水。同时，要防止过早坐瓜，一般以 12～18 叶结的瓜产量高、质量好。

(五)麦、瓜、稻间作套种

我国南方多地推广麦、瓜、稻间作套种三熟栽培模式。

1. 间作套种方法　上一年水稻收割后按 4～5 米距离开沟，在沟两侧各留 0.6～0.7 米作为栽植西瓜的预留行。畦中间播种大(小)麦，长江中下游地区的播种期为 10 月下旬至 11 月上旬。预留行冬季深翻晒垡熟化土壤，早春施肥起垄，4 月中下旬栽植西瓜大苗。大麦 5 月底收割、小麦 6 月上中旬收割，麦收割后加强西瓜管理，西瓜 7 月上旬开始采收，7 月底收完及时栽插晚熟稻。

2. 间套技术要点　①选土质疏松的田块，开好排水沟，以便

及时排除积水。②选用适宜良种。麦种选用早熟品种,西瓜选用耐湿抗病品种,水稻选用晚熟高产品种。为了尽量缩短共生期,西瓜采用育大苗移栽方式,前作为大麦时,西瓜可采用拱棚覆盖早熟栽培;前作为小麦时,西瓜则应露地栽培。③强化共生期管理,重视麦后管理。共生期间加强综合管理,麦收后对西瓜及时追肥浇水,并进行整枝理蔓,不易坐瓜时,还需人工授粉。④根据西瓜坐瓜早晚分批及时采收,及时清理瓜畦,确保及时栽插晚稻。

三、幼龄果园种植西瓜

幼龄果园间种西瓜,可以充分利用土地和光能资源,只要种植方法得当,不仅能增加经济收入,还能够促进幼树生长。幼龄果园地种植西瓜技术要点如下。

(一)合理做畦 目前乔砧、普通型品种的苹果及山楂、梨等果园,一般种植密度为株行距 4 米×4 米。这样的幼龄果园,可在两行幼树之间种植 2 行西瓜。方法是在幼树的两侧,距树 1 米处各挖 1 条宽、深均为 50 厘米的西瓜沟(图 5-2),施足基肥,浇足底水,做成瓜畦。生产实践证明,按照这种方式做畦,可使幼树和西瓜均获得充足的光照,同时对幼树还有开穴施肥的作用,因此既可取得西瓜高产,又可促进幼树生长。

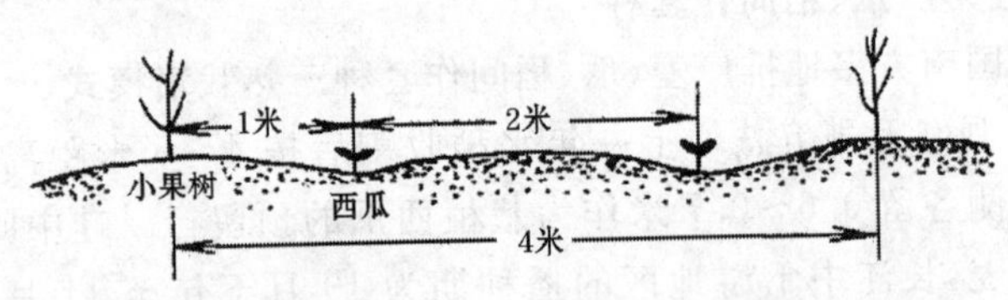

图 5-2　幼龄果园地种植西瓜畦式示意

(二)正确引蔓 西瓜伸蔓后要及时引蔓,避免瓜蔓纵横交叉

缠绕幼树。一般可将侧蔓引向幼树一侧，主蔓引向幼树另一侧，使2行西瓜坐瓜于一垄，而幼树所在的垄不坐瓜，这样对追肥、浇水及幼树管理十分方便。

(三)合理施用农药　进入5月中旬以后，气温逐渐上升达20℃，如果此期间空气湿度较大，特别是连续数天阴雨时，西瓜易发生炭疽病、疫病等病害，树易发生褐斑病、灰斑病等病害，应在田间喷施200～240倍量式波尔多液，或50%多菌灵可湿性粉剂800～1 000倍液，可以兼治西瓜病害和果树病害。同时，还要及时防治果树红蜘蛛、卷叶蛾、蚜虫以及西瓜蚜虫、黄守瓜等害虫。值得特别注意的是西瓜生育期较短，而且食用部分又是地上部的瓜，所以对农药的应用要有选择性，严禁使用国家明令禁止使用的农药和限制使用的农药。

第四节　西瓜特殊栽培

一、西瓜无土栽培技术

(一)无土栽培类型　无土栽培一般可分为基质栽培和无基质栽培两大类。无基质栽培又分水培和雾培，基质栽培因基质种类的不同又分为许多不同栽培方法(具体内容见无土育苗部分的相关内容)。

(二)无土栽培方法　西瓜无土栽培的关键在于无土育苗，而无土育苗的方法也基本决定了无土栽培的方法。

1. 槽式无土栽培

(1)主要栽培设施

①供液池　用砖和水泥砌成。180米^{2}的标准大棚，供液池容积2.5～3米^{3}即可，一般置于大棚的中央部分。

②供液水泵　可选用WB型180瓦离心水泵或潜水泵。使用

离心泵时，进水口应装落水阀，安装位置略低于供液池的水面，以利打水。

③栽培床　用2毫米厚PVC硬板加工而成，床宽25厘米、高8厘米、长12米，每套由6个床组成。供液管道和回流管均用硬塑料管配套，供液主管可埋地下，接以支管分流向各栽培床供液，回流管由各栽培床汇至供液池。也可采用简易栽培床，即用宽70厘米、长12～15米、厚0.05毫米的黑色或黑白双面聚乙烯塑料薄膜做成。先在具1∶75～100坡降的平整地面，挖一深5厘米、宽15～20厘米的浅平沟，整平压实后铺上薄膜使其成槽状，其上接进液管、下通供液池，即成栽培床。有条件的可在床底里面放一层宽15～20厘米的无纺布，以蓄集少量营养液，利于根系生长。定植时将带岩棉方块或塑料钵的幼苗放在其中，然后用木夹或钉书钉将薄膜封紧，植株用塑料绳固定。供液装置，栽培面积大的可砌成水泥供液池，用水泵及塑料管供液；栽培面积小的可利用水位差的原理供液。

(2)营养液配方　采用山东农业大学园艺系研究出的温室西瓜无土栽培营养液配方，按每升水计算：硝酸钙1克，磷酸二氢钾0.25克，硫酸镁0.25克，硫酸钾0.12克，硝酸钾0.25克，三氯化铁0.025克。配方中除大量元素之外，还包括微量元素如铁、硼、锰、锌、铜等，其化合物为硼砂、硫酸锰、硫酸锌、硫酸铜等。每升营养液中加硼砂0.25毫克，加硫酸锌、硫酸铜、硫酸锰各0.1毫克即可。

2. 雾栽法　又称喷雾培或气培，就是将西瓜根系悬挂于栽培槽的空气中，用喷雾的方法供应根系营养液，使根系连续或不连续地浸在营养液细滴(雾或气溶胶)的饱和环境中。在西瓜栽培槽内装自动喷雾装置，每隔一定时间将营养液从喷头中以雾状形式喷洒到西瓜根系表面，这种方法可同时解决根系对养分、水分和氧气的需求，缺点是设备投资大、对管理技术要求高、根际温度受气温

影响较大不易控制。日本将喷雾法进行改善，形成多种形式的喷雾水栽装置，已大面积应用于生产，并取得良好效果。喷雾栽培法水培装置是将作物根系置于雾化营养液的黑暗密闭环境条件下，具体方法是用长 2.4 米、宽 1.2 米的聚苯乙烯发泡板，按人字形斜立搭设到一起，两顶端封闭，在斜立板上按 80 厘米×40 厘米的行株距打孔，孔径 6～8 厘米，栽入西瓜苗。在人字形泡沫板的内部设置喷雾管及喷头，喷头由定时器控制，可每隔 3 分钟喷 1 次营养液，每次持续 3 秒钟。

3. 基质栽培法

(1)袋式基质栽培　将固体基质装入塑料袋中进行栽培的方式，称为袋式栽培，简称袋培。袋子通常由抗紫外线的聚乙烯薄膜制成，厚度 0.15～0.2 毫米，至少可使用 2 年。在高温季节或南方地区，塑料袋表面以白色为好，以便反射阳光防止基质升温；在低温季节或寒冷地区，袋表面应以黑色为好，以利于吸收热量保持基质温度。袋培分为筒式栽培和枕头式栽培两种形式，筒式栽培是将基质装入直径 30～35 厘米，高 35 厘米的塑料袋内，栽植 1 株西瓜，每袋基质为 10～15 升。枕头式栽培是在长 70 厘米、直径30～35 厘米的塑料袋内装基质 20～30 升，两端封严，依次按行距要求摆放到栽培温室中，在袋上开 2 个直径为 10 厘米的栽植孔，两孔中心距离为 40 厘米，种植 2 株西瓜。排放栽培袋之前，在温室整个地面铺乳白色或白色朝外的黑白双色塑料薄膜，把栽培袋与土壤隔离，防止土壤中的病菌虫卵侵袭，同时有助于增加室内的光照强度。定植结束后立即布设滴灌管，每株设 1 个滴头。无论是筒式栽培或枕头式栽培，袋的底部或两侧均开 2～3 个直径为0.5～1 厘米的小孔，以便多余的营养液从孔中流出，防止积液沤根。

(2)袋培基质种类及其性能　袋培基质很多，一般用作无土栽培的固体基质均可用于袋培。基质选用应考虑到应用效果、价格大小和取材难易，常用的固体基质有蛭石、珍珠岩、稻壳熏炭和泥炭等，也可将它们按照不同比例混合，做成混合基质。还可采用人工制成的基质，如岩棉块、粒状岩棉、合成泡沫塑料（如尿醛 树脂、聚甲基甲酸酯、聚苯乙烯）等。

(3)袋培的基本装置

①袋培栽培床　袋培栽培床的基本形式或标准形式，是用定型的聚乙烯塑料袋装入固体基质，封口后平放地面，一个个连接起来排成一个长的栽培床，袋与袋之间有一定的距离，袋内的营养液分别由滴头（管）供给，营养液不循环。一般每个栽培袋长70～100厘米、宽30～40厘米，每袋盛基质15～20升，每袋栽培西瓜2～3株。在无定型聚乙烯塑料袋的情况下，可以用筒状的聚乙烯塑料薄膜袋裁成一定长度，装入适量基质后两头封口作袋培床，或延长成枕状（筒状）的长栽培床，或在浅种植沟中铺上聚乙烯塑料薄膜，填入适量基质做成沟状栽培床。

②供液装置　袋培的营养液供应一般不需循环，可采用滴灌装置，分别供应每个栽培袋的营养液。水位差式自流灌水系统为经济的供液装置，其设施简单、成本低、不用电、使用也较方便。其装置如下：一是贮液箱。可采用耐腐蚀的金属板箱、桶、塑料箱（桶）、水泥池、大水缸均可，其容积视供液面积大小而定，一般均在1米^{3}以上。可选适当方位，架在离地面1～2米高处，以保持足够的水头压力，便于自流供液。出口处安一控水阀或龙头，箱顶最好靠近自来水管或水源，以保证水分的不断供应。箱的外壁装一水位显示标记，以目测箱内存放营养液的多少，便于及时补充。二是供液管。可采用硬塑料管或软壁管，滴头选用定型滴头、新型滴头，也可直接打孔，无须安装滴头。用软壁管成本低，效果也很好。

(4)袋培技术要点　①袋培形式的确定。最好采用定型规范化的、黑白双面或乳白色聚乙烯塑料薄膜栽培袋，每袋装基质20升左右，种植2～4株西瓜。若采用长条状袋培或沟状袋培，其栽培床不能过长。②选择袋培基质。既要就地取材，降低成本，更应

注意使用效果。要求基质有好的保水和排水性能，本身不能含有自由水；其孔隙中应充满空气，过细的材料通气性不好，不能用作无土栽培基质；基质中不能含有任何有害物质，还应有一定的强度，其化学稳定性要好，pH 值接近中性或经调整后能保持稳定。一般以比例适当的混合基质效果较好，混合要力求均匀，使用前进行消毒，并调节好 pH 值。③选用适宜的营养液配方。袋培实质上仍是基质栽培，由于营养液是通过适当方式浇灌到基质中去的，故营养液会受到基质的影响。不少基质本身含有丰富的大量营养元素和微量元素，因此在进行基质袋培时，营养液配方要根据所选用的基质及其所含养分状况加以调整。若基质中含有一定比例的泥炭，营养液中可以不加或少加微量元素。在袋培为主的基质栽培中，营养液配方可以使用铵态氮或酰胺态氮（尿素），这样能大大降低成本。基质在装袋之前应混合一些肥料，每立方米基质可加硝酸钾 1 000 克、硫酸锰 14.2 克、过磷酸钙 600 克、硫酸锌 14.2 克、白云石粉3 000克、钼酸钠 2.4 克、硫酸铜 14.2 克、螯合铁 23.4 克、硼砂 9.4 克、硫酸亚铁 42.5 克。④及时均匀供应营养液，一般每天供液 1 次，高温季节和西瓜生长盛期每天可供液 2 次。要经常检查供液装置，以免滴头堵塞造成供液不均匀。⑤栽培袋下部要留切口，以排除废液，防止盐基的积累。⑥要经常检查与调整营养液和栽培袋中基质的 pH 值，并注意防治缺素症。

（5）槽式基质栽培　所需设施和基质等与槽式无土育苗完全相同，参见本书无土育苗技术部分相关内容。

4. 深液流无土栽培（水培）

（1）深液流水培设施　由种植槽、定植网或定植板、贮液池、循环系统等部分组成。

①种植槽　一般宽度为 60～90 厘米，槽内深度为 12～15 厘米，槽长度为 10～20 米。种植槽有用水泥预制板块加塑料薄膜构成的半固定式和水泥砖结构构成的永久式等形式。半固定式种植

槽要先制水泥预制板，其高 25～30 厘米，厚度以能挡住营养液的横向压力而定，长度以施工方便为度。按设计规定的长度用板块筑成水泥板块的槽框，要将板块的 1/2 高度填入土中，槽底整平压实，槽内铺垫两层聚乙烯薄膜。这种槽可以拆卸搬迁，但薄膜易损伤漏液，管理上造成许多困难。固定式种植槽的槽底用 5 厘米厚的水泥混凝土制成，槽框用水泥砂浆和砖制成，并用高标号耐酸抗腐蚀的水泥砂浆抹面，直接盛载营养液进行栽培。这种种植槽管理方便，耐用性好；但为永久性建筑，不能拆卸搬迁，槽体重量大要求较坚实的地基，一经建成就难以更改。

②定植网框和定植板　定植网框是最早开发的水培设施的植株定植方法。用木料或硬质塑料板制成框围，宽度与槽宽相同，长度视方便而定，深 5～10 厘米，用金属丝或塑料丝织成网作底，网上铺河沙、泥炭、煤渣或植物残体等固体基质。整个网框架设于种植槽壁的顶部，网底与液面之间保持约 5 厘米的空隙，植株定植于网框中固体基质里，根系穿过网孔进入槽内的营养液中。定植网框有一层固体基质，其优点是植株早期生长比较稳定，但由于细碎的固体基质易掉人营养液中搅浑营养液，且网孔底部向下弯曲易形成大小苗，故现在生产中很少使用网框定植。定植板由硬泡沫聚苯烯板块制成，板厚 2～3 厘米，板面按株行距要求开孔径为5～6 厘米的定植孔，定植孔内嵌一只塑料定植杯，杯高 7.5～8 厘米，杯口直径与定植孔相同，杯口外沿有一宽约 5 毫米的唇卡在定植孔上，使其不掉进槽内；杯的下半部及底开有许多孔，孔径约 3 毫米。定植板一块接一块地将整条种植槽盖住，使营养液处于黑暗之中。这种悬杯定植板定植方式，植株的重量由定植板和槽壁共同承担，槽内液面与定植板底面之间形成一定的空间，为空气中的氧气向营养液中扩散创造了条件。若槽宽为 80～100 厘米，定植板中部向下弯曲时，则需在槽的中间位置架设水泥墩等支撑物，以支持植株、定植杯和定植板的重量。

③地下贮液池　设地下贮液池可以加大每株植株营养液的占有量而又不增加种植槽的深度，可使营养液的浓度、pH 值、溶氧量、温度等保持稳定，而且也便于调节。地下贮液池的容积可按每个植株适宜的占液量来计算，一般大株型作物（如番茄、黄瓜等）每株需 15～20 升，小株型作物（如生菜等）每株需 3 升左右，算出总液量后，按 1/2 存于种植槽中、1/2 存于地下贮液池即一般1 000 米^2 的温室需设 30 米^3 左右的地下贮液池，选用耐酸抗腐蚀型号的水泥为原料，采用水泥砖结构，池面应有盖，保持池内黑暗以防藻类滋生。

④营养液循环系统　包括供液管道、回流管道、水泵和定时控制器，所有管道均采用硬质塑料管。供液管道是向种植槽内提供营养液的管道，水泵从贮液池中将营养液抽起后分成两条支管，一条转回贮液池上方，将一部分营养液喷回池中起增氧作用，在清洗整个种植系统时，此管也作排水之用；另一条支管和总供液管相接，总供液管再分出许多支管通到每条种植槽边，再接上槽内供液管。槽内供液管为一条贯通全槽的长塑料管，其上每隔一定距离开有喷液小孔，使营养液均匀分到全槽；回流管道是种植槽内的多余营养液返回到地下贮液池内的管道，在种植槽的一端底部设一回流管，管口与槽底面持平，管下段埋于地下，外接到总回流管上。为使槽内保持一定深度的营养液和调节液面的高度，同时使营养液的回流从槽底部进行，并保持供液管喷射出来的营养液驱赶槽底原有的比较缺氧的营养液回流，一般在回流管口装设一定的排液装置。营养液循环流动用的水泵应具有抗腐蚀性，并配以定时控制器，以按需控制水泵的工作时间。

（2）深液流技术特点　①营养液的液层较深，根系伸展在较深的液层中吸收营养和氧气，每株占有的液量较多。因此，营养液浓度、溶氧量、酸碱度、温度以及水分存量均不易发生急剧变动，这样根际的缓冲作用大，根际环境受外界影响小、稳定性好，不怕中途停水停电，有利于作物的生长和管理。②营养液循环流动，可以增加营养液的溶存氧消除根表小局域微环境有害代谢产物的积累和养分亏缺现象，促进沉淀物的重新溶解，消除根表与根外营养液和养分浓度差，使养分能及时送到根表，更充分地满足植物的需要。③能较好地解决 NFT 装置在停电和水泵出现故障时而造成的被动困难局面，营养液层较深可维持水耕栽培正常进行。④由于营养液量大，流动性强，导致 DFT 设施需要较大的贮液池、坚固较深的栽培槽和较大功率的水泵，投资和运行成本相对较高。⑤对设施装置的要求高，根际氧气的补充十分重要，一旦染上土传病害，蔓延快、危害大。

(3)浮板毛管水培技术　浮板毛管水培技术(FCH)，是采用栽培床内设浮板湿毡的分根技术，为培养湿气根创造丰氧环境，有效解决了水培中供液与供氧的矛盾；采用较长的水平栽培床贮存大量的营养液，确保停电时肥水供应充足和稳定；冬天可用电热线在栽培床内加温，夏季可用深井水降温，确保根际温、湿度的稳定。根系环境条件相对较稳定，液温、浓度、pH 值等变化较小，根际供氧较好，使根系生长发育环境得到改善。设备投资少，耗电少，安装操作管理方便。

浮板毛管栽培设施包括种植槽、定植板、地下贮液池、循环管道和控制系统 4 部分。除种植槽以外，其他 3 部分设施基本与 NFT 相同。种植槽由聚苯乙烯板连接成长槽，槽长 15～20 米、宽 40～50 厘米、高 10 厘米；槽内铺 0.8 毫米厚的防渗聚乙烯薄膜。营养液深度为 3～6 厘米，液面漂浮为厚 1.25 厘米、宽度 10～20 厘米的聚苯乙烯泡沫板。板上覆盖亲水性无纺布(50 克/米^2)，两侧向下垂延至营养液槽中，通过毛细管作用，浮板始终保持湿润。秧苗栽入定植杯内，然后悬挂在定植板的定植孔中，正好把槽内的浮板夹在中间，根系从定植杯的孔中伸出后一部分根爬伸生长到浮板上，产生根毛吸收氧；一部分根伸到营养液内吸收水分和营

养。种植槽坡降为 1∶75～100，上端安装进水管，下端安装排液装置，进水管处同时安装空气混入器，以增加营养液的溶氧量。排液管道与贮液池相通，种植槽内营养液的深度通过垫板或液层控制装置来调节。秧苗刚定植时，种植槽内营养液的深度保持 6 厘米，定植杯的下半部进入营养液内。以后随着植株生长，逐渐下降至 3 厘米，使根系吸收营养和吸收氧气的矛盾得到解决。此设施造价较低，操作简单易行，且栽培效果较好。

(4)动态浮根法(DRF) 栽培装置主要包括营养液池、栽培槽(床)、空气混入器、排液器、定时器以及水泵等。该水培装置营养液灌溉时，根系可在槽内随营养液的流动而波动或摆动，营养液槽内的营养液深度达到 8 厘米时，自动排液器可启动，使槽内营养液排出。当营养液层深度降至 4 厘米时，会有部分根系外露，可直接自空气中吸收氧气。在夏季高温炎热时期营养液中缺氧的情况下，也能保证作物对氧气的需求。

(5)鲁 SC 水培系统 又称基质水培法，由山东农业大学研制开发主要结构由贮水池、栽培槽、供液和排液管、供液时间控制器及水泵等组成。栽培槽体可用土或水泥建造，槽长 2～3 米，呈倒三角形，高与上宽为 20 厘米，土槽内铺垫厚度为 0.1 毫米的薄膜防渗，中间有加层，其上加一层棕皮衬垫，再加约 10 厘米厚的基质。下部为盛置营养液和根系生长的空间，栽培槽的两端为供液槽头和排液槽头，每日定时供液 3～4 次。1 米长的贮液池容液量可供 80～100 米栽培槽的用液，该系统可用于栽培果菜类及西瓜甜瓜。

(三)无土栽培管理技术要点 目前，西瓜无土栽培主要是在保护设施中进行，其栽培技术除与棚室栽培基本相同外，应重点加强以下管理。

1. 调整营养液 营养液配方在使用过程中，要根据西瓜的不同生育期、不同季节和因营养不当而发生的异常表现等情况，酌情进行配方成分的调整。西瓜苗期以营养生长为中心，对氮素的需要量较大，而且比较严格，因此应适当增加营养液中的含氮量（氮∶磷∶钾＝3.8∶1∶2.76）。结瓜期以生殖生长为中心，含氮量应适当减少，磷、钾成分应适当增加（氮∶磷∶钾＝3.48∶1∶4.6）。冬季日照较短，太阳光质也较弱，温室无土栽培西瓜易发生徒长，营养液中应适当增加钾素；氮素应以硝态氮为主，少用或不用铵态氮。而在日照较长的春季栽培时，可适当增加铵态氮用量。西瓜缺氮、缺铁均会发生叶色失绿变黄现象，缺氮时往往是叶黄而小，全株发育不良；缺铁叶脉间失绿比较明显。西瓜无土栽培，由于缺铁而叶片变黄较为多见，这是因为营养液的 pH 值较高，致使铁化物发生沉淀，不能为植株吸收，生产中可通过加硫酸等使 pH 值降低，并适量补铁。

2. 提高供液温度 无论采用哪种无土栽培形式，营养液温度都直接影响西瓜根系的生长和对水分、矿质营养的吸收。西瓜根系生长的适温为 18℃～23℃，如果营养液温度长期高于 28℃或低于 13℃，均对根系生长不利。温室西瓜无土栽培极易发生温度过低的问题，可采用电热水器加温等措施提高营养液温度，使液温符合根系要求。沙砾盆栽或槽栽，尽量把栽培容器设置在地面以上，室内保持适宜的温度，以提高根系的温度。

3. 补充二氧化碳 二氧化碳是西瓜进行光合作用、制造营养物质的重要原料，也是决定西瓜产量及品质的重要因素。温室西瓜无土栽培，二氧化碳消耗很快，由于无土栽培不施用有机肥料，棚室内二氧化碳含量较少，因此二氧化碳追肥是西瓜无土栽培不可缺少的措施。温室补充二氧化碳的方法：一是开窗通气。上午 10 时以后，在不影响室温的前提下开窗通气，补充大气中的二氧化碳。二是采用碳酸氢铵与硫酸反应产生二氧化碳。三是施用干冰或压缩二氧化碳。四是用二氧化碳发生机产生二氧化碳。

4. 其他管理 西瓜无土栽培，如采用沙砾盆栽法，一般每天

供液2～3次，上午和下午各1次，在晴朗、高温的中午可增加1次，每次单株用液量为0.5～1千克，苗期用量少些，后期用量大些。如营养膜法和雾栽法，两次供液的间隔时间一般不超过半小时。西瓜伸蔓后，及时上架或吊蔓。采用双蔓整枝法，即只保留主蔓和1个健壮侧蔓，余者随时打去。可选择发育良好的第三或第四雌花留瓜，开花后及时进行人工授粉。

二、小型西瓜栽培技术

（一）小型西瓜生育特性

1. 幼苗弱，前期长势较差　小西瓜种子储藏养分较少，出土力弱，幼苗子叶小，下胚轴细，长势较弱。尤其在早春播种时幼苗处于低温、寡照的环境条件下，更易影响幼苗生长。幼苗定植后若处于不利气候条件下，幼苗期与伸蔓期植株仍表现细弱；一旦气候好转，植株就可恢复正常生长。小西瓜的分枝性强，雌花出现较早，着生密度高，易坐瓜。

2. 果型小，果实发育周期短　小西瓜果实小，果实发育周期较短，在适温条件下，雌花开放至果实成熟只需22～26天。

3. 易裂果　小西瓜皮薄，在肥水过多、植株生长过旺，或水分和养分供应不匀时，容易发生裂瓜。

4. 对氮肥反应敏感　小西瓜生长发育对氮肥的反应尤为敏感，氮肥量过多非常容易引起植株营养生长过旺而影响坐瓜。因此，基肥的施用量应较普通西瓜减少。由于果实小，多采用多蔓多瓜栽培。

5. 结瓜周期性不明显　小西瓜前期生长差，如过早自然坐瓜，则瓜个很小，而且易发生坠秧，严重影响植株的营养生长。因此，生长前期既要防止营养生长弱，又要及时坐瓜、防止徒长。植株正常坐瓜后，因果实发育周期短，对植株自身营养生长影响不大，故持续结瓜能力强，可以多蔓结瓜，而且果实的生长对植株营养生长影响并不大。所以,小西瓜的结瓜周期性不像普通西瓜那样显著。

(二)小型西瓜栽培方式与栽培季节　小型西瓜生育期较短,果实成熟早,易坐瓜,在保护设施条件下,可实现多季多茬栽培(表5-1)。

表 5-1　小型西瓜栽培方式与栽培季节

栽培方式	播种期	定植期	采收期
冬春温室	12月中旬至翌年1月下旬	1月下旬至2月份	4月中旬采收一茬瓜,5月上旬采收二茬瓜
春大棚或拱圆棚	1月下旬至2月上旬	2月下旬至3月上旬	5月上旬
夏大棚或拱圆棚	5月下旬	6月中旬	8月中下旬
早秋大棚或拱圆棚	7月上中旬	7月下旬至8月初	9月下旬至10月初
秋温室或大棚	8月中下旬	9月上中旬	翌年元旦前后

(三)小型西瓜栽培技术要点

1. 播后分次覆土　小型西瓜种子小,出土力弱,播种后不可一次覆土(基质工厂化育苗除外),最好分2次覆土,并且要保持一定温湿度。

2. 培育壮苗　由于小型西瓜子叶苗细弱,生长较缓慢,应给予良好的生长发育环境,如较高的温度、充分的湿度、容易吸收的养分及足够的光照等。拉十字至团棵或定植前,最好进行1～2次根外追肥,可叶面喷施洁特1 000倍液或0.3%～0.5%磷酸二氢钾溶液。

3. 合理密植　小型西瓜分枝较强，采用侧蔓坐果产量较高，故多采用三蔓或四蔓（匍匐栽培）整枝，因此栽植不可过密。生产中，小型西瓜栽植密度，应根据栽培模式、整枝方式和单株坐瓜数而定（表 5-2）。

表 5-2　小型西瓜不同栽培模式和整枝方式的栽植密度

栽培模式	立架栽培		匍匐栽培	
整枝方式	双蔓整枝	三蔓整枝	三蔓整枝	四蔓整枝
定植密度（株/667 米^2）	1100～1300	800～1000	400～700	300～600
坐果数/株	2	2～3	2～3	3～5

4. 田间管理　定植后浇 1 次充足的缓苗水。直到第一雌花出现前不再浇水。浇水应少次多量，这样可使根系分布深而广。小型西瓜植株一般后期长势强，应施用硝态氮肥，施用量应比常规西瓜少 25%～30%。理想的状态是第一雌花节位在主蔓 6～8 节，第二雌花节位在 11～13 节，适宜的第一坐瓜节位应为 11～13 节。小型西瓜坐瓜能力强，爬地栽培单株坐果可达 4～6 个，在生长发育良好的条件下应多授粉，不必人工疏瓜。

5. 及时采收，防止裂瓜　小型西瓜适熟期较短，而且在气温忽冷忽热、水分供应忽多忽少、暴雨过后或氮肥过多时极易裂瓜。所以，生产中应利用保护设施，避免温度和水分波动过大；果实膨大后期减少氮肥增加钾肥；采收前 7～10 天停止浇水。同时，果实成熟后应及时采收。

三、西瓜支架栽培技术

（一）西瓜支架栽培的意义　目前，支架栽培西瓜主要是保护地设施栽培，随着西瓜栽培面积的扩大和耕地面积的减少，露地支架栽培西瓜将会越来越引起重视。西瓜支架栽培的优势有以下几点。

1. 增加种植密度　西瓜支架栽培由于瓜蔓可以均匀分布在立架上，可以进行高度密植。一般畦宽 1～1.2 米，双行三角形交错栽植，株距 0.4～0.5 米，用大架（高架）栽培时每 667 米^2 栽植 1 500～1 800 株，采用小架（低架）栽培时每 667 米^2 栽植 1 200～1 400 株。西瓜支架栽培比普通栽培每 667 米^2 可增加株数 1 倍以上，可节约耕地 1/2 左右。

2. 提高坐瓜率　据广西的柳沙园艺场试验，西瓜支架栽培比不支架的坐瓜率提高约 31.2%。据山东省淄博市临淄区及陕西省岐山园艺公司等单位试验，坐瓜率提高 12%～33%。这是因为支架栽培瓜蔓直立生长，改善了田间通风透光条件，从而提高了坐瓜率。

3. 提高产量　支架栽培可以高度密植，而且植株向空间立体发展，极大地改善了植株所处的温度、湿度（空气湿度）、光照、通风等小气候状况，所以能够大幅度地提高西瓜产量。据中国农业科学院果树研究所的多年试验观察，小架栽培可增产 50%以上，大架栽培可增产 70%～80%。

4. 减轻病害　支架栽培西瓜植株直立生长，蔓叶不与地面直接接触，不仅改善了通风透光条件，而且远离了土壤病源，因此发病率低，且感病程度轻（病情指数较小）。据广西柳沙园艺场调查，支架栽培西瓜的炭疽病发病率仅为对照的 26.4%。

5. 改善西瓜品质　据多地调查，支架栽培西瓜，果实商品性状较好，一般均表现为瓜形周正、皮色鲜艳一致、外形美观、品质优良。

（二）整地做畦　露地或地膜覆盖支架栽培时，平畦可做成畦宽 1～1.3 米，畦面覆盖地膜；也可在畦北侧再加一道高 50 厘米的风障，以挡风增温。在栽苗后再扣拱棚，昼揭夜盖，成为双覆盖形式；采用垄栽的，可按 66 厘米垄宽与 66 厘米垄沟（人行道兼灌水沟）相间排列，在垄上覆盖地膜，西瓜生长期再在沟内铺草。

(三)品种选择和栽植密度 支架栽培西瓜应选用极早熟或早熟、蔓叶不太旺盛的小果或中果型品种，如特小凤、红小玉、拿比特、世纪春蜜、春光、早红玉、京秀、京玲、早佳、小兰、绿美人等。我国支架栽培西瓜均趋向密植，实验证明，高度密植在一定范围内虽然可提高单产，但单瓜重却明显下降。因此，支架栽培也不可种植过密，一般可参照大棚搭架栽培密度，或适当再密些。小果型品种，棚架栽培的，每 667 米^2 可栽 1 300～1 600 株；中果型中早熟品种，三角架栽培的，每 667 米^2 栽 1 000～1 300 株。定植时，畦宽 1 米的每畦栽 1 行，畦宽 1.3 米的每畦栽 2 行，株距均为 0.4～0.5 米。

(四)移栽定植 支架栽培西瓜，应采用育大苗移栽，苗龄为 4 叶 1 心，最好用嫁接苗，进行开膜挖穴栽植，栽后浇水、覆土，重新盖好地膜。双行栽植时，一般采用三角形错开栽植。

(五)搭设支架 支架西瓜采用的架式，目前有篱壁架、人字架、塑料绳吊架、棚架和三角架等多种，生产中可根据栽培场地(温室、大棚、中棚或露地等)、种植密度及架材等进行选择。棚室支架栽培通常采用篱壁架、人字架或塑料绳吊架。露地支架栽培多采用棚架成三角架。架材可选用竹竿、细木棍、树枝及细铁丝、尼龙绳、塑料绳等。立杆可选用长 1.2～1.8 米、粗 2～3 厘米较直立的竹竿或木棍，插地的一端要削尖。西瓜蔓长至 20～30 厘米长时进行搭支架，搭架插立杆时，立杆应距苗根部 25 厘米左右，深度一般为 15～25 厘米，具体搭设支架的方法可参考本书第四章西瓜栽培技术中搭架绑蔓相关内容。

(六)整枝绑蔓 搭架西瓜普遍采用双蔓整枝，选留 1 主蔓 1 侧蔓，其余侧蔓去掉。在主蔓第二、第三雌花节位选留 1 瓜。当瓜蔓长至 60～70 厘米时陆续上架绑蔓，上架绑蔓的同时进行整枝。单蔓整枝时，将主蔓上架，其余侧蔓全部剪除。双蔓整枝时，每株选留 2 条健壮的瓜蔓(通常为主蔓和基部 1 条健壮侧蔓)上架，将其余侧蔓全部剪除。无论单蔓整枝还是双蔓整枝，所留瓜蔓上的侧枝均要随时剪除。随着瓜蔓的生长要及时将瓜蔓引缚上架，可用湿稻草或塑料绳将瓜蔓均匀地绑在架的立杆和横杆上，要一条蔓一条蔓地引缚，切不可将两条蔓绑为一体。同时不要将瓜蔓绑得太紧，以免影响植株生长。绑蔓方式可根据支架高低、瓜蔓多少及长短等而定，可采用S形、之字形、A形或U形，具体方法可参考本书第四章西瓜栽培技术中的相关内容。

(七)留瓜吊瓜 经整枝后每条瓜蔓上只选留1个雌花坐瓜，通常选留第二雌花人工授粉，使其坐瓜。多余的小侧蔓和幼瓜要及时摘除，使养分集中供应所留瓜，促瓜迅速膨大。支架栽培要进行吊瓜和放瓜，当幼瓜长至0.5千克左右时开始吊瓜。吊瓜前先做吊瓜用的草圈和带(通常每个草圈3根带)，吊瓜时先将幼瓜轻轻放在草圈上，然后再将3根吊带均匀地吊挂在支架上。支架较矮时，一般不吊瓜，可先在坐瓜节位的上方用塑料绳将瓜蔓绑在支架上，当幼瓜长至0.5千克以上时，再将坐瓜节位的瓜蔓松绑，将瓜小心轻放于地面，并在瓜下垫一些麦秸或沙土。

(八)其他管理 支架西瓜密度大、坐瓜多，对肥水的需要量也比爬地栽培多。由于支架对田间操作有一定影响，因而中耕除草、病虫害防治等方面也比爬地栽培较为费工。

1. 肥水管理 支架栽培西瓜在重施基肥、浇足底水的基础上，在西瓜膨大期间仍需补充大量的肥水。在肥水管理上应掌握坐瓜前适当控水、控肥，防止徒长坐不住瓜；坐瓜后以水促肥，肥水并用，促瓜迅速膨大。支架西瓜生长中后期可在排灌水沟内随水冲施腐熟粪稀或新型水溶肥、冲施肥、液肥等，腐熟粪稀用量按每30米长的瓜畦每次冲施15～25千克原液，膨瓜期可冲施2次；施用其他新型水溶肥，应按照使用说明书施用。浇水次数也要比一般瓜田增加，除每次结合追肥浇水外，每隔2～3天浇1次膨瓜水，直到采收前3～5天停止浇水。

2. 中耕除草 在支架前应进行1次浅中耕，除掉地面杂草，疏松表层土壤。瓜蔓上架后，注意经常拔除支架内外的杂草，尤其是排灌水沟两侧的杂草，应及时拔除。既可减少养分消耗，又有利于架内通风透光。畦面板结时，可用铁钩划锄。

3. 打顶 西瓜支架栽培，瓜蔓打顶也是一项重要管理任务。无论单蔓整枝还是双蔓整枝，每株西瓜应保留50～60片叶(约为1米^{2}的叶面积)，然后将每条瓜蔓的顶端剪去。打顶一般掌握在幼瓜长至直径10厘米左右时进行。

4. 病虫害防治 支架栽培西瓜种植密度大，又因绑蔓次数较多，病虫害较严重，应加强防治。

5. 采收 西瓜支架栽培，果实外观鲜艳，果形端正，收获时要细心，轻拿轻放，妥善包装，保持优良的商品品质，以有利于提高商品性。

四、西瓜再生栽培技术

西瓜再生栽培就是在第一茬瓜采收后，割去老蔓，加强肥水管理，促使植株基部潜伏芽萌发出新的秧蔓，培养其重新结瓜的一种栽培方式，也称为“割蔓再生栽培法”。主要是利用植株基部潜伏芽具有萌发再生的能力，减少栽培环节，延长西瓜供应期。

(一)割蔓时间和方法

1. 割蔓时间 一般育苗移栽或地膜覆盖栽培西瓜多在6月份成熟采收，此期外界气温较高，日照充足，雨量适中，比较适于西瓜生长发育，此时割蔓新枝萌发快、生长良好，容易获得高产。割蔓时间宜早不宜迟。若栽培或割蔓较晚，进入高温多雨季节，或遇高温干旱天气，新发秧蔓易受病虫危害，生长势弱，空秧率高，产量较低。一般要求割蔓时间不能晚于7月上旬，以保证二茬瓜的成熟。

2. 割蔓方法 在第一茬瓜全部采收以后，应及时将全园的老瓜蔓剪除。方法是在主蔓和2条侧蔓的基部保留10厘米左右的老蔓、含有3～5个潜伏芽，其余部分全部剪掉，并将剪下的秧蔓连同杂草一起清出园外。剪蔓3～5天后，基部的潜伏芽即可萌生出新蔓。

(二)再生栽培管理要点

1. 促发新蔓 割蔓以后，露地栽培或小拱棚栽培的，清除植株根际附近的杂草，并用瓜铲刨松表层土壤，整平后覆盖50厘米见方的地膜，以提高地温，促进新蔓的萌发和生长；地膜覆盖栽培的，应将地膜上的泥土清扫干净，也可将地膜揭起用清水冲洗干净再重新铺好，以提高地膜的透光率。土壤墒情较差时，可在地膜前侧开一条宽、深各20厘米左右的沟，顺沟浇水，浸润膜下土壤。结合浇水每667米^{2}施尿素15～20千克，新型硫酸钾5～10千克，或磷酸铵型复合肥20～30千克，以促进新蔓早发旺长。

2. 防治病虫害 再生西瓜一般生长势较弱，加之新蔓的发生和生长期处于高温多雨季节，各种病虫害极易发生和蔓延。再生西瓜容易发生的病害主要有枯萎病、炭疽病、病毒病、疫病等，容易发生的害虫主要有蚜虫、金龟子、黄守瓜等，应加强防治。生产中除在割蔓前注意适时喷药防病治虫、保持植株旺盛生长外，割蔓后应及时用药提前预防，把病虫害消灭在初发阶段。

3. 留瓜节位 西瓜再生新蔓的管理与早熟栽培相似，蔓长30厘米左右时，选留2～3条长势良好、较长的瓜蔓，采用三蔓紧靠式整枝法，剪除其他多余侧蔓。再生栽培因植株长势较弱，叶片较小，故留瓜节位不宜过低，一般不选用第一雌花留瓜；否则，因营养面积过小，而导致瓜个小产量和商品价值低。西瓜再生栽培适宜的留瓜节位为第二雌花。

4. 人工授粉 为确保坐瓜，对每条新生长蔓上的第二雌花均进行人工授粉，最后在适宜的节位上选留1个子房周正、发育良好的幼瓜，其余的及时摘除。

5. 追肥浇水 根据再生新蔓的生长情况，开花坐瓜前进行追肥，每 667 米^2 可追施腐熟饼肥 40～50 千克或双膜缓控释肥 15～20 千克。幼瓜坐稳后，每 667 米^2 施硝酸磷肥 1 千克，或尿素 150～225 千克，或史丹利复合肥 150 千克。追肥可在距瓜根 30 厘米处开沟或挖穴施用，追肥后及时浇水。结瓜期干旱时应及时浇水，雨后注意排水。结瓜后还可用 0.2% 尿素溶液进行叶面喷肥。

(三)收获 再生西瓜的生育期一般比同品种原生西瓜的生育期短些，特别是春播西瓜的再生栽培，其生育期正值高温季节，有效积温很高，因而果实成熟也很快。所以，再生西瓜的采收期一般可比春播原生西瓜提早 3～5 天。

五、西瓜有机栽培技术

(一)地块选择 选择远离城市及厂矿排污或其他污染源的地块种植。

(二)品种选择 有机西瓜生产成本较高，一般应选择高档优质、独具特色或珍稀的西瓜品种，如冰晶、小兰、晶迪、金鹤玉凤、黄小玉、金福、金碧、黄珍珠、京雪、冰激凌等。

(三)限用化肥 一是提倡施用有机肥，并注意以下几方面问题：①就地取材，施用农家肥。②不准施用城市垃圾、排泄物、工业废渣和未经处理的有机物。③堆肥必须经过高温无害化处理，处理温度为 50℃～55℃，持续 5～7 天。二是提倡施用商品有机肥。三是严格按照 AA 级绿色食品、有机食品生产要求，不允许施用任何化学肥料、农药。四是推广施用新型叶面肥。新型叶面肥能降解农药残留、预防药害，是生产有机西瓜的重要技术措施。主要作用：①能快速补充西瓜所需要的多种营养元素，激活作物中多种酶的活性，加速运转功能。②促早熟，防早衰，优质高产。③促进叶绿素的形成，增强光合作用，提高光合效率。④生根壮根，根系发达。茎蔓粗壮，叶色浓绿，壮花保果，西瓜瓤色好，商品价值高。⑤促进β-类胡萝卜素的形成，提高作物抗旱、抗冻、抗重茬、抗病毒、抗病虫害能力。⑥有效预防猝倒病、立枯病、霜霉病、白粉病、枯萎病、瓜疫病、炭疽病及病毒病等病害。

（四）多施厩肥 中等肥力水平的地块一般每公顷施厩肥45 000～60 000千克，或鸡鸭粪7 500～11 250千克，草木灰450～600千克，施菜籽饼肥750～1 500千克，富尔磷、钾菌肥60～75千克。基肥用量占总用肥量的40%～60%。

（五）充分利用沼液沼渣 一是配制营养土。腐熟沼渣1份与菜园土10份混合配制营养土，每立方米营养土加硝酸磷肥1千克拌和均匀，装营养钵育苗。二是作基肥。移栽前7天，将沼渣施入大田瓜穴，每667米^{2}施沼渣2 500千克左右。三是作追肥。从坐瓜到果实成熟，每10～15天在株间追施1∶2的沼液1次，每次每667米^{2}施沼液500千克。

（六）病虫害安全防治 一是坚持预防为主、综合防治的植保方针，积极推广物理防治、生物防治和洁田防治方法。二是正确鉴别病虫害种类，有针对性地选择有机农药。三是即使高效低毒低残留农药，也只能在无公害的范围内使用，提倡使用烟碱、苦参碱、阿维菌素、氟虫腈、氟啶脲、虫酰肼、波尔多液等。四是积极提倡用沼液防治病虫害，从伸蔓后开始，每7～10天喷1次沼液，浓度为1∶2；果实膨大后喷施浓度为1∶1，可有效防治枯萎病及其他病虫害。

第五节 无籽西瓜栽培技术

一、无籽西瓜的分类

无籽西瓜是指果实内没有正常发育种子的西瓜。根据无籽西

瓜形成方法的不同，可分为三倍体无籽西瓜、激素无籽西瓜、二倍体×四倍体无籽西瓜、染色体易位无籽西瓜 4 类。目前生产中大多栽培三倍体无籽西瓜。

二、无籽西瓜栽培技术要点

无籽西瓜与普通西瓜栽培技术有许多共同之处，如整地、施肥、浇水、整枝、选留瓜、人工辅助授粉及病虫害防治等。但也存在许多不同之处，如播前种子处理，解决采种量低、发芽率低、成苗率低问题，提高坐瓜率及果实品质问题(皮厚、空心、着色秕籽)等。

(一)种子处理

1. 种子破壳 由于三倍体无籽西瓜种皮厚而坚硬，不仅吸水缓慢，而且胚根突出种壳时会受到很大阻力，既影响发芽速度，又消耗大量能量；加之种胚发育不完全，生活力较弱，发芽很困难，因此必须进行破壳处理。试验和实践均证明，破壳可以有效地提高三倍体无籽西瓜种子的发芽势和发芽率(表 5-3)。尤其在较低的温度条件下催芽，更应进行破壳处理。破壳处理可在浸种前进行，也可在浸种后进行，浸种前破壳时浸种时间应缩短 2～3 小时；先浸种后破壳时，在破壳前要先用干毛巾或干净布将种子擦干，以免破壳时种子打滑不便操作。破壳方法有口嗑破壳法和机械破壳法两种。

表 5-3 破壳对不同倍数性西瓜种子发芽率的影响

处理 品种	25℃条件下的发芽率(%)		32℃条件下的发芽率(%)	
	嗑籽破壳	不破壳	嗑籽破壳	不破壳
蜜宝四倍体	78	69	91	82
78366 无籽	69	22	84	38
乐蜜 1 号	72	93	96	94

(1)**口嗑破壳法** 就是用牙齿将种子喙部(俗称种子嘴)嗑开

一个小口。操作时像平时嗑瓜籽一样，手拿 1 粒种子将其喙部放在上下两牙齿之间，轻轻一咬，听到响声为止，不要咬破种胚。

(2)机械破壳法　用钳子将种子喙部沿窄面两边轻轻夹一下即可。为了确保安全，可在钳子后部垫上一块小塑料或小木块，以防用力大时损伤种胚。

2. 催芽　无籽西瓜种子发芽适温为 32℃左右，较普通西瓜催芽温度略高。但为了避免下胚轴过长，可采用变温催芽法，即在催芽前期的 10～12 小时使温度保持 36℃～38℃，以促进种子加快萌发；此后使温度降至 30℃，直至胚芽露出。

(二)无籽西瓜育苗　无籽西瓜育苗方法与二倍体普通西瓜相同。但对苗床温度要求较高，所以应采用温床或在棚室内育苗。苗床温度管理应掌握比二倍体普通西瓜高些，发芽期最适温度为 30℃～32℃，幼苗期为 25℃～28℃。无籽西瓜育苗苗床浇施化肥溶液，对幼苗生长具有明显的促进作用，化肥溶液由 0.1％尿素＋0.2％硫酸钾或 0.2％新型硝酸钾组成。也可在出苗后 20 天左右时，用喷壶在苗床内喷 0.3％磷酸二氢钾溶液，8～10 天后再喷洒 1 次即可定植。

(三)定植　无籽西瓜栽培，必须间植一部分二倍体普通西瓜。这是因为西瓜无单性结实能力，如果单纯种植无籽西瓜，由于缺乏正常发育花粉的刺激作用，不能使无籽西瓜子房膨大而形成果实，因而必须借助二倍体普通西瓜花粉的刺激作用，才能长成无籽西瓜。无籽西瓜田间配植二倍体普通西瓜的比例一般为 1/4～1/3，可每隔2～3 行无籽西瓜种植 1 行二倍体普通西瓜。具体配植比例与无籽西瓜种植面积的大小及蜜蜂多少有关，如无籽西瓜种植面积较大、蜜蜂较多时，可适当减少二倍体普通西瓜比例。所种二倍体普通西瓜，应在瓜皮颜色或花纹上面与无籽西瓜有明显的区别，以防止采收时混淆不清。定植时注意轻拿轻放苗钵，勿破钵散坨。定植深度以营养纸袋或营养土块的土面与瓜沟地面相平为宜，采用地膜覆盖栽培时，可随定植随铺地膜。

（四）追肥浇水　无籽西瓜在定植后可追肥 2～3 次。第一次追肥在开始伸蔓时进行，称为催蔓肥，每 667 米^2 施磷酸铵 20～30 千克或饼肥 60～80 千克。若施用化肥，应氮、磷、钾肥配合，如在追施纯氮肥（含硫氮肥、尿素）、多肽双脲铵等时，可配合施用硝基磷酸铵、新型硝酸钾等磷、钾肥。也可追施控释复合肥、海藻复合肥、螯合复合肥等任何 1 种，每 667 米^2 用量 20～30 千克。追施方法是在株间开深 6～8 厘米、长 20 厘米的追肥沟，将肥料撒入沟中，与土混匀后封沟。第二次追肥在植株开始坐瓜时进行，称为坐瓜肥，每 667 米^2 施多肽缓控复合肥或多元素水溶肥 20～30 千克，施用方法与第一次相同。第三次追肥在西瓜果实迅速膨大时（约坐瓜后 12 天）进行，称为膨瓜肥，每 667 米^2 施双酶水溶肥 20～30 千克，或腐殖酸水溶复合肥、靓果高钾复合肥 15～20 千克。施用方法是在离西瓜根部 30 厘米左右处沿瓜沟方向开深6～8 厘米深、长 20 厘米的追肥沟，将肥料均匀撒入沟内，与土混匀后封沟。也可结合浇水冲施肥料。

无籽西瓜从定植到果实成熟，一般需浇水 5～8 次。根据浇水时期和作用，分别称为定植水、抽蔓水、坐瓜水和膨瓜水（3～4 次）等。定植水不可过大，以免降低地温，以湿透营养纸袋（杯）及定植穴土壤或基质即可。每次追肥后均应适当浇水，以便充分发挥肥效。果实膨大后，浇水量要逐次增大，直到果实采收前 3～5 天停止浇水。

（五）高节位留瓜　坐瓜节位对于无籽西瓜产量和品质的影响比二倍体普通西瓜更为明显。无籽西瓜坐瓜节位低时，不仅果实小、瓜形不正、瓜皮厚，而且种壳多并有着色的硬种壳（无籽西瓜的种壳就很软、白色），还易空心、易裂瓜。坐瓜节位高的果实则个头较大，形状美观，瓜皮较薄，秕籽少，不空心，不易裂瓜。

（六）采收　无籽西瓜一般应比二倍体普通西瓜适当早采收。

如果采收较晚，则果实品质明显下降，主要表现为果实易空心或倒瓤，果肉易发绵变软，汁液减少，风味变劣。无籽西瓜一般以九成至九成半熟采收品质最好。

第六节　籽瓜栽培技术

一、品种选择

籽瓜品种依种皮色泽有红瓜籽和黑瓜籽之分；依种子大小有大板、中板和小板之分。目前，新选育的黑大板优良品种主要有新籽瓜一号、新籽瓜二号、兰州大片等；红大板优良品种主要有吉祥红、普通红、台湾红等。

二、土地选择

籽瓜具有耐干旱、耐瘠薄，适于粗放栽培的特性，除沙质壤土外，还可利用沙荒、丘陵等非耕地种植。在沙荒地种植时，盐碱含量应不高于0.25%。

三、播种前的准备

（一）土壤除草　播前每667米^{2}用96%异丙甲草胺乳油70毫升或30%仲丁灵乳油250毫升兑水30升，用机械喷雾器喷于地表，然后耙地3～4厘米深，混土24小时后播种。

（二）种子消毒　播种前1天用3份开水与1份凉水混合的温水浸种2小时，沥水后晒5小时左右，晒至九成干时每千克瓜种用2%戊唑醇拌种剂2克均匀拌种。

（三）施好基肥　中等肥力的地块，每667米^{2}开沟浅施磷酸铵10～15千克或控释复合肥15～20千克、硫酸钾3～5千克。

（四）灌好底墒水　底墒水要小水轻浇，均匀渗透瓜沟，以适墒

播种。

四、播 种

沙田栽培一般于4月中下旬至5月上中旬，气温稳定在10℃以上、5厘米地温稳定在15℃以上进行播种。播种期间如墒情差、地温较高应抢墒早播，播种宜深些（2～3厘米）；墒情好、地温较低时应适当晚播，播种宜浅些（1.5～2厘米）。多采用人工点播，株距15～20厘米，每穴播2～3粒种子，一般每667米^{2}播1 500～1 600穴。也可根据地力、畦式和栽培条件等确定密度，采用宽畦栽培的，幅宽1.8米，株距25～30厘米，每667米^{2}栽2 000～3 000株，以密植多瓜来提高种子产量。宽畦密植最好采用三角形点播，方法是在种植行刮开沙层，呈马蹄形挖沙窝，露出15厘米见方土面后翻松拍实，在沙窝里开长10厘米、宽15厘米、深2厘米的播种沟，按三角形每处播2粒瓜种，播后覆盖1厘米厚湿润细土，再覆盖约2厘米大的蚕豆大粗沙，并将播种穴四周用粗沙挤紧形成沙窝，以利保湿增温。用种量因瓜种和密度大小不同而异，一般每667米^{2}用种量1～1.5千克，高度密植者，可达2千克。

五、田间管理

（一）查苗补苗 幼苗开始陆续出土时，要注意经常到田间检查，对没有出苗的地方要及时补种。

（二）人工辅助放苗 地膜覆盖栽培时，子叶展开后即可放苗。铺膜后点播的只需将幼苗理出膜孔外；铺膜前点播或条播的需破膜放苗，以免幼苗在膜下高温烧死。

（三）定苗 2片真叶平展后及时间苗，去弱留强；4片真叶展平时定苗，每穴留1株健苗，如附近缺苗时可留双株。垄畦种植籽瓜，每667米^{2}保苗3 500株左右；平畦种植籽瓜，每667米^{2}保苗4 500株左右。

(四)中耕除草 出苗后,垄畦种植的要将沟底和垄背上的杂草拔除。平畦种植的要及时进行中耕。

(五)整枝顺蔓 籽瓜栽培一般不整枝打杈,但需在 抽蔓前、生育中期及时理顺瓜蔓,使主蔓向行间或垄顶延伸。

(六)浇水 浇水应根据气温、降水和土壤墒情而定。苗期,为培育壮苗不宜早浇,引导根系向深层伸长,至团棵期浇促蔓水;花期适当控水,以免旺长,促使坐瓜;瓜坐稳后应浇足膨瓜水。种瓜采摘前 10 日停止浇水。

(七)追肥 一般分 2 次追肥,第一次于幼苗团棵时进行,结合中耕除草,每 667 米^2 施多肽尿素 8～10 千克,或用腐熟人粪尿 800～1 000 千克。第二次在幼瓜鸡蛋大小时结合浇膨瓜水进行施肥,这次施肥主要是防止植株早衰,促瓜快长。如果采用地膜覆盖栽培,在坐瓜期至果实彭大期每浇 1 水每公顷追施尿素 75 千克,连追 2～3 次,方法是在浇水时每隔 50 厘米破膜冲施一些肥料。同时,果实膨大期应在每次浇水后喷 1 次叶肥,每公顷用磷酸二氢钾 3 千克兑水 750 升,充分溶化后叶面喷施。

六、采　收

成熟了的籽瓜,外皮白霜减退,瓜皮发软,用手击叩,声音不发脆。籽瓜采收后,在室内堆放 1～2 天再取籽为好。取籽最好在晴天的上午进行。晒籽最好用芦席垫晒,籽粒均匀散开、粒粒不粘,防止籽粒重叠,以免晒干后瓜籽变形。如果必须在水泥晒场上晒籽,晒籽时间不宜过长,以免影响瓜籽色泽和发芽率。晒后收籽时,严禁用任何铁制工具切、装,避免瓜籽变色。气候干燥地区,可在籽瓜成熟后留在田间晒至籽与瓤分离后脱籽,晒场要通风透光且大而平,脱粒后 48 小时防止雨淋,晾晒籽粒摊放要薄,晒至八成干时方可翻动。

第七节　西瓜种子的保纯繁殖

一、保纯繁殖方法

（一）保纯方法　采用空间隔离或单株自交，是保纯西瓜品种、防止混杂退化的有效措施。

1. 空间隔离　就是建立隔离区，西瓜品种保纯的隔离距离最少为 1 000 米以上，附近如有养蜂放蜂的其隔离距离应在 2 000 米以上。在隔离区内可以任其自然交配，以便收到更多的西瓜种子。

2. 单株自交　就是对西瓜植株上的雌花和雄花，于开花前一天的下午分别套袋，第二天上午 6～10 时取下套袋的雄花给套袋的雌花人工授粉。授粉后立即将雌花套袋，并做好授粉标记，既可以防混杂，又便于采收时识别。

单株自交方法可以绝对保证获得纯种，还可以继续选纯提高，以保持优良的种性。但其缺点是烦琐费工，不适于大量保纯繁育种子。空间隔离方法简单省工，又可大量繁殖种子，但种子纯度不尽人意。所以，生产中以保存原种或用于育种亲本提高原种质量为目的时，必须采用单株自交；如果保纯繁殖是为配制西瓜生产用种，则以空间隔离较好。

（二）繁殖方法

1. 适期育苗　亲本种子一般都很贵重，为节省用种多采用育苗栽培；为降低生产成本多采用露地栽培，因此适期育苗尤为重要。生产中可根据当地气候条件和栽培条件灵活选择育苗时间和育苗方法。

2. 嗑种催芽　繁殖四倍体西瓜种子时，由于种皮较厚，不易发芽，故在催芽前最好先将种子的发芽孔嗑开。嗑种时用力要适度，以刚嗑开条缝隙而不伤子叶（种仁）为宜。

3. 适当密植 瓜种栽培注重采种量，不计果实大小，故可适当密植。

4. 多留瓜 生产商品西瓜一般每株留1个果实，繁殖西瓜种子则可每株留2个以上果实。密植和单株多留瓜虽然都会使果实变小，却能极大地增加种子产量。笔者曾亲自做过多年试验，瓜重与种子数量不成正相关；而果实数量与种子数量成正相关。以四倍体一号西瓜为例，2.5～4千克的种瓜平均单瓜种子为81.5粒；1.75～2.25千克的种瓜，平均单瓜种子为70.3粒。每0.5千克的大种瓜，平均产种子12.4粒；每0.5千克的小种瓜，平均产种子20.1粒。由此可见密植和多留果实虽能使种瓜变小，但单位面积的种子产量提高。

5. 增施磷、钾肥 许多单位的试验均证明，增施磷、钾肥可使西瓜种子产量提高18.7%～31.3%。

6. 人工辅助授粉 据广州市果树科学研究所多年试验研究，农育一号（四倍体西瓜，下同）、北京2号西瓜品种，采用人工授粉方法比自然授粉的种瓜采种量分别提高34.4%和27%（袁力，1979）。

二、优良二倍体西瓜种子的繁殖

目前，国内外全部采用一代杂交种种植西瓜，所以优良二倍体西瓜种子的繁殖，也就是生产一代杂交种。其繁殖方法有自然授粉和人工授粉两种，自然授粉是按母本4、父本1的比例隔行种植在1个隔离区内，在母本雌花开放前，摘除全部雄花蕾，迫使母本接受父本的雄花花粉结果，采收的种子即为一代杂交种。此法不需人工授粉，但必须彻底摘除母本的雄花蕾，否则会产生假杂种。采用人工授粉时，母本可成片种植，有条件的可设隔离区同时繁殖母本种子；父本按母本的1/10单独种植。这种方法要求父本提供大量雄花，因此父本要比母本提前1周播种。人工授粉后需在该

果梗处留标记，其果实就是一代杂种的留种瓜，成熟后单独采种。

人工授粉繁殖种子的关键：一是要掌握好授粉时期，如授粉时期延迟，植株自然结果，则杂交率显著降低。在这种情况下，应摘除基部自然坐瓜的幼果，以提高人工授粉的坐瓜率。二是开始授粉时父、母本的花期要相遇。人工授粉在晴天、气温高的条件下，结瓜率可达40%以上。

三、优良三倍体西瓜品种的选育

(一)选育方法　可采用双亲杂交、三亲杂交和多亲杂交等方式。

1. 双亲杂交　也称二元杂交。即以四倍体西瓜为母本，以二倍体西瓜为父本进行杂交。这是三倍体西瓜制种最常用的方式。

2. 三亲杂交　也称三元杂交。为提高三倍体西瓜种子产量，利用两个性状相近的四倍体西瓜品种或同一个四倍体西瓜品种中两个单瓜种子数较多的自交系先进行交配，然后再以其杂交一代作母本与选定的二倍体西瓜(父本)进行杂交。

3. 多亲杂交　也称多元杂交。常用的是四元杂交，也称双杂交，制成的杂交种简称双交种。采用这一育种方式时，两个四倍体母本之间和两个二倍体父本之间的果实性状必须基本一致或差异很小的品种、自交系；否则，将会影响到无籽西瓜的商品性。由于采用这种育种方式需要的亲本多、时间长，我国在生产中很少采用。这种育种方式能将更多的优良基因集中到一个后代上，所以日本、美国、俄罗斯、巴西等国在西瓜抗病育种及特优品种选育中经常采用。

(二)选育程序　三倍体西瓜的育种程序与二倍体杂交一代西瓜基本相同。

1. 亲本选择与组合选配　双亲必须选择经多代自交、遗传基因纯合、稳定的品种或自交系；具备尽可能多的优良经济性状或互补性状；父、母本之间亲缘、地域及生态型等差异较大；优先选用适应性强、经济性状好、抗病虫、配合力强的亲本。采用测交选配杂交组合，应对父、母本分别进行多组合测交，最后筛选出较理想的优良组合。

2. 组合鉴定与品种比较　组合选配后，还要进行小区比较试验，以当前生产的主栽品种为对照。

3. 区域试验与生产示范　一般由省（市）或国家种子管理部门委托有关单位组织实施。

4. 品种审定　区域试验的合格组合或品种，可向上一级品种审定委员会提出品种审定，并需书面报告和填写《农作物品种审定表》，经国家或省市品种审定委员会批准并颁发审定证书。

（三）西瓜几种性状的遗传规律　在选配杂交组合时，除了要选择高产、抗病、优质外，还应考虑果形、果皮、瓤色等性状。例如，在无籽西瓜制种时，必须选择二倍体父本瓜皮颜色、花纹与四倍体母本瓜皮颜色、花纹明显不同的品种，以便采种时容易区别父、母本。另外，为了尽量集中父、母本双方的优良性状，还必须考虑到父、母本性状的遗传规律。西瓜几种性状的遗传规律如表 5-4 所示。

表 5-4　西瓜几种性状的遗传规律

部　位	母本×父本	杂种一代	杂种二代
瓜　蔓	长蔓×短蔓	长蔓	多数长蔓
果　形	长形×圆形	椭圆形	多数椭圆形
果　形	圆形×椭圆形	短椭圆形	多数短椭圆形
品　质	高糖×低糖	中间值（中糖）	中间值（中糖）
果皮颜色	白皮×花皮 青皮×黑皮 黑皮×花皮	花皮 深绿皮 黑皮	多数花皮 多数深绿皮 黑皮、深绿皮、花皮

续表 5-4

部　位	母本×父本	杂种一代	杂种二代
瓜　瓤 颜　色 瓤　质	红瓤×黄瓤 红瓤×白瓤 松瓤×紧瓤	黄瓤 粉红瓤 紧瓤	黄瓤、红瓤 多数粉红瓤 多数紧瓤
种子特征	大籽×小籽 黑籽×白籽 褐籽×白籽	中间 黑籽 灰黑籽	中间偏小 多数黑籽 多数灰黑籽

四、无籽西瓜种子的繁殖

杂交组合选定后，即以四倍体亲本为母本，二倍体亲本为父本进行杂交制种。

（一）父母本的配植比例　为了增加无籽西瓜种子产量，一般应尽量母本多、父本少。但在生产中还要根据授粉方式而定，如以昆虫加人工辅助授粉方式，田间配置以母本：父本＝3～4：1的比例混植，边行均种植父本，以利授粉；若采用全人工授粉方式，母本：父本＝10：1的比例种植，父本一般集中种植在母本的一侧。

（二）无籽西瓜种子繁殖中应注意的问题　①严格去雄。为了防止产生四倍体种子（母本自交），在雌花开放前应将其雄花蕾及早全部除掉。②明确标识性状。为了防止可能出现的混杂、混乱，应牢记父、母本的标识性状，如果实形状、皮色、花纹等，以用于区分四倍体母本和三倍体种瓜。③经常保纯繁殖足量的父、母本种子，只有常年保持一定数量的纯正亲本种子，才能保证配制出足量的无籽西瓜种子。④提高制种质量。一是要提高父、母本种子质量，防止混杂退化。二是要加强制种地田间管理，提高制种技术。⑤提高采种量。生产实践证明，合理密植，增施磷、钾肥，单株多留瓜，西瓜种子产量可提高20%～30%。

（三）三倍体西瓜的采种 三倍体西瓜种子与普通西瓜种子不同，为争取收到更多发芽率高的优良种子，采种时应做到以下几点。

1. 必须充分成熟 三倍体西瓜种子的种胚发育较慢且先天不足，发育不充实，所以种瓜必须充分成熟才能采收。未充分成熟的果实，必须收获时采收后应放置棚室内，后熟5天左右方可剖瓜取籽，以提高种子质量。

2. 剖瓜取籽 三倍体西瓜的单瓜种子数量很少，一般只有几十粒。剖瓜取籽时，须将种瓜切成小瓣，用竹签把种子一粒一粒地从瓜瓤中取出。取籽时最好在晴天进行，以便及时洗净、晒干。

3. 晒种 种子晾晒时，应每隔2～3小时翻动1次。如果阳光过分强烈，需用纱网遮盖种子，防止烈日暴晒。注意不可将种子直接放在水泥地或铁板上摊晒，以免烫伤种子。

4. 不进行酸化处理 二倍体西瓜采种时一般都进行酸化处理，即种子连同瓜瓤放在一起，经酸化后再清洗出种子。三倍体西瓜种子，如经酸化处理则会降低发芽率，故不能进行酸化处理。据试验，三倍体西瓜种子经酸化24小时后，发芽率降低13.5%；酸化48～72小时后，发芽率降低46%～72.5%。

5. 种子存放 种子晒干后装入布袋内，置于通风干燥处单独贮藏。种子贮藏过程中，要有专人负责，防止受潮、机械混杂、鼠咬虫蛀等，以确保种子质量。

第六章　西瓜采收经销与贮藏加工

第一节　西瓜采收

一、采收适期

西瓜采收过早或过晚，均直接影响其产量和质量，特别是对含糖量以及各种糖分含量的比例影响更大。用折光仪测定出的可溶性固形物含量，一般称为全糖量，包括葡萄糖、果糖和蔗糖等，不同的糖其甜度也不相同，若以蔗糖甜度为100%，则葡萄糖甜度为74%、果糖甜度为173%、麦芽糖甜度仅为33%。成熟度不同的西瓜，各种糖类的含量也不同，最初葡萄糖含量较高，以后葡萄糖含量相对降低，果糖含量逐渐增加，至西瓜十成熟时，果糖含量最高，蔗糖含量最低；西瓜十分成熟之后，葡萄糖和果糖的含量相继减少，而蔗糖的含量则显著增加。因此，表现为不熟的西瓜固然不甜，过熟的西瓜甜度降低。所以，生产中应正确判定西瓜的成熟度，确保在其果糖含量最高时采收是保持西瓜优良品质的关键技术。

二、西瓜成熟度

根据用途和产销运程，将西瓜成熟度分为远运成熟度、食用成熟度、生理成熟度。远运成熟度可根据运输工具和运程确定，如用普通货车，运程为5～7天的，可采收八成半至九成熟的瓜；运程在

5天以下的,可于九成熟时采收。当地销售的可于九成半至十成熟时采收。食用成熟度的要求是果实完全成熟,充分表现出本品种应有的形状、皮色、瓤质和风味,含糖量和营养价值均达到最高点,也就是所说的十分成熟。生理成熟度就是瓜发育到最后阶段,种子充分成熟、种胚干物质含量高、胎座组织解离、种子周围形成较大空隙,由于大量营养物质由瓜瓤流入种子,瓜瓤的含糖量和营养价值大大降低,所以只有供采种用的西瓜才在达到生理成熟度时采收。

三、判断西瓜成熟度的方法

西瓜生熟的程度称作成熟度,判断西瓜成熟度的方法有以下几种,生产中可灵活掌握,综合运用。

(一)目测法 根据西瓜果实或植株形态特征、标记对比。首先是看瓜皮颜色的变化,由鲜变浑、由暗变亮,显出老化状态。这是因为西瓜成熟时,叶绿素渐渐分解,原来被它遮盖的色素(如胡萝卜素、叶黄素等)渐渐显现出来。不同品种的西瓜,在成熟时会显出其品种固有的皮色、网纹或条纹。有些品种(如黑蜜二号、蜜宝、核桃纹、大青皮等)成熟时的果皮变得粗糙,有的还会出现棱起、挑筋、花痕处不凹陷、瓜把处略有收缩、坐瓜节卷须枯萎1/2以上等。此外,瓜面茸毛消失,发出较强光泽,以及瓜底部不见阳光处变成橘黄色等均可作为成熟度的参考。

(二)计日定熟法 也叫标记法。每个西瓜品种自开花至成熟的时间,在同一环境条件下大致是一定的,如庆农5号为32天、京欣8号为35天、庆农6号为33天、京欣7号为32天、京欣2号为28天。一般极早熟品种从开花至成熟需24～28天、早熟品种需28～30天、中熟品种需30～35天、晚熟品种需35～40天,同一品种早春头茬瓜较二茬瓜晚熟3～5天。对同一时期内坐的瓜纽立一标记,参照上述品种所列时间计日收瓜,漏立标记的可参考坐瓜

节位和瓜的形态确定采收期。但由于不同年份气候有差异，使瓜的生育期略有不同，因此按积温计算采收期则更为可靠，如蜜宝的发育积温约为1 000℃。

(三)物理法　主要通过音感和比重鉴定西瓜成熟度。当西瓜达到成熟时，由于营养物质的转化，细胞中胶层开始解离，细胞间隙增大，接近种子处胎座组织的空隙更大。所以，当用手拍击西瓜外部时便发出浊音，细胞空隙大小不同，发出的浊音程度也不同，借以可判定其成熟度。也可一手托瓜，一手拍瓜，托瓜之手感到颤动时，根据其颤动程度判定成熟度。一般来说，敲瓜时，声音沉实清脆多表示瓜尚未成熟，声音低浊则多表示接近成熟，发出闷哑或"嗡嗡"声时多表示瓜已熟过。但此法只限于同一品种间相对比较，不同品种常因含水量、瓜皮厚度及皮"紧"和皮"软"等不同，其声音差别很大。同时，西瓜成熟后密度通常下降，其重量变轻，故同品种同体积的西瓜，不熟者比成熟者重，熟过(倒瓤)者比成熟者轻，应用本法时可先选好"标"(对照)，同体积的瓜以手托瓜衡量其轻重差别其成熟度。

四、西瓜采收与运输

(一)采收　准备贮藏保鲜的西瓜，宜从瓜形圆整，色泽鲜亮，瓜蔓和果皮上均无病虫害的果实中挑选。采收时间最好在无雨的上午进行。因为西瓜经过夜间的冷凉散发出了大部分的田间热，瓜体温度较低，采收后呼吸强度小。如果采收时间不能集中在上午，则应尽量避开中午的烈日，可在傍晚采收。准备贮藏的西瓜达到成熟要求时，若遇连阴雨而来不及采收时，可将整个植株从土中拔起放在田间，待天晴时再将瓜割下；否则西瓜因含水量过大会引起崩裂。用于贮藏的西瓜至少应在采摘前1周停止浇水。采摘时应连同一段瓜蔓(瓜梗)用剪刀或镰刀割下，瓜梗保留长度往往影响贮藏寿命(表6-1)。这可能与瓜蔓中存在着抑制西瓜衰老的物质以及伤口感染距离等有关。另外,采收后应避免日晒、雨淋,要及时运送到冷凉的地方进行预冷。采下的西瓜应轻拿轻放,用铺有瓜蔓或木屑的筐搬运,并尽量避免摩擦。

表 6-1 瓜梗保留长度与贮藏寿命的关系

处 理	10 天后发病率(%)	20 天后发病率(%)	30 天后发病率(%)
基部撕下	16	36	82
保留 3 厘米	0	4	18
保留 8 厘米	0	6	14
两端各带半节瓜蔓	0	0	8
两端各带一节瓜蔓	0	0	12

(二)包装及运输 采收后的西瓜在运往贮藏场所时应进行包装,西瓜包装最好用木箱或纸箱,木箱用板条钉成,体积为 60 厘米×25 厘米,容量为 20～25 千克,每箱装 4 个瓜。近年来,为了节省木材,采用硬纸箱包装。西瓜装箱时,每个瓜用一张包装纸包好,在箱底放一层木屑或纸屑,然后把包好纸的西瓜放入箱内。若采用西瓜不包纸直接放入箱内,则每个瓜之间应用瓦楞纸隔开,并在瓜上面再放少许纸屑或木屑衬好,防止磨损。装箱后盖上盖,用钉子钉好,或用打包机捆扎结实,以备装运。贮藏用瓜,运输时要注意避免任何机械损伤。异地贮藏必须用上述方法包装,并轻装轻卸,途中尽量避免剧烈震荡,及时运往贮藏地点。近距离运输时可以直接装车,但车厢内应先铺上 20 厘米厚的软麦草或纸屑,再分层装瓜。装车时大瓜装在下面,小瓜装在上面,每层瓜之间用麦草隔开,这样可装 6～8 层。

第二节 销售与经营

一、对商品西瓜的要求

(一)品质优良 主要指瓜瓤含糖量高、纤维少、风味好等,具体要求可溶性固形物含量在10%以上,中边糖梯度小,味甜爽口,种子数量少,瓜肉色泽均匀、无白筋硬块,瓜皮较薄,可食率高。

(二)商品性好 西瓜商品性是指果实的外观性状、果形、皮色等,要求具有品种的典型性状,不允许有杂瓜出现,果形圆整,大小均匀,无畸形瓜、裂瓜、日晒瓜和病瓜等。

(三)耐贮运 耐贮运是指耐贮藏和运输的能力。商品性西瓜均为大面积栽培,一般需长途运销,因此要求选用果实外皮坚硬、在运输过程中不易破损的品种。果皮薄的品种在运输中破损率高,只能就近栽培、当地供应。

(四)成熟度适当 作为商品瓜其成熟度要适当,充分成熟的西瓜在运输过程中易组织败坏,影响品质。生产中应根据销售地点距离的远近确定采收成熟度,如在采收后1～2天即可到达销售地点的可摘九成熟以上的瓜,而远途运输的则采摘八成熟的瓜。需要长途运输的商品瓜不能使用植物生长调节剂处理催熟。

(五)品种多样 品种多样性是指果实的大小、果皮的色泽、果肉的颜色等商品性多样化,如果实的形状有圆球形、近圆形、椭圆形、长椭圆形及大型果和小型果;果皮色泽有黑色、绿色、黄色及花皮;果皮特征有光皮、麻皮(麻点小突起)之分;果肉颜色有乳黄色、黄色、桃红色、红色、紫色、白色等,以体现西瓜品种多样性,便于消费者选择;而且由于不同品种熟性不同,多品种还可达到延长供应期的目的。

二、商品西瓜的经营管理

西瓜多以商品生产为目的，尤其是一些西瓜主产区，西瓜已成为当地季节性较强的大宗商品。因此，搞好商品西瓜的经营管理，对西瓜产区，特别是西瓜主产区，非常重要。西瓜属于鲜活商品，容易腐烂，不耐贮存。为适应当前开放搞活，多渠道经营的新形势，保证商品西瓜在激烈的市场竞争中立于不败之地，在购销业务中应抓好以下环节。

(一)订立产销合同 合同的签订，以法律形式监督产、销双方执行有关条款，为经营单位有计划、按规格进行购销业务提供保证；同时，可解除生产者卖瓜难的后顾之忧，有利于瓜农安心生产，提高产量和品质，增加收入。合同内容主要有品种、上市时间、数量、规格、质量以及双方职责等。

(二)预报上市计划 西瓜经营具有时间短、上市集中、工作量大的特点，有计划地安排购销业务，以利调拨、运输计划的实施，同时也能避免因上市量的大起大落而影响市场价格。在实际操作时，应建立预约登记，分批上市的制度；在具体收购中，应根据品种、运输时间、消费习惯、天气变化等情况，制定西瓜成熟标准；验收西瓜时，要求每瓜过手，杜绝生瓜上市，以利提高商品西瓜信誉，扩大销售量。

(三)制订合理的购销价格 西瓜价格实行随行就市，用经济杠杆原则调节市场供求关系。根据上市时间、品种、规格、质量以及供求关系等因素合理定价，对优质西瓜可适当地拉大价差，以利优良品种的推广。

(四)实行贴标签销售 有条件的生产单位或个人，可采取商标瓜和印子瓜，实行“三保”销售(保熟、保甜、保产地)，以利扩大销路，促进消费。

(五)充分发挥各地瓜协的作用 目前，我国多地相继成立了

瓜类协会(有些地方叫瓜类研究会、专业合作社),它是由瓜农、县(市)、乡、村科技人员参加的社区性服务型的群众组织,具有专业协会的性质。其主要任务是积极引进和推广新技术、新品种,组织重点课题协作攻关,开展技术交流活动,发展瓜类科学技术;通过举办各种讲座、培训班,利用广播、幻灯、编印科技刊物及技术资料等多种形式普及种瓜技术;开展咨询服务,向广大瓜农和消费者提供各方面的服务。

三、商品西瓜的收购及调运

(一)收购单位的组织形式　根据货源和调运数量的不同,收购的组织形式也不同。收购数量很大时,一般应设立多个西瓜收购站。各收购站(点)的任务是组织好西瓜产地货源,按收购规格验质验级,把好质量标准,及时收购,随时调运。收购数量不很大时,可根据产地分布、收购量、调运去向等情况设1～2个收购站(点)。收购调运数量小时,通常采用直接到西瓜产地收购,边收边运边结算。

(二)收购计划的制定与实施　收购调运数量很大时,应在正式收购之前召开有关人员会议,对西瓜产地的货源情况及上市时间进行分析和现场考察,然后根据客户的需求数量,制定出切实可行的收购计划。收购计划一般应尽早制定,收购之前再具体落实1～2次。最初的收购计划可结合落实西瓜栽培面积与生产单位签订,一般每667米^{2}瓜田可收购商品瓜2 000～3 000千克。在西瓜生长后期再进一步落实具体收购时间和收购数量,将各生产点的落实情况进行汇总,即可制定出本地区或可控范围的收购计划。在具体实施收购计划时应留有余地,一般可先按计划总收购量与客户的总需求量进行平衡,再按一定比例分配到各家各户。各收购站(点)在西瓜收购期间,要及时编报收购进度,一般每5天向西瓜收购办公室报1次进度。

(三)运输方式与方法 西瓜系鲜嫩易腐商品,要求边收购边调运,不要在货场积压。运输方式可根据产地而定,如靠近港口码头的产地,可在码头附近设收购货场,组织货源由产地直送码头进行“水运”;靠近火车站的产地,可在火车站内的货场站台设收购站(点)进行“铁运”;产地附近既无港口又无火车站时,可组织车辆进行“汽运”。对急需的少量特供品种,有条件时也可进行“空运”。总之,为了及时调运和减少损伤,应尽量减少运输环节,做到能由产地直接运的就直运到客户,实在无法直运时也要尽可能减少中转次数。

(四)包装及衬垫物 包装衬垫物可根据运输工具而定。汽车运输时一般散装;火车运输时多数散装加设木条档门(敞篷车厢的底上再封盖苇席),少数采用包装(如纸箱、木板条箱、柳条筐、集装箱等);轮船、飞机运输时一般应进行包装。

(五)调拨及结算方法 原则上应按收购计划和与客户签订的合同书进行调拨,但如果因收购量减少或增多或因其他情况需调整调拨计划时,可会同客户协商进行。调拨时,一般应由客户当面验收数量和质量,并在发运单上签字,以示负责。结算可采用现金、划拨、信汇、限额支票以及电汇等方法。原则上发运一批结算一批,发运后即进行结算。

第三节　西瓜贮藏

一、影响西瓜贮藏的因素

(一)成熟度及瓜皮特性 贮藏西瓜宜选择八成熟左右的瓜,九成熟以上者不宜作长期贮藏。瓜皮较厚、硬度较大且具有弹性的西瓜耐贮运性较强。

(二)贮藏期间瓜内的生理变化 主要是含糖量和瓜瓤硬度的

变化。在贮藏期间测定西瓜含糖量的变化，发现在最初 20 天内可溶性固形物含量减少较多，由 10.4%减少至 7.3%，之后则缓慢减少。在贮藏期间瓜瓤的硬度逐渐下降，总的趋势也是前期下降快，后期下降慢。

（三）机械损伤　西瓜采收后，在搬运过程中常常造成碰压挤伤，由于西瓜大小和品种间的差异，损伤的程度可能不同。有些损伤在当时从外表难以看出，但经短时间的贮藏即可逐渐表现出来，如伤处瓜皮变软、瓜瓤颜色变深变暗、胎座组织破裂、汁液溢出、风味变劣等。

（四）温湿度影响　西瓜贮藏期间，在不受冻害的前提下，尽量要求较低的温度，最好维持在 5℃～8℃。温度越高，呼吸消耗越大，后熟过程也越强烈，糖分和瓜瓤硬度的下降也就越大。同时，温度高有利于某些真菌的滋生，会造成西瓜的腐烂。据试验，西瓜贮藏期间空气相对湿度以 80%为宜。

二、提高西瓜耐贮运性的主要措施

（一）选择耐贮运的品种　耐贮运的西瓜大都为瓜皮硬且具有弹性，含糖量和瓜瓤硬度的变化比较缓慢的品种。

（二）适宜的成熟度　西瓜产销运程在 5 天以上者，可于八成至八成半熟采收；运程在 3～5 天者，可于八成至八成半熟采收；运程在 2 天以内者，可于九成至九成半熟时采收；当地销售者，可于九成半至十成熟采收。

（三）减少机械损伤　从采收到运销过程中，要始终轻拿轻放。尽量减少一切碰、压、刺、挤等机械损伤。

（四）适宜的温、湿度　在贮藏运输过程中，应避免温度和湿度过高或过低，西瓜贮藏环境温度以 5℃～8℃、空气相对湿度以 80%最为适宜，可以有效地延长贮藏时间。

三、贮藏前的准备

(一)预冷 所谓预冷是指运输或入库前,使西瓜瓜体温度尽快冷却到所适宜的温度范围,以较好地保持原有的品质。西瓜采后距冷却的时间越长,品质下降愈明显。如果在贮运前不经预冷,瓜体温度较高,则在瓜车中或库房中呼吸加强,从而引起环境温度继续升高,很快就会进入恶性循环,容易造成贮藏失败。西瓜预冷的最简单的方法是在田间进行,利用夜间较低的气温预冷1夜,在清晨气温回升之前装车或入库。有条件的地方也可采用机械风冷法预冷,利用风机循环冷空气,借助热传导与蒸发潜热来冷却西瓜,一般是将西瓜用传送带通过有冷风吹过的隧道,风冷的冷却速度取决于西瓜的品温、冷风的温度、空气的流速及西瓜的表面积等。

(二)贮藏场所及西瓜表面消毒 西瓜贮藏场所及西瓜表面消毒,可选用6%硫酸铜溶液,或倍量式波尔多液240倍液,或70%甲基硫菌灵可湿性粉剂800倍液,或15%～20%食盐溶液,或0.5%～1%漂白粉混悬液,或250毫克/千克抑霉唑,或40毫克/千克仲丁胺浸果剂,或1%葡萄糖衍生物喷洒。对其包装箱、筐及用具、贮藏架等也要进行喷洒消毒。

四、西瓜贮藏方法

(一)简易贮藏方法

1. 普通室内贮藏 选择阴凉通风、无人居住的空闲房屋作贮藏室,清扫干净、严格消毒,先在房屋内铺放一层麦秸、高粱秸或玉米秸,再摆放西瓜。西瓜按其在田间生长的阴阳面进行摆放,高度以2～3层为宜。房屋中留出1米左右的人行道,以便管理和检查。白天气温高时封闭门窗,减少人员进入;夜间气温低时开窗通风。室内温度保持在15℃以下,空气相对湿度保持在80%左右。

2. 用沙藏法保鲜 选择通风透光的房屋，先清扫干净，再用洁净细河沙垫底15～20厘米厚。晴天的傍晚或阴天采收七成熟的西瓜，要求瓜形正、无损伤、无病虫害，每个瓜留3个蔓节，每个蔓节留1片绿叶，在蔓节两端离节33厘米处切断，切口立即蘸上干草木灰，以防细菌侵入。西瓜排放于沙床，上面盖细河沙5厘米厚，将3片瓜叶露于沙外，以保瓜后熟。沙藏西瓜时应注意：①搬运西瓜时轻拿轻放，防止损伤西瓜皮。②沙床只贮藏一层西瓜，以免压伤。③每隔10天用磷酸二氢钾50克兑水50升进行叶面追肥1次，保持叶片青绿色。④表面的沙子干燥现白时适当喷水，以提高湿度。⑤当天做沙床，当天采收、运输、贮藏。

3. 涂抹法 用鲜西瓜茎蔓研磨成浆液喷涂瓜面，在普通房屋中可贮藏85天左右，好瓜率可达80%。具体方法：将鲜西瓜茎蔓研磨成浆，经过滤后稀释为300～500倍液，喷湿西瓜表面，稍经晾干即用包装纸（牛皮纸、旧报纸）包好，放到凉爽通风、不过分潮湿处存放。贮存过程中，每隔10天左右翻拣1次，把瓜顶变软或霉烂的个体处理掉。

4. 地窖贮藏 选择地势高燥、土层结构较坚实的地方，挖1个上口小下口大、形似葫芦的地窖，窖深约3米，底部整平垫约1厘米厚的细沙，用40%甲醛200倍液喷洒消毒，然后将预冷的西瓜入贮，将西瓜沿窖四周分层摆放，中间留出空间以便检查和装卸。窖口1米见方并略高出地面，用支架撑起遮阳物遮阴和防雨。窖温保持在8℃～10℃、二氧化碳浓度保持在2%～4%，此法贮存保鲜西瓜可达3个月。

5. 臭氧保鲜法 选择瓜秧健壮、瓜形端正、无病斑、七成半左右熟度的西瓜，剪掉秧蔓，尽量避免振动或磕碰，运到贮窖内。窖内先进行消毒，西瓜分级存放，用柔软的草垫垫起，不要直接接触地面或塑料薄膜，上面覆盖松柔的草袋，防止灰尘及水珠落到瓜上。贮藏期间窖温最好保持在5℃～8℃，若高于10℃则西瓜呼吸加强;空气相对湿度保持在85%左右。定期施放臭氧,可以起到封闭和杀菌作用,一般150千克西瓜1昼夜需要20克臭氧,每隔12小时施放1次,每次15分钟。每隔5~7天戴干净手套轻轻将瓜翻动1次,发现病瓜及时挑出。注意贮藏西瓜的窖内不能同时存放其他水果或蔬菜。

6. 硅橡胶薄膜集装袋贮藏 此贮藏袋是由0.15~0.18毫米厚的聚乙烯塑料薄膜做成的封闭袋,上有一定面积的硅胶气体交换窗,对二氧化碳、氧气等有较高的选择通透能力,使集装袋内保持一定的氧气和二氧化碳浓度,并有自动调节的作用。对不同品种和熟性的西瓜,只要调节硅窗,即可达到安全贮藏的目的。用这种方法保存西瓜,既可简化管理,又可提高贮藏效果,而且成本低。

7. 盐水保鲜 选取八成熟、中等大的西瓜,放入15%盐水中浸泡,然后捞起晾干,再密封在聚乙烯口袋里藏入地窖;也可在窖里设置木板做成集装箱,将西瓜放入箱内。采用这种方法贮藏保鲜的西瓜,数月后取出时瓜皮仍然鲜嫩如初,瓜瓤香甜可口、原味不变。

8. 简易窖藏法 ①挖窖。窖深1米,长和宽根据贮量多少而定。挖出的土放在窖边,并用砖或土坯将两侧挡上,土宽度以50厘米为宜,将土铺平,这样可增加贮存量(相当于窖加深了)。②用木杆横在窖上,杆上面铺一层高粱秸或玉米秸,其上盖一层塑料布,白天揭开塑料布通风,夜间再盖上防雨防冻。③9月上旬把八成熟西瓜摘下,逐个摆在窖中,可摞5~6层。注意过熟西瓜不能放窖,以免压坏造成腐烂。从窖北面留个小门,以便于运送西瓜。此方法一般西瓜能贮存30~40天。④可在10月中下旬,把贮存西瓜投入市场销售,以提高经济效益。

(二)窑窖贮藏 窑窖是一种结构简单,建造方便,管理容易,贮藏效果良好的西瓜贮藏“平台”。窑窖的种类很多,如陕西的土窑洞(包括砖砌、石砌)、河北及山东的棚窖、山西的窑窖、四川的吊金窖等。

1. 窑窖的建造　窑址应选择地势高燥，土质较好的地方（立土）建窑。为了充分利用窑外冷空气降温，应注意选用偏北的阴坡。窑形根据地形而定，可以打平窑、直窑，也可打带有拐窑的子母窑。窑的结构要牢固安全，并便于降温和保温。以平窑为例，窑内长度应不少于30米、高2.5～3米、宽3米左右，门道深约3米、宽约1.5米，设3道门，门上留小通风窗。头道门为栅栏门；二道门紧靠头道门，应能关严；三道门位于门道的末端，加设棉被门帘。窑顶呈人字形，窑正中间设排气孔，排气孔底部直径约1.5米、顶部约1米，高度不少于窑长的1/3，顶部高出地面。为了能迅速降低后部窑温，也可在窑内加设地下通风道。这种窑，门道和窖身均长便于保持比较稳定的窖温，而且排气孔高而大容易通风降温，因此贮藏效果较好。棚窖建造时，先在地面挖一长方形的窖身，窖顶用木料、作物秸秆、土壤做棚盖，根据窖的深浅可分为半地下式和地下式两种类型。较温暖的地区或地下水位较高的，多采用半地下式，一般入土深1～1.5米，地上堆土墙高1～1.5米。窖的长度不限，视贮藏量而定，也不宜太长，为便于操作管理，一般以20～50米为宜。窖顶上开设若干个窖口（天窗），供出入和通风换气之用。窖口的数量和大小应根据当地气候特点而定，一般每隔8～10米设1个50厘米×50厘米的天窗。大型的棚窖常在两端或一侧开设窖门，这样既便于西瓜入窖，又利于贮藏初期通风降温，天冷时将其堵死。

2. 窑窖贮藏方法与管理

（1）消毒　窑窖、特别是已贮藏过西瓜的旧窑，入库前一定要清洁和消毒，以减少病菌传播的机会。消毒可采用硫磺熏蒸（10克/米^3），也可用40%甲醛150倍液均匀喷洒，密闭2天后通风使用。地面可撒一层石灰。

（2）码垛　西瓜一般先包纸装箱或装筐后再在窖内码垛。筐

装最好立垛，筐沿压筐沿，品字形码垛；箱装最好采取横、直交错的花垛，箱间留 3～5 厘米宽的缝隙。垛高离窖顶 1 米左右，下面用枕木或石条垫起，离地 5～10 厘米，以利通风。窖内靠两侧码垛，中间留 50 厘米的走道，也有的在窖内散装，一般排 2～3 层。

(3)温度调节　温度调节是窑窖贮藏西瓜成败的关键。窑温一般是上部高、下部底，靠门处受外界影响大，后部比较稳定。可在窑身中间部位设置 1 个温度计，固定时间观察窑温并记录。西瓜入窖后，窖内温度会迅速上升，当高于西瓜贮藏适宜温度、而窖外气温又较低时，应打开窖门及通风孔通风降温，特别要注意利用每天凌晨 4～6 时的低温或寒流进行通风降温。

(4)湿度调节　用干湿温度计观察窖内空气相对湿度，当湿度过高时可通风换气予以降低，过低时则可采用喷水等方法提高湿度。

(5)质量检查　每隔 10 天左右进行 1 次倒架，将不宜继续存放的瓜挑出尽早投放市场。采用此法，如果管理得当，一般西瓜贮藏期可达 30～50 天。

西瓜出窖后，要立即将窑窖打扫干净，封闭窖门，以保持窖内低温，为下季贮藏创造条件。

(三)通风库贮藏　通风库贮藏是在良好的绝热建筑和灵活的通风设备条件下，利用库外昼夜气温变化的差异进行通风换气，使库内保持比较稳定而又适宜的贮藏温度。目前，生产水果的地方大多建有通风库，可充分利用空间存贮西瓜，不必单独建西瓜通风库。在西瓜贮藏前及贮藏后，应对通风库进行清扫、通风，并进行设备检修和消毒，消毒方法和入库码垛方法均同窑窖贮藏。通风库的管理，主要是根据库内外温差和西瓜要求的适宜温度，灵活掌握通风的时间和通风量，以调节库内的温湿度条件。为了加速库内空气对流，可在库内设电风扇和抽气机。其他管理与窑窖贮藏基本相同。

第四节　西瓜深加工

一、西瓜皮深加工

(一)西瓜皮果条

1. 选料　选择新鲜、组织细密、中等厚、含水量少的西瓜皮。

2. 原料处理　及时清洗，削去表皮，刮净瓜瓤，切成长约 5 厘米、宽约 1.5 厘米、厚约 0.5 厘米的小瓜条。

3. 硬化处理　将洗净切好后的小瓜条放入 0.6%氯化钙溶液中浸泡 4～8 小时，待瓜条变硬后取出，用清水漂洗 2～3 次除去氯化钙残液，这样可以增强瓜条的脆性，并加速对糖液的吸收。

4. 烫漂　将硬化处理后的小瓜条投入沸水中烫 5～7 分钟，至瓜条肉质透明并可弯曲而不折断为止。然后取出置于 0.1%白矾水中冷却 2 小时，捞出后再漂洗沥干水分。

5. 糖渍　将瓜条放入 25%～30%白砂糖溶液中，再加糖使浓度增加至 40%，浸渍 20～24 小时。

6. 初烘　将瓜条捞出，沥去糖液，放在烘房中，烘至边缘卷缩、表面呈小皱纹状即可。

7. 煮制　将初烘后的瓜条连同糖液一并倒入夹层锅中，加糖使浓度达到 50%，然后煮沸浓缩，当糖液浓度提高至 73%时，即可出锅沥干糖液。

8. 烘烤整形　冷却后用手或机械将瓜条握成长条形后放入烘房再次烘烤，温度保持在 60℃左右，直至把瓜条烘干至不粘手时为宜。然后把烘干的瓜条按每 50 千克加白糖粉 10 千克拌匀，使瓜条表面均匀附着一层白糖粉后把多余的糖粉用筛子筛去，即成味甜酥脆、晶莹剔透的西瓜皮果条。密封包装后即可出售。

(二)西瓜皮果酱

1. 原料 西瓜皮 10 千克,蔗糖 6 千克,柠檬酸 5 克,琼脂 100 克。

2. 制作方法

(1)原料预处理 将西瓜皮洗净,削去表层青皮和内层瓜瓤,切成碎块,置于绞肉机中绞碎,然后进行糖煮。第一次糖煮:将蔗糖配成浓度为 70%的糖液,取一半倒入锅中,将绞碎的瓜皮肉加入拌匀,煮沸 15～20 分钟后加入柠檬酸,将 pH 值调至 2～2.5。第二次糖煮:将剩余的糖液和适量淀粉糖浆(淀粉经不完全水解的产品,市场有售)一起加入,煮沸浓缩至瓜皮浆中可溶性固形物达到 65%时,加入预先溶化好的琼脂液,继续煮沸 10～15 分钟。待可溶性固形物达到 70%时即可出锅。

(2)装瓶 酱体出锅后趁热装入回旋口玻璃瓶中,并旋紧瓶盖。

(3)杀菌 将瓶装酱放入 90℃热水中浸泡 15 分钟,然后依次置于 60℃、40℃的热水中分级冷却,即得到瓶装的西瓜皮果酱成品。

(三)西瓜皮糖条

1. 原料 西瓜皮 10 千克,蔗糖 9 千克,食用石灰 1 千克。

2. 制作方法

(1)原料预处理 将西瓜皮洗净,削去表层青皮和内层瓜瓤,切成长约 5 厘米、宽约 1 厘米的条。硬化:将食用石灰置于 10 升凉水中化开,将瓜条倒入,并用木板把瓜条压住、淹没于石灰水中,持续浸泡 6～8 小时。漂洗:将已硬化的瓜条置于水槽中,用流动清水将石灰洗净,沥干水分。

(2)糖腌 将沥干水分的瓜条铺在缸内,一层瓜条加一层蔗糖,腌至第二天再加入 2 千克蔗糖,至第三天再加入 2 千克蔗糖,继续腌制 1 天即可。糖煮和糖渍:将腌制的糖液放入锅内煮沸后

倒入瓜条，煮20分钟后倒入盆内，使糖液淹没瓜条，浸渍2～3天。糖熬：将瓜条从糖液中捞出，把糖液倒入锅内煮沸后加入瓜条，不断翻动煮沸30分钟，使糖液温度达到115℃～120℃，当糖液呈黏稠状时即可出锅。糖液返霜：瓜条出锅后用锅铲继续翻动，使糖浆全部沾在瓜条上，瓜条表面稍干时即停止翻动。将瓜条铺在案板上冷却，待瓜条表面的蔗糖结晶、出现白霜时即为成品。

（四）西瓜皮制果胶

1. 蒸煮压榨　选用新鲜无病无腐的西瓜皮，清洗除去泥土后放在蒸笼中，上汽后再蒸30～40分钟，以西瓜皮蒸透变软、有水析出并滴下为宜（以杀灭活细胞中的果胶酶）。然后将其放于包装袋内压榨，以除去细胞组织中的水分。

2. 水解过滤　将榨干的原料放入耐腐蚀的容器中，加水3～4倍，加酸调至pH值为2左右，加热煮沸，保持一定时间后用布袋压榨过滤，收集其滤液。再将滤渣加水2倍，重复水解过滤1次，合并两次的滤液。初次水解时，要准确掌握酸度、温度和时间的关系，酸度大、温度高则时间短些；温度低、酸度小则时间长些。

3. 脱色浓缩　在滤液中加0.3%～0.5%活性炭，温度保持55℃～60℃，脱色30分钟后将其浓缩至原体积的3%左右。

4. 醇制加工　先在浓缩液中加入90%乙醇溶液，加入量为浓缩体积的1倍或稍多些。加入后便可看到有果胶絮凝出，片刻后将絮凝果胶装入细布袋，压榨液体并回收液体中的乙醇。将榨出的果胶用95%乙醇溶液洗涤（用量为果胶的1倍），片刻后榨去乙醇液。

5. 粉碎包装　将固体果胶置于搪瓷盘中，在65℃～75℃条件下烘烤，烤至水分为8%左右，干燥后研磨粉碎并过60目筛。分批次化验后，按规定将不同等次的产品合理调配，然后用聚乙烯塑料袋定量密封包装。

（五）西瓜皮面膜　西瓜皮面膜可以镇静晒后皮肤和去痘印。

制作方法：①把西瓜皮完全去掉红色瓤。②取白色部分数片，尽量薄一点、1毫米左右为佳，太薄量不够；太厚不贴皮肤容易掉下来。③敷在脸上，尤其是有痘痘和痘疤的地方。

（六）西瓜皮菜肴 西瓜皮可以烹调30多种美味佳肴，如凉拌西瓜皮、西瓜皮炒虾球、西瓜皮排骨汤、脆爽西瓜皮、爆炒西瓜皮、西瓜皮炒鸡蛋、橙汁莲藕西瓜皮、西瓜皮里脊、瓜条蛋花汤及西瓜皮鸡肉饼、西瓜皮炒米饭等。

（七）西瓜皮饲料 利用西瓜皮作饲料，扩大了饲料来源、可降低生产成本15%～20%，同时还可减少环境污染，无论从营养成分还是从经济效益上看，都是畜禽的好饲料。鲜喂：将收集的西瓜皮用打浆机打成浆后，掺入其他饲料投喂；干喂：把西瓜皮刨成薄片晒干后碾成粉，每天每头家畜用西瓜皮粉2～3千克，结合其他饲料投喂效果更佳。

二、西瓜瓤深加工

（一）西瓜原汁饮料 选用新采摘的八成熟红瓤西瓜，洗净表皮后，切开去皮、去籽，然后将瓜瓤置于干净的布袋中，用压榨机压汁并经双层纱布过滤，将滤汁用白砂糖调至含糖量12%，再用柠檬酸调至酸度0.3%～0.5%，加热至70℃后用板框滤机过滤，再加热至沸腾，取占原汁总量0.2%～0.5%的琼脂或黄原胶（作增稠剂，以防沉淀），再用热水溶解后倒入原汁中，趁热装入洗净且经消毒的饮料瓶中。封口后置于100℃的沸水中杀菌10分钟，再分别置于80℃、60℃和40℃的热水中依次冷却各10分钟，取出即为外观均匀浑厚、色泽鲜亮、风味可口的西瓜原汁饮料。

（二）西瓜汽水 用西瓜瓤压汁，加等量的白糖后倒入不锈钢的夹层锅中，加热煮沸即成原液。随后可按一般生产汽水的方法加工，注意原液量占汽水总量的10%，即250毫升汽水瓶应加25毫升原液。

(三)西瓜晶　将瓜瓤压汁后,注入薄膜蒸发器或其他浓缩罐中,浓缩至可溶性固形物占30%左右(可用糖度计测定),将白砂糖粉碎至100目筛,将浓缩的西瓜原汁与白糖按1∶10混合,再加入少量的柠檬酸拌成面坯状,然后放入烘箱,在50℃～60℃条件下烘干20～30分钟,最后过筛密封包装即可。

(四)西瓜罐头　选用籽少肉红、含糖量高的西瓜,洗净去皮、去籽,将瓜瓤切成长方条状,放入5%碳酸氢钙溶液中浸泡15分钟,使其硬化后。再将50升水和12.5千克的白砂糖放入夹层锅内煮沸使其溶解,用8层纱布过滤后,再加入0.1%氯化钙和0.15%柠檬酸。然后将硬化处理后的瓜瓤条用水洗净、沥干,装入经消毒的罐中,最后注入80℃以上的糖果液,排气5～10分钟,冷却后即成西瓜罐头。

(五)西瓜冷饮

1. 西瓜雪糕

(1)用料　糯米粉30克、西瓜瓤300克、黄油30克、白糖适量、水适量。

(2)做法　①将西瓜去皮,放入榨汁机榨出西瓜汁。②将榨出的纯西瓜汁用滤网过滤一遍。③在西瓜汁中加入白糖,放至一边备用。④在小锅中放入适量糯米粉,加入适量清水拌成稀糊状,中火加热,期间不停搅拌至浓稠。⑤将糯米糊倒入西瓜汁中并用料理机混合均匀。⑥将混合好的液体倒入冰糕模具中,盖上盖子,放冰箱冷冻室速冻5小时以上即可。⑦吃的时候将冰棒连着模具用水冲一下,或在室温里放1～2分钟,就很容易取出了。

2. 西瓜柠檬冷饮或沙冰

(1)用料　西瓜汁、柠檬汁、薄荷、白糖、水适量。

(2)做法　西瓜去皮和籽,放入搅拌机,搅拌后倒入干净的碗里,再倒入泡好的薄荷水,根据自己的口味加入适量白糖,然后加入1小勺柠檬汁搅拌均匀即成为西瓜柠檬汁。将西瓜柠檬汁放进冰箱冷藏备饮或冷冻成冰块，在吃之前把冻好的冰块在搅拌机里可打成冰沙。

三、西瓜籽深加工

（一）五香瓜籽

1. 原料 西瓜籽 1 000 克、食盐 200 克、大茴香 5 克、肉桂皮 5 克、花椒 2.5 克、小茴香 2.5 克。

2. 做法 先用 10%生石灰水（滤除灰渣）浸泡西瓜籽 5 小时，捞出用清水冲洗，除去瓜籽表面黏质，洗净后放入锅内加水 2 升左右煮沸，把肉桂皮、大茴香等调料用纱布包好也放入锅内，再煮 30 分钟。取出几粒瓜籽，用手指压一下，如瓜籽口出水珠，即放入食盐并改小火，再煮 2 小时停火，在原汤内继续浸泡入味。然后捞出晾晒或烘烤干燥、包装。原汤可连续使用 4～5 次。

（二）奶油瓜籽

1. 原料 西瓜籽 10 千克、五香料 20 克。

2. 做法 将瓜籽洗净放入锅内，加水、五香料共煮，熟后捞入容器并摊开，待瓜籽沥干后加入稀释饴糖与少量奶粉的混合液，搅拌均匀，搓至瓜籽表面光亮即可。风干后滴少许香油拌匀、包装。

（三）沙司瓜籽

1. 原料 瓜籽 1 000 克、番茄沙司酱 200 克、白砂糖 120 克、奶粉 70 克、食用香精 3 克。

2. 做法 先将瓜籽用 10%生石灰水（清净）浸泡 1～2 天，除去黏附物，捞出洗净，在强光下暴晒 20～30 分钟或风干。把沙司、白糖、奶粉、香精混合加水搅拌，稀释为原体积的 3 倍，作为瓜籽的配浆。瓜籽放入炒货锅内爆炒 10 分钟左右，注意火要大、翻炒要快要匀，用合适的筛子滤净瓜籽中的炒货用沙。将瓜籽放入配好的沙司奶粉浆中浸泡 2 小时，把瓜籽连同剩余浸泡液一起倒入高压锅中蒸焖 10 分钟，然后烘干，冷却包装。

(四)盐霜瓜籽

1. 原料 瓜籽1 000克、食盐70克、白糖50克、香精适量。

2. 做法 将白糖溶解于食盐水中制成糖盐水,然后将洗净、沥干的瓜籽倒入炒锅内,并加入糖盐水,用慢火炒熟,出锅后喷上适量香精即可。

第七章 西瓜病虫害防治

第一节 西瓜主要病害及防治

一、真菌性病害

(一)西瓜叶枯病 西瓜叶枯病多在生长中后期发生,如不及时防治,常造成叶片大量枯死,严重影响西瓜产量和品质。近几年有蔓延发展的趋势,全国各西瓜产区均有发生。

1. 危害症状 初期叶片上出现褐色小斑点,周围有黄色晕圈,开始多在叶脉之间或叶缘发生,病斑近圆形,直径0.1～0.5厘米,略呈轮纹状。很快形成大病斑,叶片枯死。瓜蔓无病斑,不枯萎。

2. 发病规律 以菌丝体和分生孢子在土壤中或病株残体上、种子上越冬,成为翌年(季)初侵染源。分生孢子借气流传播,进行再侵染,病害会很快传播。病菌在10℃～35℃条件下均能生长发育。一般发生在西瓜生长中期,果实膨大期,若遇连阴天最易发病。

3. 防治方法 清理瓜田,种子消毒,减少病源;在发病初期,选用70%丙森锌可湿性粉剂600倍液,或20%噻唑锌可湿性粉剂500倍液,或40%嘧霉胺悬浮剂600～800倍液,或50%异菌脲可湿性粉剂1500倍液喷雾防治,每10天喷1次,连喷2～3次。

(二)西瓜蔓枯病 西瓜蔓枯病又叫腐病、班点病,西瓜蔓、叶和果实均可受害,以蔓、叶受害最重。

1. 危害症状　叶片受害时，最初出现黑褐色小斑点，以后成为直径1～2厘米的病斑。病斑圆形或不正圆形，黑褐色或有同心轮纹，发生在叶缘上的病斑一般呈弧形。老病斑出现小黑点。病叶干枯时病斑呈破裂状。连续阴雨天气，病斑迅速发展可遍及全叶，叶片变黑枯死。蔓受害时，最初产生水渍状病斑，中央变为褐色枯死，以后褐色部分呈星状干裂，内部呈木栓状干腐。蔓枯病与炭疽病在症状上的主要区别：蔓枯病病斑上不产生粉红色黏物质，而是生有黑色小点状物。

2. 发病规律　西瓜蔓枯病是一种子囊菌侵染而成的。病菌以分生孢子器及子囊壳附着于被害部混入土中越冬，翌年温湿度适合时，散出孢子，经风吹、雨溅传播危害。种子表面也可以带菌。病菌主要经伤口侵入西瓜植株内部引起发病，病菌在5℃～35℃条件下均可侵染危害，20℃～30℃为发育适宜温度，在55℃条件下10分钟即死亡。高温多湿、通风透光不良、施肥不足而植株生长衰弱时，容易发病。

3. 防治方法　①播种前用60%吡虫啉悬浮种衣剂按0.5～1倍拌种，阴干后播种，防止种子传病。②加强栽培管理，创造比较干燥，通风良好的环境条件。注意合理施肥，使西瓜植株生长健壮，提高抗病能力。选地势较高、排水良好、肥沃的沙质壤土地种植，防止大水漫灌，雨后要注意排水防涝。及时进行植株调整，使田间通风透光良好。施足基肥，增施有机肥料，注意氮、磷、钾肥配合施用，防止偏施氮肥。发现病株立即拔掉烧毁，并喷药防治，防止继续蔓延危害。③药剂防治。定植后及时穴浇20%噻唑锌可湿性粉剂500倍液，每株50～100毫升，每10～15天1次，连续浇灌2～3次。坐瓜后，发病初期选用20%噻唑锌可湿性粉剂500倍液+43%戊唑醇悬浮剂3 000～4 000倍液喷雾根部，可停止发病，使植株恢复健壮，保障西瓜生长。

(三)西瓜炭疽病　西瓜炭疽病俗称黑斑病、洒墨水，除在生长季节发生外，在贮藏运输中也可发病，使西瓜大量腐烂。

1. 危害症状 炭疽病主要危害西瓜叶片及果实，也危害幼苗及瓜蔓，主要在西瓜生长中后期发生。

幼苗期发病，茎基部病斑黑褐色、缢缩，致使幼苗突然倒伏死亡。子叶受害时，多在边缘出现褐色圆形或半圆形病斑，上边长出黑色小点及淡红色黏稠物，这是病菌的分生孢子盘及黏孢子团。叶片发病，最初呈水渍状圆形淡黄色斑点，很快变为黑色或紫黑色圆斑，外围有一紫黑色晕圈，有的出现同心轮纹。病斑干燥时容易破碎，严重时病斑汇合成大斑，叶片干枯死亡。蔓和叶柄发病，病斑呈黑色圆形或纺锤形、稍凹陷，病斑上着生许多小黑点呈环状排列，潮湿时病斑上生出粉红色的黏物质。幼果受害后，发育不正常，多呈畸形瓜。

2. 发病规律 西瓜炭疽病是由半知菌黑盆孢科炭疽菌属真菌侵害引起的。病菌在土壤中的病残体上或在种子上越冬，种子带菌可侵入子叶。病菌的分生孢子，主要靠风吹、雨溅、水冲及整枝压蔓等农事活动传播。湿度大是诱发此病的主要因素，在温度适宜、空气相对湿度为87%～95%时，病菌的潜育期只有3天；空气相对湿度低于54%时此病不能发生。温度在10℃～30℃范围均可发病，最适温度为20℃～24℃。湿度越大，发病越重，高温低湿发病轻或不发病。另外，酸性土壤（pH值5～6）及偏施氮肥、排水不良、通风不佳、西瓜植株生长衰弱、重茬地发病均较严重。

西瓜果实贮藏运输中也可发病，而且随果实成熟度而发展，果实越老熟，越易发病。果皮上的病菌是从田间带来的，雨后或浇水后马上收获，收获后又放在潮湿的地方发病更重。

3. 防治方法 ①选用无病种子或进行种子消毒。②加强栽培管理。曾发生过炭疽病的地要隔3～4年再种西瓜，也不要种其他瓜类作物。适当密植并及时进行植株调整，使田间通风透光良好。不要用瓜类蔓叶沤肥，施用不带菌的净肥，注意增施磷、钾肥，

使植株生长健壮。不要大水漫灌，雨后注意排水防涝，果实下部要铺草垫高。随时清除病株、病叶并烧毁。③防止运输和贮藏中发病。适时采摘，严格挑选，剔除病、伤瓜，用40%甲醛100倍液喷布瓜面消毒，贮运中要保持阴凉，并注意通风除湿。④药剂防治。发病初期可选用80%福锌·福美双可湿性粉剂800倍液，或70%代森锰锌可湿性粉剂500倍液，或50%咪鲜胺锰络合物可湿性粉剂1 000倍液，或50%福美双可湿性粉剂500倍液，或10%噁醚唑水分散粒剂800倍液喷雾，每隔7～10天1次，连喷3～4次。为防产生抗药性，以上药剂应交替使用。

(四)西瓜枯萎病　枯萎病俗叫蔓割病、萎凋病，全国各地都有发生。

1. 危害症状　西瓜全生育期均可发病，但以抽蔓期到结瓜期发病最重。苗期发病，幼茎基部缢缩，子叶、幼叶萎蔫下垂，突然倒伏。成株发病，病株生长缓慢，下部叶片先发黄，逐渐向上发展。发病初期，白天萎蔫，早、晚恢复，数天后，全株萎蔫枯死，枯萎植株茎基部的表皮粗糙，根茎部纵裂。潮湿时，茎部呈水渍状腐烂，出现白色至粉红色霉物，即病菌的分生孢子座和分生孢子。病部常流出胶质物，茎部维管束变成褐色。病株的根部分或全部变成暗褐色并腐烂，植株很容易拔起来。

2. 发病规律　西瓜枯萎病菌为半知菌丛梗孢目镰刀菌属中的真菌。病菌在土或粪肥中的病残体上越冬，也可附着在种子表面越冬。病菌的生活能力很强，可在土中存活5～6年，通过牲畜的消化道后依然可以存活。种子、粪肥和水流等都能带菌传播，病菌从根部伤口侵入，也可直接从根毛顶端侵入。病菌在导管内发育，分泌毒素，堵塞导管，影响水分运输，引起植株萎蔫死亡。病菌在8℃～34℃条件下均能繁殖，在pH值4.6～6的土壤中发病较重。另外，地势低洼、排水不良、磷肥和钾肥不足、氮肥过量、大水漫灌和连作地都会引起或加重枯萎病的发生。

3. 防治方法

(1)实行轮作并及时拔除病株　病菌在土壤中存活时间长，连作地发病重，生茬地发病轻或不发病。因此，发生过西瓜枯萎病的地，最好隔8～10年再种西瓜。发现病株应立即拔掉烧毁，并在病株穴中灌入20%新鲜石灰乳，每平方米灌药液3～5千克。

(2)选用抗病品种培育无病幼苗　注意选用高抗病品种，苗床选用未种过瓜类作物的无菌土作为床土。如床土可能带有病菌，可用50%代森铵水剂400倍液浇灌消毒，每平方米床土用药液3～5千克。也可每平方米用50%多菌灵可湿性粉剂或70%甲基硫菌灵可湿性粉剂10克，与床土充分混匀后播种。从健康无病的植株上留种，如种子可能带有病菌，应浸种消毒。

(3)加强栽培管理　瓜地要选地势较高、排水良好、肥沃的沙质壤土地，雨后注意排水，防止积水成涝。浇水最好沟浇，防止大水漫灌。施足基肥，注意氮、磷、钾肥配合施用，防止偏施氮肥，特别是结瓜期更要控制氮肥的用量，以免引起蔓叶徒长，诱发枯萎病。不要用瓜类作物的蔓叶沤肥，新鲜的有机肥必须充分发酵腐熟后才可施用，避免施用带菌的堆肥和厩肥。酸性土壤应施适量石灰进行改良后才可种西瓜。

(4)嫁接换根　用葫芦、瓠瓜、新土佐等西瓜砧木进行嫁接，可有效地防止枯萎病的发生。

(5)药剂防治

①种子消毒　如种子可能带有病菌，应进行种子消毒处理。

②土壤消毒　播种或定植前，用50%多菌灵可湿性粉剂1份加细干土200份充分拌匀制成药土，结合施沟肥或穴肥施用，每667米^{2}用原药1.3～1.5千克。

③零星灌根　发病初期对首先发病的零星植株用70%敌磺钠可湿性粉剂500～700倍液，或10%双效灵水剂200倍液，或50%苯菌灵可湿性粉剂800～1 000倍液，或36%甲基硫菌灵悬浮

剂 400～500 倍液，或 50％多菌灵可湿性粉剂 600 倍液＋5％三唑酮可湿性粉剂 4 000 倍液灌根，每株用药液 200～250 毫升，隔 4～6 天灌 1 次，连灌 2～3 次。灌药应在晴天下午进行。

④全面防治 对轮作年限短或往年发病较重的地块，除采用以上措施外，还需进行全面防治。

从西瓜伸蔓开始，特别是坐瓜后，可用 50％多菌灵可湿性粉剂 500 倍液，或 50％立枯净(4％稻瘟净、32％福美双、14％甲霜灵)可湿性粉剂 800 倍液，或 20％甲基立枯磷乳油 1 000 倍液，或 36％甲基硫菌灵悬浮剂 500 倍液交替喷施，每隔 5～7 天 1 次，连续喷 4～5 次。此外，还可结合根外追肥喷施 0.3％聚能双酶水溶肥或 0.3％磷酸二氢钾或 0.3％黄腐酸钾水溶肥。对出现典型症状的单株，可用 20％三唑酮乳油 500 倍液灌根，每株每次用药液 250 毫升，连续 3～4 次。

⑤以水冲菌 对沙质土或透水性好的地块，可采用以水冲菌的方法防治枯萎病。老瓜区采用水旱轮作栽培西瓜，防止水重茬的做法，就充分证明了水对枯萎病菌的冲洗作用和菌随水走的真实性。例如，山东省昌乐县的老瓜农，当发现有枯萎病植株时，立刻将病株根部周围用土围起一圈并浇满水，等水刚渗下去接着再浇，每天反复浇 3～4 次，效果良好。但此法仅限于沙土或透水性好的土地，黏性土效果较差。

(五)西瓜疫病 西瓜疫病又叫疫霉病。

1. 危害症状 疫病主要危害西瓜茎叶及果实。苗期发病，子叶上出现圆形水渍状暗绿色病斑，后中部变成红褐色，近地面缢缩倒伏枯死。叶片被侵害时，初期生暗绿色水渍状圆形或不正形病斑，湿度大时软腐似水煮，干时易破碎。茎基部被侵害产生纺锤形凹陷暗绿色水渍状病斑，扩展到全果软腐，表面密生绵毛状白色菌丝。

2. 发病规律 西瓜疫病的病原菌是藻状菌。病菌以卵孢子等在土中的病残组织内越冬，翌年条件适宜时，病菌借风吹、雨溅、水冲等由西瓜植株伤口侵入引起发病。发病适宜温度为28℃～32℃，最高温度为37℃，最低温度为5℃。排水不良或通风不佳的过湿地块发病重，降雨时病菌随飞溅的水滴附于果实上蔓延危害。

3. 防治方法 ①种子消毒。②注意雨后及时排水，勿使瓜田积水，可防止或减轻此病。③药剂防治。

(六)西瓜霜霉病 霜霉病俗名烘叶、火烘、跑马干，除危害西瓜外，也危害黄瓜。

1. 危害症状 霜霉病仅危害西瓜叶片，一般先从基部叶片开始发病，逐步向前端叶片上发展。发病初期，叶片上呈现水渍状淡黄绿色小斑点，随着病斑的扩大，逐渐变为黄绿色至褐色。因叶脉的限制，病斑扩大后呈多角形，而且变为淡褐色。空气潮湿时，叶背面长出灰褐色至紫黑色霉层，即病菌的孢囊梗及孢子囊。严重时，病斑连成片，全叶像被火烧烤过一样枯黄、脆裂、死亡。连阴雨天气，病叶会腐烂。

2. 发病规律 西瓜霜霉病菌为真菌中的藻状菌。病菌以卵孢子在土壤中的病叶残体上越冬，翌年温湿度合适时，经风吹传播危害。病菌的卵孢子在温度5℃～30℃、湿度适宜时均可萌发侵染危害，以温度为15℃～25℃、湿度又大时发病最快。另外，地势低洼、排水不良、种植过密、生长衰弱时易发病。病菌还可在温室黄瓜上越冬，以后从黄瓜传播到西瓜上，所以靠近黄瓜地的西瓜往往容易发病。

3. 防治方法

(1)农业防治 培育壮苗。要选择地势高、排水良好的肥沃沙质壤土地种植，而且要远离黄瓜地。施足基肥，增施有机肥和磷、钾肥。栽植密度适宜，注意植株调整使之通风透光良好。苗期浇水要选晴暖天气，并注意中耕松土，提高地温，促使幼苗生长健壮，增加抗病能力。在棚室等保护地栽培，严格控制温湿度，注意通风

透光，适当控制浇水，切忌阴天浇水。

(2)高温烤棚灭菌　在拉秧清园时，要把棚内的残枝、落叶、杂草等上茬残留物清扫干净，运到棚外烧毁。然后选择连续晴朗的天气，严封大棚 6～7 天，使晴日中午棚内气温升高至 60℃～70℃，高温杀灭病菌，以减少菌源。

(3)药剂熏烟　在苗期或发病初期，每 667 米^2 用 45%百菌清烟剂 200～250 克熏烟，于傍晚闭棚后将烟剂分 4～5 份，均匀置于棚室中间，从棚室一头点起，点燃暗火，着烟后关闭棚室熏 1 夜，翌日早晨通风，隔 7 日熏 1 次，视病情熏烟 3～6 次。

(4)药剂喷施　发现中心病株立即喷洒雾剂，可选用 58%甲霜·锰锌可湿性粉剂 700 倍液，或 70%乙铝·锰锌可湿性粉剂 700 倍液，或 72.2%霜霉威水剂 800 倍液，或 75%百菌清可湿性粉剂 600 倍液，或 72%霜脲·锰锌可湿性粉剂 700 倍液，或 64%噁霜·锰锌可湿性粉剂 500 倍液交替喷施，每 6～7 天喷 1 次，连续喷雾 3～4 次。若霜霉病和细菌性角斑病混合发生，可用铜脂剂配药兼防，可选用 50%琥胶肥酸铜可湿性粉剂 500 倍液＋40%三乙膦酸铝可湿性粉剂 250 倍液，或 50%琥胶肥酸铜可湿性粉剂 500 倍液＋25%甲霜灵可湿性粉剂 1 000 倍液，或 72%硫酸链霉素可溶性粉剂 150 毫克/千克＋40%三乙膦酸铝可湿性粉剂 250 倍液喷施。若霜霉病与炭疽病混发，可选用 40%三乙膦酸铝可湿性粉剂 200 倍液＋25%多菌灵可湿性粉剂 500 倍液喷施。若霜霉病与白粉病混发，可选用 40%三乙膦酸铝可湿性粉剂 200 倍液＋15%三唑酮可湿性粉剂 2 000 倍液喷施。

(七)西瓜白粉病　白粉病俗称白毛，是瓜类作物的重要病害之一。

1. 危害症状　白粉病可危害西瓜的蔓、叶、果等部分，但以叶片上为主。发病初期，叶正面或叶背面出现白色近圆形小粉斑，以叶正面最多，病斑扩大后呈边缘不明显的大片白粉区，严重时叶片枯黄停止生长。以后白粉状物(病菌的分子孢子梗和分生孢子)逐渐变成灰白色或黄褐色,叶片枯黄变脆,一般不脱落。

2. 发病规律 西瓜白粉病为子囊菌侵染发病。病菌附于植株残体上在土表越冬,也可在温室西瓜上越冬,主要由空气和流水传播。白粉病菌发育要求较高的湿度和温度,但病菌分生孢子在空气相对湿度低至25%时也能萌发,叶片上有水滴时,反而不利于萌发。分生孢子在10℃～30℃条件下都能萌发,而以20℃～25℃为最适宜。田间湿度较大、温度在16℃～24℃时发病严重,植株徒长、蔓叶过密、通风不良、光照不足均有利于发病。

3. 防治方法

(1)农业防治 选用抗病品种。加强栽培管理,注意氮、磷、钾肥配合施用,防止偏施氮肥,培养健壮植株。注意及时进行植株调整,防止叶蔓过密影响通风透光。及时剪掉病叶烧毁,防止蔓延。

(2)药土防治 定植时在栽植穴内撒施药土,还可兼治枯萎病。药土配方:每公顷用50%多菌灵可湿性粉剂1250～1500克,按1份药、50份细干土的比例将药土混合均匀即可。

(3)喷药防治 用15%三唑酮可湿性粉剂2000倍液,或50%苯醚甲环唑水分散粒剂600倍液,或70%甲基硫菌灵可湿性粉剂1000倍液,或40%氟硅唑乳油600倍液交替喷施,每7天1次,连续喷3～4次。发病重时,可用50%硫磺可湿性粉剂+80%代森锌可湿性粉剂等量混匀,然后兑水成700倍液喷雾,还可兼治炭疽病、霜霉病。

(八)西瓜猝倒病 猝倒病为西瓜苗期的一种主要病害。

1. 危害症状 发病后先在瓜苗茎部出现水渍状,维管束缢缩似线,而后倒折,病部表皮极易脱落,病株在短期内仍呈绿色。

2. 发病规律 猝倒病菌活动要求较低的温度和较高的湿度,在温度为15℃～16℃、土壤相对湿度为85%以上时发育最快。苗床温度低、湿度高、夜间冷凉、白天阴雨时发病严重。

3. 防治方法 要加强苗床管理，培育壮苗，增强幼苗抗病力。苗床及时通风，控制适宜的温湿度，防止猝倒病发生。对已发病的幼苗，应及时拔除烧掉并加强防治。

(1)苗床土药剂处理 每100千克床土加入70%敌磺钠可湿性粉剂50克充分混合均匀后装钵(育苗盘)或作育苗床土。

(2)药土覆盖种子 直播时，用50%多菌灵可湿性粉剂50克，加细干土100千克配成药土，播种后作覆盖种子用土(厚度一般为1厘米)。

(3)苗期喷药 出苗后发病可用25%甲霜灵可湿性粉剂600倍液，或64%噁霜·锰锌可湿性粉剂500倍液喷施根茎部。幼苗期发病可用58%甲霜·锰锌可湿性粉剂800倍液，或72%霜脲·锰锌可湿性粉剂800倍液，或70%敌磺钠可湿性粉剂500倍液，或69%烯酰·锰锌可湿性粉剂1 000倍液交替喷施，每6～7天1次，连续喷2～3次。

(4)兼治用药 如果有立枯病同时发生，可用75%百菌清可湿性粉剂＋绿亨3号(1∶1)800倍液，或72%霜霉威水剂＋50%福美双可湿性粉剂(1∶1)800倍液喷雾，每7～10天1次，连续喷3～4次。

(九)西瓜立枯病

1. 危害症状 多发生于床温较高时或育苗后期。幼苗自出土至移栽定植均可受害。主要被害部位是幼苗茎基部或地下根部，初在茎基部出现暗褐色椭圆形病斑，并逐渐向里凹陷，边缘较明显，扩展后绕茎一周，致茎部萎缩干枯后瓜苗死亡，但不折倒，潮湿时病斑处长有灰褐色菌丝。根部染病多在近地表根茎处，皮层变褐色或腐烂。开始发病时苗床内仅个别苗在白天萎蔫，夜间恢复，经数日反复后病株死亡，植株是立枯不倒伏，故称为立枯病。另外，病部具轮纹或不十分明显的淡褐色蛛丝状霉，且病程进展较缓慢，这可区别于猝倒病。

2. 发病规律 立枯病由半知菌丝核菌属侵染所致。该菌生育适温为17℃～28℃，湿度大有利于菌丝生长蔓延。病菌腐生性强，以菌核和菌丝在土壤中可存活4～5年。湿度大是诱发立枯病的重要条件，苗床保温性差、湿度过大、幼苗过密、通风不良等均可加重病害。

3. 防治方法

（1）种子消毒 用种子重量0.2%的40%拌种双可湿性粉剂拌种。

（2）土壤消毒 播种前、后分别铺、盖药土，可用40%拌种双可湿性粉剂或40%根腐灵可湿性粉剂，按每平方米苗床用药8克与适量细土混合配成药土。

（3）加强管理 直播后加强田间栽培管理；育苗时加强苗床管理，注意科学通风调节温湿度，防止苗床温度和湿度过高，预防病害。

（4）药剂防治 发病初期喷淋20%甲基立枯磷乳油1 200倍液，或36%甲基硫菌灵悬浮剂600倍液，或15%噁霉灵水剂450倍液，或5%井冈霉素水剂1 500倍液。立枯病与猝倒病混发时，可用72.2%霜霉威水剂1 000倍液+50%福美双可湿性粉剂1 000倍液喷淋。每平方米苗床喷药液2～3千克，每7～10天1次，连续喷2次。

（十）西瓜白绢病 西瓜白绢病在长江以南地区发生较多。

1. 危害症状 病菌主要侵害近地面部的瓜蔓和果实。发病初期，病部呈水渍状小斑，病斑扩大后由浅褐色变黑褐色，其上生出白色丝状菌丝体，多数呈辐射状，边缘特别明显。后期在病斑部可产生许多茶褐色油菜籽大小的小菌核。病情进一步发展，可造成近地面部瓜蔓基部腐烂，叶片萎蔫，直至枯死。

2. 发病规律 病菌以菌核在土壤中越冬，翌年萌发生出菌丝而侵染西瓜基部茎蔓。病菌借流水、压蔓整枝等传播引起侵染，菌

核在土壤中可存活5～6年。病菌发育最适温度为32℃～33℃，在高湿、高温条件下发病较重，酸性土壤和棚室连作发病严重。

3. 防治方法

(1)农业防治　①轮作。南方地区可进行水旱轮作。②施用腐熟有机肥。③酸性土壤施用石灰。④早期发病株及时拔除并深埋。⑤西瓜采收后，彻底清理田间残株，集中深埋或烧毁。

(2)药剂防治

①喷药防治　发病初期可选用50%腐霉利可湿性粉剂1 000倍液，或50%代森铵可湿性粉剂1000倍液，或50%异菌脲可湿性粉剂1 000倍液，或50%甲基硫菌灵可湿性粉剂500倍液喷施，每5～7天1次，连续喷2～3次。

②药剂灌根　可用72%霜脲·锰锌可湿性粉剂700倍液，或50%多菌灵可湿性粉剂500倍液，或58%甲霜·锰锌可湿性粉剂500倍液，或64%噁霜·锰锌可湿性粉剂500倍液浇灌西瓜茎基部，隔7～10天再灌1次，每株灌药液250毫升。

(十一)西瓜灰霉病　灰霉病是西瓜常见病害，全国各地均有发生。

1. 危害病状　苗期发病幼叶受害，造成“龙头”(瓜蔓顶端)枯萎，进一步发展全株枯死，病部出现灰色霉层。幼果发病，多发生在花蒂部，初为水渍状软腐，以后变为黄褐色并腐烂、脱落。受害部位表面，均密生灰色霉层。

2. 发病规律　病菌以菌丝体和菌核随病残体在土壤中越冬，翌年春天菌丝体产生分生孢子、菌核萌发产生分生孢子盘，并散布分生孢子，借气流和雨水传播，危害西瓜幼苗、花及幼果，引起初侵染，并在病部产生霉层，进一步产生大量分生孢子。再次侵染西瓜扩大蔓延。入秋气温低时，又产生菌核潜入土壤越冬。病菌生长适宜温度为22℃～25℃，存活温度为－2℃～33℃，分生孢子形成的相对湿度为95%。所以，在高温、高湿条件下，病害发生较重。

3. 防治方法

(1)农业防治　①实行3年以上的轮作换茬。②育苗床或定植穴用70%敌磺钠可溶性粉剂1 000倍液，每平方米育苗床或定植穴浇灌药液4～5千克。③施用充分腐熟的有机肥。④棚室消毒。用百菌清烟剂或异菌脲烟剂熏棚，每棚用药0.25千克，每8～10天熏1次，连熏2～3次。

(2)药剂防治

①生物药剂　可用1%武夷菌素水剂200倍液，每次每667米^{2}喷洒药液20～30千克，每隔7天左右喷1次，连续喷2～3次。

②化学药剂　可用25%三唑酮可湿性粉剂3 000倍液，或50%腐霉利可湿性粉剂1 000倍液，或3%多抗霉素可湿性粉剂800倍液，或1%武夷霉素水剂200倍液，或25%嘧菌酯悬浮剂1 500～2 000倍液，或50%多菌灵可湿性粉剂500倍液，或70%甲基硫菌灵可湿性粉剂800倍液交替喷施，每7～10天1次，连续喷2～3次。

二、细菌性病害

(一)细菌性果腐病　西瓜果腐病是一种毁灭性病害，主要侵染西瓜果实，有时也侵染叶片和幼苗。该病菌由国外传入，近年来我国东北、西北等地时有发生。

1. 危害症状　发病初期，果实出现水渍状斑点，后逐渐发展扩大为边缘不规则的深绿色水渍状大斑。果面病斑连片后可致使西瓜表皮溃烂变黄而开裂，最后造成果实腐烂。叶片感病后，叶片背面初为水渍状小斑点，后变成黄色晕圈斑点。幼苗一旦感病，整株出现水渍状圆斑，迅速扩大后使全株溃烂死苗。

2. 发病规律　潮湿多雨或高温是本病发生的有利条件。该菌在土壤中存活时间很短，只有8～12天，其传染途径主要为种子带菌。

3. 防治方法 以防为主,加强综合防治。加强种子检疫,要特别防止进口种子带菌。进行种子消毒。发现病株应及时拔掉带出瓜田深埋。发病初期可用72%硫酸链霉素可溶性粉剂4 000倍液,或50%琥胶肥酸铜可湿性粉剂500倍液,或14%络氨铜水剂300倍液,或20%噻唑锌悬浮剂600倍液,或47%春雷·王铜可湿性粉剂700倍液交替喷施,每7～10天1次,连续喷2～3次。

(二)细菌性角斑病 该病是西瓜露地栽培生长中后期和棚室栽培生长前期常见的细菌性病害,控制不好,其危害较大。

1. 危害症状 主要侵染叶片、叶柄、茎蔓,卷须和果实上也可发病,但不常见。子叶上病斑呈水渍状圆形或近圆形凹陷小斑,后期病斑变为淡黄褐色,并逐渐干枯。真叶上病斑初为透明水渍状小斑点,以后发展呈沿叶脉走向的多角形黄褐斑。潮湿时,叶背病斑处可见白色菌液,后变为淡黄色,形成黄色晕圈。干燥时,病斑中央呈灰白色,严重时呈褐色,质脆易破成多边状。茎蔓、叶柄、果实发病时,初为水渍状圆斑,以后逐渐变成灰白色,潮湿时病斑处有白色菌液溢出;干燥时病斑变为灰色而干裂。

2. 发病规律 种子带菌,发芽后细菌侵入子叶;土壤带菌,细菌随雨水或浇水溅到蔓叶上均可造成初次侵染。病斑所产生的菌液,可通过风雨、昆虫、整枝打杈等进行传播,细菌通过叶片上的气孔或伤口侵入植株。开始先在细胞间繁殖,后侵入组织细胞内扩大繁殖,直至侵入蔓叶的维管束中。果实发病时,细菌沿导管进入种子表皮。高温、高湿条件有利于病菌繁殖,所以发病较重。

3. 防治方法

(1)农业防治 控制苗床或棚室适宜西瓜生长的温湿度,适当降低湿度,提高地温。整枝打杈时遇到病株,应摘除病叶、病蔓并远离瓜田深埋,用肥皂充分洗手或用75%酒精擦手后再到瓜田从事农事操作。

(2)种子消毒 避免从疫区引种或从病株上采种。播种前进行种子消毒,方法是用55℃温水浸种15分钟,或用50%代森铵600倍液浸种1小时,或用40%甲醛150倍液浸种1.5小时,或用72%硫酸链霉素可溶性粉剂500倍液浸种2小时,然后用清水洗净进行催芽。

(3)栽培技术防病　清除病残叶和病瓜;避免重茬,与非瓜类蔬菜进行2～3年轮作;掌握轻浇水和及时通风排湿,控制和降低棚室内土壤和空气湿度。

(4)药剂防治　发病初期用50%琥胶肥酸铜可湿性粉剂600倍液,或50%甲霜铜可湿性粉剂600倍液,或72%硫酸链霉素可溶性粉剂3000倍液,或72%氢氧化铜水分散粒剂400倍液交替喷施,每6～7天1次,连续喷2～3次。

(三)细菌性叶斑病

1. 危害症状　该病害可危害西瓜叶片、叶柄和瓜蔓。初期病斑呈水渍状针头大小斑,后病斑扩大,呈圆形或多角形,病斑周边有黄色晕圈,背面不易见到菌脓,对光可见病斑呈透明状。病害一般从西瓜下部向上发展,几天后造成整株干枯,严重时植株连片死亡。

2. 发病规律　该病害病菌为油菜黄单胞菌黄瓜叶斑病致病种,主要通过种子、流水、灌溉水以及劳动工具进行传播。高温、高湿和通风条件不良时,病害容易发生和流行。

3. 防治方法　播种前用40%甲醛150倍液浸种1小时,或72%硫酸链霉素可溶性粉剂500倍液浸种2小时。发病初期用77%硫酸铜钙可湿性粉剂600倍液,或2%中生菌素可湿性粉剂1000倍液+20%叶枯唑可湿性粉剂600倍液,或2%春雷霉素可湿性粉剂1000倍液+20%叶枯唑可湿性粉剂600倍液,叶面喷施1～2次。

(四)细菌性青枯病　西瓜细菌性青枯病又称凋萎病,过去只发生在我国南方局部地区,近年来随着保护地栽培的发展,河北、山东、河南等西瓜产区也有发生，而且有发病面积逐年扩大、发病程度逐年严重的趋势。

1. 危害症状　西瓜茎蔓发病时，受害处初为水渍状不规则病斑，蔓延扩展后可环绕茎蔓一周，病部变细，两端仍呈水渍状，茎蔓前端叶片出现萎蔫，萎蔫程度自上而下逐渐加重。剖视病蔓，维管束不变色，但用手挤压病斑严重处可见乳白色黏液自维管束断面溢出，此病不侵染根系，故根部不变色、不腐烂。这也是与西瓜枯萎病区别的特征。

2. 发病规律　细菌从伤口侵入植株，引起初侵染。细菌在25℃～30℃条件下，迅速繁殖，其密度可阻塞、破坏西瓜蔓叶的维管束，从而引起蔓叶萎蔫甚至凋枯而死。只要温度条件适宜细菌繁殖，西瓜整个生育季节均可发病。病菌传播主要为黄曲条跳甲(象鼻虫)、食叶甲虫类害虫等，瓜田甲虫发生越严重或管理越粗放时，青枯病发生就越严重。此外，当温度在18℃以下或33℃以上时，不发生青枯病。

3. 防治方法

(1)农业防治　结合虫害防治，检查田间或棚室内食叶甲虫类害虫的发生发展情况，一旦发现及时防治。发现萎蔫病株立即拔除，并将其带出棚室深埋。

(2)土壤消毒　育苗土用2%甲醛溶液喷施消毒。

(3)药剂灌根　发病植株可用20%噻菌铜悬浮剂1 000倍液，或72%硫酸链霉素可溶性粉剂3000倍液灌根，每次每株用药液0.25～0.5千克，每5～7天1次，连续灌2～3次。

(4)叶面喷施　发病前后用78%波尔·锰锌可湿性粉剂500倍液，或25%琥胶肥酸铜可湿性粉剂600倍液，或47%春雷·王铜可湿性粉剂700倍液交替喷施，7～10天1次，连续2～3次。

三、病毒病

西瓜病毒病也叫毒素病、花叶病，俗称疯秧子、青花，近年已成为西瓜生产中的一种主要病害。

(一)危害症状 西瓜病毒病分为花叶型和蕨叶型两类。花叶型的症状，主要是叶片上有黄绿相间的花斑，叶面凹凸不平，新生出的叶片畸形，蔓的顶端节间缩短。蕨叶型(即矮化型)的症状，主要表现为新生出的叶片狭长、皱缩、扭曲。病株的花发育不良，难于坐瓜，即使坐瓜也发育不良，而成为畸形瓜。

(二)发病规律 西瓜病毒病主要是由甜瓜花叶病毒侵染引起，西瓜种子也可以带病毒传播。春季在甜瓜上最先发病，由蚜虫带毒传染给西瓜，故春西瓜多在生长中后期发病。天气干热无雨、阳光强烈是主要的发病条件，植株缺肥生长势弱易感病。在西瓜生长期间，主要靠蚜虫带毒传播，整枝、打杈等农事活动也可将病毒从病株传至健康株，病毒从伤口侵入而发病。

(三)防治方法

1. 农业防治 选用抗病品种，建立无病留种田。如种子可能带有病毒，应进行浸种消毒。种植西瓜的地块要远离菜园和甜瓜地，西瓜不可与甜瓜、西葫芦间作。在整枝、授粉等田间管理时注意减少损伤，打杈要在晴天阳光下进行，以利伤口迅速干缩。同时，要对健康植株和可疑病株(如病株附近的植株)分别进行打杈，防止接触传毒。加强田间管理，施足基肥，注意追肥，增施钾肥，及时浇水防止干旱，使西瓜植株生长健壮，提高抗病能力。及时防治蚜虫，避免或减少蚜虫传毒。

2. 药剂防治

(1)种子消毒 用10%磷酸钠溶液浸种20～30分钟，冲洗净药液后催芽播种。

(2)土壤消毒 每立方米育苗土用40%甲醛400毫升充分拌

匀并堆积覆膜，经2～3天堆闷后再装钵（育苗盘）。棚室栽培西瓜，每平方米用溴甲烷50克，放药后密闭棚室48～72小时，闷棚熏蒸土壤消毒。

（3）喷施药剂　发病初期可用20%吗胍·乙酸铜可湿性粉剂500倍液，或40%盐酸吗啉胍可溶性粉剂1 000倍液，或2%宁南霉素水剂200倍液，或22%烯羟硫酸铜可湿性粉剂1 500倍液，或7.5%菌毒·吗啉胍水剂500倍液，或3.85%氮苷·铜·锌水乳剂600倍液，或1.5%烷醇·硫酸铜乳剂1000倍液交替喷施；发生花叶病毒病时，可用45%吡虫啉微乳剂3 000倍液+6%乙基多杀霉素悬浮液800倍液+10%盐酸吗啉胍可湿性粉剂1 000倍液喷施，每5～7天1次，连续喷3～4次。

四、生理性病害

（一）锈根病和烧根

1. 锈根病　也叫沤根、烂根毛病，西瓜苗床或移栽定植后遇到低温、阴雨天易发生。

（1）症状表现　主要表现为幼苗生长极慢，以至叶片萎蔫；根部最初呈黄锈色，以后变黏、腐烂，而且迟迟生不出新根。

（2）发生原因　西瓜锈根病是一种生理病害。苗床管理不当，或阴雨天、气温下降、苗床无法通风晒床、土壤低温高湿、根系生长发育受到抑制或根毛死亡等原因均可发生锈根病。

土壤温度过低、湿度过大是发生锈根病的根本原因，这是因为土壤在低温、高湿条件下，根系发育受阻，根部的再生能力、吸收功能和呼吸作用均遭到严重抑制，根毛大批死亡，进而使植株地上部萎蔫。

（3）防治措施　以综合措施为主，如多施有机肥料作基肥、选择晴朗天气定植、定植不要过深、浇水量不要过大、勤中耕松土以及培育大苗、移栽多带土（营养钵、营养纸袋或割大土坨）等，可避免或减少锈根病的发生。

2. 烧　根

(1)症状表现　烧根是一种生理病害。发生烧根时，根系发黄、不发新根，但不烂根，地上部生长缓慢，植株矮小脆硬，形成小老苗。

(2)发生原因　烧根主要是施肥过多或土壤干燥造成的。苗床土中施用没有充分腐熟的有机肥，或有机肥、化肥没有与床土充分混合，易发生烧根。

(3)防治措施　配制苗床土时用肥量要适当，特别要注意不能施用化肥过多、有机肥要充分腐熟，各种肥料要与床土充分拌匀。苗床浇水要适宜，注意保持土壤湿润，勿使秧苗因床土缺水而烧根。已经发生烧根的要适当增加浇水量，以降低土壤溶液浓度。浇水后应重视苗床温度变化，晴天白天尽量加大通风量，以降低苗床内湿度；夜间则应当以保温为主，适当提高床温有利于根系恢复生长，促发新根。浇水以湿透床土为宜，防止浇水过多、床土长期过湿。

(二)僵　苗

1. 症状表现　植株生长处于停滞状态，生长量小，展叶慢，子叶、真叶变黄，根变褐，新生根少。僵苗是西瓜苗期和定植前期的主要生理病害。

2. 发生病因　①土壤温度偏低，不能满足根系生长的要求。②土壤含水量高、湿度大、通气差，发根困难。③定植时苗龄过大，损伤根系较多，或整地定植时操作粗放，使根部架空，影响发根。④施用未充分腐熟的农家肥，造成发热烧根，或施用化肥较多，使土壤中的化肥溶液浓度过高而伤根。⑤地下害虫危害根部。

3. 防治措施　①可采用地膜覆盖以增温、保湿、防雨，改善根系生长条件。②定植时高畦深沟，加强中耕松土和排水，改善根系的呼吸环境。③适时定植，并尽量避免对根系造成伤害。④适当

增施腐熟农家肥，化肥应勤施薄施。⑤及时防治蚂蚁等害虫的危害。

（三）疯　秧

1. 症状表现　植株生长过于旺盛，表现为徒长、节间伸长、叶柄和叶身变长、叶色淡绿、叶质较薄、不易坐果。

2. 发生原因　①氮素营养过高，致使茎叶过快生长，造成坐瓜困难，空棵率增加；即使坐瓜，也常是果型小、产量低、成熟迟。②苗床或大棚温度过高，光照不足，土壤和空气湿度过大。

3. 防治措施　①控制基肥的施用量，前期少施氮肥，注意磷、钾肥的配合，是防治疯秧的最根本措施。②苗床或大棚要适时通风，增加光照，避免温度过高、湿度过大。③对于疯长植株，可采取整枝、打顶、人工辅助授粉促进坐瓜等措施抑制营养生长，促进生殖生长。

（四）急性凋萎

1. 症状表现　初期中午植株地上部萎蔫，傍晚时尚能恢复，经 3～4 天反复以后枯死；根颈部略膨大。与枯萎病的区别在于根颈维管束不发生褐变。急性凋萎是西瓜嫁接栽培中经常发生的一种生理性凋萎，发生时期大多在坐瓜前后。

2. 发生原因　可能有以下几方面的原因：①与砧木种类有关，葫芦砧木发生较多，南瓜砧木很少发生。②砧木根系吸收的水分不能及时补充叶面的蒸腾失水。③整枝过度，抑制了根系的生长，加剧了吸水与蒸腾的矛盾，导致凋萎。④光照弱会加剧急性凋萎病的发生。

3. 防治措施　目前主要是选择适宜的砧木，加强栽培管理，增强根系的吸收能力。

（五）叶片白化

1. 症状表现　子叶、真叶的边缘失绿，幼苗停止生长，严重时子叶、真叶及生长点全部受冻致死。

2. 发生原因 西瓜苗期通风不当、急剧降温所致。

3. 防治措施 适时播种，改进苗床保温措施，白天温度保持20℃左右，夜间不低于15℃，早晨通风不宜过早，通风量应逐步增加，避免苗床温度急剧降低。

(六)叶白枯病 西瓜叶白枯病是一种生理性病害，多在生长中后期发生。

1. 症状表现 发病初期由基部叶片、叶柄表皮老化和粗糙开始，而且叶色变淡，逆光透视叶片可见叶脉间有淡黄色斑点。发展后，病斑叶肉由黄色变褐色，数日后叶面形成一层像盐斑似的凹凸不平的白斑。

2. 发生原因 此病发生与根冠比失调有关，特别是与强整枝和晚整枝有关，侧蔓摘除越多，且摘除越晚或节位越高时发病越重。

3. 防治措施 ①及时整枝，低节位打杈。②叶面喷施光合微肥，或0.3%～0.4%磷酸二氢钾溶液，每667米^{2}每次用肥液60千克，每3～5天1次，连续喷2～3次。

(七)西瓜卷叶病 西瓜卷叶病为生理性病害。

1. 症状表现 发病时叶脉间出现黑褐色斑点，发展后扩大遍及全叶，最后叶片上卷而枯死。坐瓜节位及相邻高节位叶片易发病，严重时基部节位叶片也会发病。

2. 发生原因 土壤中缺镁或植株坐瓜过多、生长势过弱时，坐果节及附近节位的叶片易发生该病。不坐瓜或徒长植株不发病。嫁接栽培的葫芦砧比南瓜砧易发病，土壤水分波动过大(忽涝忽旱)时易发病，整枝不当(过早、过重或摘心不当)使植株内的磷酸在局部叶片累积易导致叶片老化、卷曲。

3. 防治措施 ①培育壮苗，适时、适当整枝。合理浇水，勿使土壤忽干忽湿，波动剧烈。②增施有机肥，特别注意适当增施磷、

钾肥和微量元素肥，以促使植株健壮。合理留瓜，勿使坐瓜过多。③叶面喷施0.5%硫酸镁或复合微肥液，每5～7天1次，连续喷2～3次。

第二节　西瓜主要虫害及防治

一、地下害虫

(一)瓜地蛆　又叫根蛆，是种蝇的幼虫。

1. 形态和习性　瓜地蛆成虫是一种淡灰黑色的小苍蝇，体长4～6毫米(雄成虫较小，雌成虫较大)，复眼、赤褐色，全身生有黑色刚毛，而以胸背部的刚毛最明显。幼虫即瓜地蛆，蛆状白色，体长6～7毫米，头咽骨黑色，体末臀节斜切状，周缘有5对三角形小突起，各突起的末端都不分叉，蛹为纺锤形，尾端略细，体长4.5～4.8毫米，淡黄褐色，尾端灰黑色，外壳很薄，半透明。

种蝇1年发生3～4代，以蛹在粪土内越冬，翌年4月份开始在田间活动。成虫喜在潮湿的土面产卵，每只雌蝇可产卵150粒左右。老熟幼虫在土内化蛹。

2. 危害特点　瓜地蛆常常三五成群地危害瓜苗表土下的幼茎(即下胚轴)，使已发芽的种子不能正常出土，或从幼苗根部钻入下胚轴，顺着幼茎向上危害，使下胚轴中空、腐烂，地上部凋萎死亡，引起严重缺苗。

3. 防治方法

(1)农业防治　施用充分腐熟的有机肥，在人粪尿、圈肥堆积发酵期间要用泥封严，防止成虫聚集产卵。种植西瓜最好采用大田移栽法，以防种蝇聚集在播种穴产卵。

(2)药剂防治　①种子消毒。②苗床灌根。用1.8%阿维菌素乳油2000倍液，或5%除虫菊素乳油1500倍液，或90%敌百虫晶体 800 倍液交替灌根，每次每穴灌药液 200～250 毫升。③苗期喷药。可用 2.5%溴氰菊酯乳油 3 000 倍液，或 90%敌百虫晶体 800 倍液交替喷施，每 5～7 天 1 次，连续喷 2～3 次。

（二）地老虎 俗称土蚕、地蚕、切根虫。地老虎分小地老虎、黄地老虎、大地老虎和八字地老虎等多种。在山东等地危害西瓜的主要是小地老虎和黄地老虎，其中以小地老虎危害最严重。

1. 形态和习性

（1）小地老虎 成虫体长 19～23 毫米，灰黑色至棕褐色，所以又叫黑地老虎。小地老虎成虫的前翅窄长，呈船桨形，有内外横线、楔形纹、环形纹及肾形纹，肾形纹外侧有一条黑色的“一”字纹。幼虫体长达 50 毫米，背部淡灰褐色，两侧颜色较深，体表有明显的大小颗粒状突起，臀板上有“][”形褐色斑纹。卵半球形，橘子状。蛹体长 26～30 毫米，淡红褐色。小地老虎 1 年可发生 3～5 代，大部分地区第一代幼虫于 5 月下旬至 6 月上旬危害西瓜主蔓或侧蔓，阴雨天危害较重。卵散产在地面或西瓜蔓叶上，孵出的幼虫先在嫩叶上啃食，三龄后转入土内，昼伏夜出危害，幼虫有假死习性。幼虫共 6 龄，四龄以后危害最重，以蛹越冬。

（2）黄地老虎 成虫体长 14～20 毫米，土褐色或暗黄色。前翅略窄而短，表面斑纹变化较大，有的内外横线、环形纹、肾形纹、楔形纹都比较明显（多为雄成虫），有的前翅为灰黑色，只是肾形纹较清楚（多为雌成虫）。黄地老虎 1 年发生 3 代，第一代幼虫 5～6 月份发生危害，第二代幼虫 8～9 月份发生危害。

2. 危害特点 小地老虎和黄地老虎对西瓜的危害症状基本相同。三龄以前多聚集在嫩叶或嫩茎上咬食，三龄以后转入土中，昼伏夜出，常将幼苗咬断并拖入土穴内咬食，造成缺苗断垄，或咬断蔓尖及叶柄，使植株不能生长。

3. 防治方法 以防治成虫为重点。

（1）综合防治 ①用黑光灯诱杀，如能大面积联防效果更好。

②清除杂草，特别是小旋花、刺儿草等双子叶杂草，是地老虎产卵的场所，因此清除地头田边及瓜地内的杂草是防治地老虎的重要措施。③人工捕杀。一般地老虎危害后并不远离，仍在附近表土层隐藏，发现地老虎危害时，可于每天早晨扒土捕杀。也可在浇水后及时捕杀，这是因为当地老虎遇水后，即很快从土内爬出，极易捕杀。

(2)药剂防治

①毒饵诱杀　用90%敌百虫晶体100克加水200毫升充分溶化，拌入炒香的麦麸3千克制成毒饵，于傍晚投放在西瓜幼苗周围，与麦田、路边草地邻近处要多投放些，每667米^{2}投放毒饵2～2.5千克。

②药土毒杀　用0.04%二氯苯醚菊酯粉或2.5%敌百虫粉1千克，与细干土8～10千克充分拌匀，撒覆在被害处及其周围，用量可根据被害面积酌情而定。

③植株喷施　可用50%辛硫磷可湿性粉剂1 000倍液，或90%敌百虫晶体1 000倍液，或2.5%氯氟氰菊酯乳油5 000倍液，或10%溴氰菊酯乳油1 000倍液交替喷施，每6～7天1次，连续喷2～3次。

(三)金龟子　又名金龟甲，俗称瞎撞子，是蛴螬的成虫。蛴螬俗称地漏、地黄，是金龟子的幼虫。金龟子的种类很多，危害西瓜的主要是大黑金龟子、暗黑金龟子及其幼虫。

1. 形态和习性

(1)大黑金龟子　又名华北大黑金龟甲、朝鲜金龟甲，各地发生比较普遍。成虫长椭圆形，体长16～21毫米，黑褐色、有光泽，胸部腹面有黑色长毛，鞘翅上散生小黑点，并各有3条隆起线。幼虫体长40毫米，头部黄褐色，胴部黄白色。

大黑金龟子2年发生1代，以成虫和幼虫隔年交替在土壤中越冬。越冬成虫翌年4月上中旬开始出土，越冬幼虫翌年4～5月份开始危害，5～6 月份陆续化蛹，6 月下旬至 7 月下旬羽化，在土中越冬。成虫寿命很长，白天潜伏土内，早、晚活动危害，有假死习性，趋光性不强。

(2)暗黑金龟子　又名黑金龟子，各地发生比较普遍。成虫长椭圆形，体长 18.3～19.5 毫米，初羽化为红棕色，以后逐渐变为红黑色，被有灰蓝色粉，无光泽。幼虫体长 4.5 毫米左右，头部黄褐色，胴部黄白色，头宽 5.6～6.1 毫米；头部前顶毛每侧 1 条，后顶毛各 1 条。暗黑金龟子 1 年发生 1 代，以幼虫和少数成虫在土壤中越冬。越冬幼虫翌年 5 月化蛹，6 月中旬至 7 月中旬羽化，7 月份发生小幼虫，一直危害至 9 月份，之后潜入深土层越冬。成虫有假死性和趋光性。

2. 危害特点　金龟子昼伏夜出，从傍晚一直危害到黎明，主要咬食叶片。蛴螬是危害西瓜的主要地下害虫，咬断幼苗根茎，造成缺苗断垄；在西瓜生长期继续危害，根受损伤，吸收水和养分的能力降低，植株生长瘦弱，严重时全株枯死。

3. 防治方法

(1)诱杀成虫　金龟子多有假死性，可振动瓜蔓乘其落地装死时捕捉杀死。也可用毒饵诱杀，方法：用 4%二嗪磷颗粒剂 25 克兑水 1.5 升，喷洒切碎的鲜草或菜叶内 2.5 千克，拌匀制成毒饵。在早晨或傍晚，将毒饵撒在西瓜苗周围(特别是靠近麦田的西瓜苗周围)，引诱金龟子取食而被毒死。

(2)药杀幼虫　蛴螬多在瓜苗根部附近危害，或在鸡粪 、圈粪等有机肥料内生活。可在西瓜根浇灌 90%敌百虫晶体 800 倍液毒杀，鸡粪圈粪等有机肥用二嗪磷颗粒。

上述药液喷洒后拌匀，经堆闷后方可施用。

二、地上害虫

(一)黄守瓜　全名为黄守瓜虫，俗称黄萤子、瓜萤子。

1. 形态及习性　成虫长8～9毫米，身体除复眼、胸部及腹面为黑色外，其他部分皆呈橙黄色。体型前窄后宽，腹部末端较尖露出于翅鞘之外，雌虫露出较多，雄虫露出较少。幼虫长筒形，体长达14毫米，头灰褐色，身体黄白色，前胸背板黄色，臀板为长椭圆形，有褐色斑纹，并有纵凹纹4条。蛹纺锤形，乳白色。

2. 危害特点　黄守瓜成虫和幼虫均能危害西瓜，成虫多危害瓜叶，以身体为点旋转咬食一周，然后取食叶肉，使叶片残留若干环形食痕或圆形孔洞。幼虫半土生，常常群集于瓜根及果实贴地面部分，蛀食危害，初期多蛀食表层，随着虫体长大，便蛀入幼嫩皮内危害。瓜根受害后，轻者植株生长不良，重者整株枯死。果实受害后，轻者果面残留瘢痕；重者形成蛀孔，深入瓜瓤，常因蛀孔灌入污水或侵入菌类而引起西瓜腐烂。黄守瓜幼虫危害重于成虫。

黄守瓜在山东省1年发生1代，以蛹在表土下越冬，少数成虫也能在草丛、土隙中越冬。翌年4月份开始出蛰活动，先在蔬菜田间危害，后转移到瓜田危害。成虫白天危害，在西瓜主根部和瓜的下面潮湿土壤中产卵，在瓜的垫草下面和土块上产卵最多。幼虫孵化后，在土中取食瓜根及近地面的茎蔓和幼果，老熟后在表土下10～15厘米处化蛹。成虫晴天的午间活动最盛，夜晚、雨天和清晨露水未干时均不活动，有假死性，对声音和影子都很敏感。

3. 防治方法

(1)防止成虫产卵　在瓜根周围30厘米内铺沙，避免成虫在此产卵。也可用米糠或锯末10份，拌煤油或废机油1份，撒在瓜苗周围(不要接触瓜苗)防止成虫产卵。

(2)捕捉成虫　趁早晨露水未干前，根据被害征状在瓜叶下捕捉成虫。

(3)药剂防治成虫　可用90%敌百虫晶体1 000倍液，或3.5%氟腈·溴乳油1 500倍液，或7.5%鱼藤酮乳油800倍液，或10%氯氰菊酯乳油2 500倍液，或2.5%溴氰菊酯乳油3 000～

4 000倍液交替喷施，每7～10天1次，连续喷2～3次。此外，还可结合防治炭疽病，在波尔多液中加90%敌百虫晶体800倍液喷施，每7～8天喷1次，连续2～3次。

(4)药剂防治幼虫　可用2.5%溴氰菊酯乳油2 500倍液，或10%氯氰菊酯乳油3 000倍液喷雾。

(二)蓟马　属缨翅目蓟马科，危害西瓜的主要为烟蓟马和黄蓟马。

1. 形态和习性

(1)烟蓟马　雌虫体长约1.2毫米，淡棕色，触角第四、第五节末端色较浓，前胸后角有2对长鬃，前翅前脉基鬃7～8根、端鬃4～6根，后脉鬃15～16根。

(2)黄蓟马　雄虫体长1～1.1毫米，黄色，头宽大于头长，短于前胸。前胸背板有弱横交线纹，前角1对短鬃，后角2对长鬃间夹有2对短鬃，前缘鬃约26根，后脉鬃约15根。

2. 危害特点　成虫和若虫均锉吸西瓜心叶、幼芽和幼果汁液，使心叶不能舒展，顶芽生长点萎缩而侧芽丛生。幼果受害后表皮呈锈色，幼果畸形，发育迟缓，严重时化瓜。

3. 防治方法　①清除田园杂草，减少虫源。②营养钵苗床育苗，小拱棚覆盖保护，阻挡瓜蓟马迁入苗床，培育无虫壮苗。每平方米苗床用杀蚜烟剂0.6～0.8克、棚室地面用杀蚜烟剂0.8～1克进行烟熏。③秋冬茬西瓜育苗期适当推迟，早春茬和春茬育苗适当提前，避开瓜蓟马危害高峰期。④育苗前清洁棚室，喷药杀灭蓟马虫源。育苗后全田地膜覆盖，使若虫不能入土化蛹、伪蛹不能在表土中羽化。⑤药剂防治。单株虫口达2～5头时及时喷药防治，可选用5%氟虫腈乳油1 500倍液，或22%吡虫·毒死蜱乳油1 500倍液，或2.5%多杀霉素悬浮剂1 000～1 500倍液，或25%噻嗪酮可湿性粉剂1 500倍液交替喷施，每7～8天1次，连续喷2～3次。对拟除虫菊酯类农药已产生抗性的瓜蓟马发生区，可用

25%杀虫双水剂400倍液喷施防治，但在高温条件下施用此药时，为防止发生药害，稀释倍数不可低于400倍。

(三)潜叶蝇

1. 形态和习性 斑潜蝇也叫潜叶蝇，又称夹叶虫，危害西瓜的是豌豆潜叶蝇。潜叶蝇是变态性害虫，每个生育周期要历经卵、幼虫、蛹、成虫这4个形态发育阶段。卵椭圆形或梨形，乳白色，多产于叶肉组织内，因此在田间不易发现。但卵在孵化幼虫时变成长圆形棕色，仔细观察可以发现。幼虫在接近孵化时，在卵壳内做180°旋转后，从前面突破或咬破卵壳而出。一龄幼虫几乎是透明的，二龄、三龄幼虫变成鲜黄色或浅橙黄色，四龄幼虫在预蛹期。幼虫蛆状，身体两侧紧缩，老熟幼虫体长达3毫米，腹末端具后气门，气门顶端有数量不等的后气门孔。蛹圆形，腹部稍扁平，浅橙黄色，有时变暗至金黄色。成虫是一种灰色至灰黄色的小苍蝇，体长5～6毫米，全身密生刺毛，雌、雄成虫均为灰黑色。

2. 防治方法 对斑潜绳应坚持综合防治策略，化学防治的适期在产卵期至一龄幼虫期。由于此虫严重世代重叠，用药间隔时间要短，连续用药次数应较多。

(1)摘除虫害叶片　此虫寄生范围广泛，品种间抗性差异不明显，至今尚未发现有效的抗虫品种。但在发生次数少、虫量少的情况下，定期摘除有虫叶片(株)，有一定的控制效果。

(2)覆盖防虫网　棚室栽培和育苗畦选用20～25目、丝径0.18毫米、幅宽12～36米的防虫网覆盖。

(3)诱杀成虫　在成虫活动盛期，可用灭蝇纸诱杀成虫。方法是每667米^{2}设10～15个诱杀点，每个点放1张灭蝇纸，每3～4天更换1次。

(4)药剂喷洒　可选用40%灭蝇胺可湿性粉剂4000倍液，或1.8%阿维菌素乳油3000～4000倍液，或10%溴虫腈悬浮剂1000倍液，或50%环丙胺嗪可湿性粉剂2000倍液，或5%氟虫脲乳油2 000倍液,或70%吡虫啉水分散粒剂1 000倍液,或25%噻虫嗪水分散粒剂3 000倍液交替喷施,每6～7天1次,连续喷3～4次。此虫在14.7℃～35.4℃范围内,随着温度的升高其生育速度加快、生育周期缩短,世代重叠加重。因此,在高温季节,随着温度的升高喷药间隔时间应越短。棚室栽培冬春季每7～8天喷1次药;夏季棚室和露地瓜田,每4～5天喷1次药,连续喷药4～5次。

(四)白粉虱 属同翅目粉虱科,俗称小白虫、小白蛾,原产北美西南部,20世纪70年代传入我国。近年来,随着温室大棚的发展,迅速传遍大江南北,目前已严重威胁棚室西瓜生产。

1. 形态和习性 成虫体长1.5毫米左右,淡黄色,翅面覆盖白色蜡粉。卵长椭圆形,有短卵柄,初产时淡黄色,后变黑色。若虫长卵圆形、扁平,淡黄绿色,体表有长短不一的蜡质丝状突起,共3龄。伪蛹实为四龄若虫,体长0.7～0.8毫米,椭圆形,初期扁平,随发育逐渐加厚,中央略高,体背有长短不齐的8～11对蜡质刚毛状突起。白粉虱不耐寒冷,成虫繁殖适温为18℃～21℃,卵发育适温为20℃～28℃,在棚室条件下每24～30天繁殖1代,繁殖方式除雌、雄交配产卵外,也能进行孤雌生殖。成虫喜食西瓜幼嫩叶片,故卵多产于瓜蔓顶部嫩叶背面。

2. 危害特点 白粉虱以成虫和若虫刺吸西瓜幼叶汁液,使叶片生长受阻、变黄或萎缩不展。此外,因成虫和若虫分泌蜜露污染叶片,常引起煤污病的发生,影响叶片光合作用和呼吸作用,造成叶片或瓜苗萎蔫。白粉虱还能传播病毒病,降低西瓜产量和品质。植株上各虫态分布规律:最上部幼叶以成虫和淡黄色的卵为主,稍下部叶面多为低龄若虫和黑卵,再下多为中、老龄若虫,基部叶片蛹最多。

3. 防治方法

(1)农业防治 定植前棚室内先清除杂草,然后密闭消毒。

(2)黄板诱杀 棚室内设黄板诱杀成虫。黄板可用废旧硬纸板制作成长条，表面染成橙黄色，并涂一层由10号机油和少许黄油调成的黏着剂。将黄板置于与西瓜植株同高的行间，每667米^{2}棚室内可放置20～30条。

(3)棚室熏蒸 西瓜定植前，用25%甲基克杀螨乳油1 000倍液全棚喷施并连续3～5天密闭棚室。也可用10%异丙威烟剂烟熏(方法与防治蚜虫同)。

4. 喷施药剂 可用25%噻虫嗪水分散粒剂6 000倍液，或25%灭螨猛乳油1 000倍液，或25%噻嗪酮乳油1 000倍液，或2.5%氯氟氰菊酯乳油5 000倍液，或20%啶虫脒乳油2 500倍液，或36%苦参碱水剂500倍液，或2.5%联苯菊酯乳油3 000倍液交替喷施，每5～7天1次，连续喷3～4次。药物防治白粉虱，最好在点片发生阶段用药，在一至二龄若虫阶段用药效果更好，喷药时应注意喷施叶片背面虫口密度大的地方。

(五)叶螨 有茶黄叶螨、截形叶螨、朱砂叶螨和二斑叶螨，危害西瓜的主要是茶黄叶螨。茶黄叶螨，又名侧多食跗线螨、茶丰跗线螨、茶嫩叶螨、茶黄螨，在我国南北各地均有不断扩大危害的趋势。

1. 形态和习性 成螨卵形，体长0.19～0.21毫米，淡黄色至橙黄色，半透明有光泽，足4对，背部有1条白色纵带。卵椭圆形，灰白色而透明。幼螨椭圆形、乳白色，足3对，体背有1条白色纵带，腹部末端有1根刚毛。若螨棱形、半透明，是一个发育的暂时静止防段，被幼螨的表皮所包围。茶黄螨1年繁殖20多代，可在棚室中周年生活，以两性生殖为主，也可进行孤雌生殖，雌成螨将卵散产于西瓜叶背面、幼果或幼芽上。温暖高湿环境有利于茶黄螨发生和危害，所以棚室栽培西瓜危害较重。茶黄螨主要靠爬行和风进行扩散蔓延，也可通过田间管理、衣物、农具等在棚室内传播。

2. 危害特点　以成螨和若螨刺吸西瓜幼嫩叶片、花蕾和幼果汁液，致使幼叶变小，叶片变厚而僵直，叶背呈油渍状，叶缘向背面卷曲。嫩茎受害后，表面变成茶褐色。花蕾受害后，不能正常开花或成畸形花。幼果受害后，子房及果梗表面呈灰白色或灰褐色，无茸毛、无光泽，生长停滞，幼果变硬。

3. 防治方法

（1）农业防治　清除田间残株败叶，铲除田边、渠旁杂草，用石灰泥封严大棚内的墙缝，可消灭部分虫源。天气干旱时注意浇水，结合浇水增施速效磷肥，可抑制叶螨发展，减轻危害。

（2）药剂防治　可用20%四螨嗪悬浮剂2 000倍液，或1.8%阿维菌素乳油3 000倍液，或20%氟螨嗪悬浮剂3 000倍液，或5%唑螨酯悬浮剂2 000倍液，或20%哒螨酮可湿性粉剂2 000倍液，或10%溴虫腈乳油3 000倍液，或10%喹螨醚乳油3 000倍液，或10%吡虫啉可湿性粉剂1 500倍液，或2%氟丙菊酯乳油2 000倍液交替喷施，每7～10天1次，连续喷2～3次。

（六）瓜蚜　也叫棉蚜，俗称蜜虫、腻虫、油汗。

1. 形态和习性　成虫分有翅和无翅两种体型。无翅孤雌胎生蚜（不经交配即胎生小蚜虫）成虫，体长约1.8毫米，夏季为淡黄绿色，秋季为深绿色，复眼红褐色，全身有蜡粉，体末生有1对角状管。有翅孤雌胎生蚜成虫，黄色或浅绿色，比无翅蚜稍小，头、胸部均为黑色，有2对透明翅。瓜蚜每年可繁殖20～30代，在适宜的温、湿度条件下，每5～6天便完成1个世代。成虫寿命20多天，1个雌虫一生中能胎生若蚜（小蚜虫）50余只。瓜蚜5月份由越冬寄主（某些野菜等）迁入西瓜田继续繁殖危害，形成点片发生阶段，6月份出现大量有翅孤雌胎生蚜，形成大面积发生。西瓜收获后，瓜蚜转移到棉花上继续危害，秋季棉株衰老时有翅雌蚜和雄蚜交配，飞回越冬寄主上产卵越冬。高温干旱天气，瓜蚜发生特别严重。

2. 危害特点　瓜蚜主要危害西瓜叶片或幼苗嫩茎，以针管状口器刺吸汁液。叶片被害后多皱缩、畸形以至向叶背面卷缩，严重危害时植株生长发育迟缓、甚至停滞，开花及坐瓜延迟，果实变小，含糖量降低，影响西瓜的产量和质量。瓜蚜还可传染西瓜病毒病，造成更大的危害。

3. 防治方法

(1)清除杂草　在 4 月上旬以前清除瓜田内、外的杂草，消灭越冬瓜蚜。

(2)喷药防治　药剂防治瓜蚜必须在点片发生阶段及时喷药。喷药时须对叶片背面和幼嫩瓜蔓部分要格外仔细喷洒，对危害较重、叶片向背面卷曲者应加大喷药量，以药液在叶片背面形成药流为度。药剂可用 25%吡蚜酮可湿性粉剂 3 000 倍液，或 10%吡虫啉可湿性粉剂 4 000 倍液，或 25%噻虫嗪水分散粒剂 5 000 倍液，或 5%啶虫脒可湿性粉剂 3 000 倍液，或 50%二嗪磷乳油 1 000 倍液，或 50%辛硫磷乳油 1 500 倍液，或 1.8%阿维菌素乳油 2 000 倍液交替喷施，每 6～7 天 1 次，连续喷 2～3 次。

(3)烟熏　棚室栽培可采用烟熏，方法是每 667 $米^2$ 用 10%异丙威烟剂 0.5 千克，于傍晚先将棚室密闭好，沿棚室人行道(通常靠北墙)分 5 个燃点，每处点燃 0.1 千克烟剂，点燃后立即密闭棚室熏 1 夜。

(4)避蚜　覆盖或在棚室内张挂银灰色地膜，或覆盖 24～30 目、0.18 毫米丝径的银灰色防虫网。

(七)黄曲条跳甲　俗名地蹦子、土跳蚤，全国各地均有分布，是跳甲虫科的主要种类。

1. 形态和习性　成虫体长约 2 毫米，长椭圆形、黑色有光泽，前胸背板及鞘翅上有许多刻点，排成纵行。鞘翅中央有一黄色纵条，两端大、中部窄而弯曲(故名为黄曲条跳甲)，足 3 对，后足腿节发达，善跳。卵长约 0.3 毫米，椭圆形，刚产下为淡黄色，后变乳白

色。幼虫体长4毫米，长圆筒形，尾部稍细，头和前胸背板淡褐色，胸腹部黄白色，各节有短小肉瘤。蛹长约2毫米，椭圆形，乳白色，头部隐现于前胸下面，腹末有1对叉状突起。

成虫性喜温暖，多在土缝、杂草或棚室内越冬，夏季则在阴凉瓜叶下或土块下潜伏，生长繁育适温为22℃～28℃。我国北方地区1年发生4～5代，南方地区7～8代。成虫趋光性较强，对黑光灯敏感，还有趋黄光和绿光的习性。

2. 危害特点 以成虫和幼虫危害，成虫主要咬食幼嫩瓜叶，将西瓜幼苗叶片咬成许多小孔。幼虫主要在瓜苗根部剥食表皮，蛀食成许多环状虫道，可引起植株地上部叶片黄化。

3. 防治方法

(1)安排好茬口 最好选玉米、谷子等大田作物为前茬，避免以十字花科蔬菜为前茬。

(2)加强中耕松土 幼苗期加强中耕松土，使土壤通气升温，促进根系发育；降低土壤湿度，不利于跳甲卵孵化，可明显减轻瓜苗受害。

(3)药剂防治 幼苗出土至真叶出现期间，喷洒90%敌百虫晶体800倍液，或5%鱼藤精可湿性粉剂160倍液，或50%辛硫磷乳油1500倍液，或2.5%氯氟氰菊酯乳油4000倍液。幼苗团棵后，喷洒20%氰戊·马拉松乳油2000倍液，或2.5%溴氰菊酯乳油3000倍液。以上药剂交替喷施，每6～7天1次，连续喷2～3次。

(八)棉铃虫和菜青虫

1. 形态和习性 棉铃虫和菜青虫是近缘种，在成虫、卵、幼虫、蛹的形态上均相似，但也有所区别。

(1)成虫(蛾) 棉铃虫蛾体长14～18毫米，雌蛾红褐色，雄蛾灰绿色或灰褐色。前翅外缘较直，正面具褐色环状纹及肾形纹，后翅黄白色或淡褐色，翅脉黑褐色，其外缘有一黑褐色宽带，内侧无

内横线；菜青虫蛾形体较小，雌蛾棕黄色，雄蛾淡灰绿色。前翅止面上纹（花纹）清晰，外缘近弧形。后翅棕黑色，宽带中段内侧有一棕黑线，即平行的内横线，翅脉黄褐色。

(2)卵　棉铃虫的卵半球形，高大于宽，直径约 0.5 毫米。初产卵乳白色，具纵横网络，卵壳上纵棱达底部，有二岔或三岔。菜青虫的卵半球形、稍扁，高小于宽，纵棱不到底部，不分岔，一长一短双序式。

(3)幼虫　棉铃虫老熟幼虫体长 32～42 毫米，体色变化很大，有淡绿色、绿色、黄白色、淡红色、红褐色、黑紫色，常见的为绿色型及红褐色型。体表有许多长而尖的刺，刺尖呈灰色或褐色，体壁较为粗厚。两根前胸毛的连线与前胸气门下端相切或相交；菜青虫老熟幼虫体长 31～41 毫米，体色变化与棉铃虫相似。体表小尖刺比棉铃虫的短，体壁较薄而柔软，且较为光滑。两根前胸侧毛的边线离前胸气门下端较远。

(4)蛹　棉铃虫的蛹 5～7 腹节的刻点较大，分布较稀，腹部末端的一对刺在基部分开；菜青虫的蛹 5～7 腹节的刻点较小，分布较密，腹部末端的一对刺在基部较近。

2. 防治方法

(1)农业防治　育苗前 10～15 天，深翻地破坏虫蛹的土巢，然后闭棚高温烤棚，使棚室内温度高达 60℃～70℃，这样既可灭菌，又可高温杀死虫蛹。也可深翻地后灌水淹杀越冬蛹。在棚室通风窗口处设置防虫网，避免外界棉铃虫蛾和菜青虫蛾迁飞入棚室内产卵。采用地膜覆盖栽培，可使老熟幼虫不能入土做巢化蛹。

(2)诱杀　露地栽培可在田间插杨树枝把诱捕成虫，方法是剪取 0.5 米长的带叶杨树枝条，8～10 条绑为 1 把，并绑在小木棍上，插于田间略高于植株顶部。每 667 米^2 设 10 把，每 5～10 天换 1 次，在成虫产卵盛期，每天清晨露水未干时用塑料袋套住枝把捕杀成虫。也可按 3.3 公顷设黑光灯 1 盏，诱杀成虫。

(3)生物防治　在主要危害世代产卵高峰后3～4天和6～8天，各喷2次苏云金杆菌乳剂(每克含活孢子100亿个)250～300倍液，对三龄前幼虫有较好的防治效果。

(4)药剂防治　掌握在棉铃虫和菜青虫产卵高峰期至二龄幼虫期喷药，以上午施药为宜，重点喷洒植株中上部。可选用2.5%联苯菊酯乳油或5.7%氟氯氰菊酯乳油2 000～3 000倍液，或2.5%高效氯氟氰菊酯乳油或5%顺式氯氰菊酯乳油2 000～3 000倍液，或2.5%溴氰菊酯乳油1 500～2 000倍液，或20%甲氰菊酯乳油或20%氟胺氰菊酯乳油2 000～3 000倍液喷雾。

(九)根结线虫　根结线虫侵入并寄生西瓜根系，引起根部变形膨大，形成许多瘤状结节，对西瓜产量和品质影响很大。

1. 生活习性　根结线虫主要在土壤中生活，以二龄幼虫侵入西瓜根系，刺激根部细胞增生，形成根结或瘤状物。根结线虫在地温为25℃～30℃、土壤相对含水量为40%左右时发育最快，10℃以下幼虫不活动。连作地块严重，前茬为蔬菜、果树苗木时虫害严重。

2. 危害特点　根系寄生线虫后，首先在须根和侧根上产生瘤状结节，反复侵染寄生时则形成根结状肿瘤，或呈串球状、鸡爪状根系。严重时，植株发育不良，瓜蔓细短，不易坐瓜。

3. 防治方法

(1)轮作　最好与禾本科作物进行3年以上轮作。

(2)灌水灭虫　若土壤长期积水，线虫会因缺氧时间过长而死亡，生产中可进行灌水灭虫。

(3)土壤消毒　每667米^{2}用石灰氮75～100千克，施入瓜沟内，覆盖地膜熏蒸7～10天，采用此法的最佳时间是高温休闲季节。也可在定植前用1.8%阿维菌素乳油3 000倍液喷洒定植沟，并划锄使药液与土混匀。还可在定植前每667米^{2}沟施10%噻唑磷颗粒剂4～5千克。

(4)药剂防治 ①结合每667米^{2}用50%克线磷颗粒剂300～400克，与有机肥充分混匀施用。②用1.8%阿维菌素乳油5 000倍液灌根，每株用药液150～200毫升，或用70%辛硫磷乳油1 000～1 500倍液灌根，每株用药液300～400毫升，每7～10天1次，连续用药2～3次。

第三节 西瓜病虫害综合防治

一、综合防治方法

西瓜病虫害综合防治方法主要有以下几项。

第一，选用抗病虫品种。不同西瓜品种对病虫害的抵抗力不同。例如，蜜宝西瓜极易感染炭疽病、疫病等病害，而西农8号、美抗9号、华西7号、西农10号、豫星15、郑抗1号、丰乐旭龙等品种则对炭疽病抵抗力较强；多数西瓜品种对枯萎病缺乏抵抗力，而高抗3号、墨丰、重茬王、新先锋和四倍体西瓜则对枯萎病抵抗力较强；德州喇嘛西瓜对蚜虫有一定抗性（也可能由于产生某种特殊气味，而形成对蚜虫的忌避作用）。一般情况下，一代杂交种比常规固定品种具有较强的抗逆性，多倍体西瓜比普通二倍体西瓜具有较强的抗病虫能力。

第二，实行轮作。不同作物发生不同的病虫害，实行轮作可以减少土传病害；特别是对西瓜枯萎病，轮作是防病的最好方法。

第三，冬季深翻。许多病菌和害虫在土壤中越冬，冬季深翻西瓜沟可以冻死大量病菌和害虫。

第四，清洁田园。瓜田中病株、病叶是继续发病的传染源，应及时清除烧毁。田间杂草则是许多害虫的藏身之处，因而清除杂草是防止虫害的重要措施。

第五，合理施肥。施用腐熟粪肥可减少瓜地蛆、蛴螬等地下害

虫;氮、磷、钾肥合理配合,适当控制氮肥,增施磷、钾肥,可以促进植株健壮成长,提高抗病能力。

第六,加强苗期管理。苗期病虫害防治十分重要,苗期治虫彻底,可以减轻某些病害。苗床中常易发生立枯病、猝倒病和沤根等,加强苗床和苗期管理,如合理浇水、松土、铺沙以及通风调温调湿等,可减轻这些病害的发生。同时,种苗生长健壮,可提高抗病虫能力。

第七,人工捕杀害虫。有些害虫,如金龟子、黄守瓜等有假死习性,可以人工捕捉;小地老虎等危害征状明显,也可人工捕杀。

第八,控制病虫传播。在理蔓、整枝和摘心等田间管理时,避免人为传播病菌、虫卵,如病毒病会因整枝、摘心时不注意洗手消毒,而将病毒传至健株;蚜虫也会因整枝由甲地传至乙地。

二、药剂防治应注意的问题

西瓜病虫害药剂防治应注意以下问题。

第一,早发现早防治。有些病虫害,在普遍发生之前,一般先在田间部分植株上危害,称为发病(虫)中心或中心病株,如西瓜病毒病、白粉病等,往往先在个别生长衰弱的植株上发生。因此,生产中经常检查瓜田,特别要注意弱苗、弱株和老叶,一旦发现中心病(虫)株,要及时用药。这样可以缩小中心病(虫)区,把病虫消灭在初发生阶段,防止扩大蔓延,缩小药物的污染面积,还可节约用药和保护害虫天敌等。

第二,连续用药,维持药效。任何药物施用后都有一定的时效性,称为残效期。西瓜农药的残效期一般为 7～10 天,果实生长后期施用多为 5～7 天,但病菌和害虫却在不断地传播和繁殖,所以喷药应根据所用药剂的残效期和病虫危害情况,连续交替使用,以维持药效。

第三,轮换用药,避免抗性。用一种药剂防治同一种病虫害,

防治效果会逐渐降低，这种现象称为病虫害的抗药性。不同药剂轮换交替使用，可以避免产生抗药性。

第四，经济有效地选择农药。选择农药时，应注意性价比和广谱性（兼治性）。可根据其有效成分含量、使用浓度（倍数）和价格计算出性价比，根据其广谱性可得知兼治性，以达到经济有效的用药。

第五，发挥药效，减少药害。药剂喷雾应在露水退去后进行，以免药液变稀或流失。喷粉剂应在早晨有露水时进行，有利于黏着药粉，以便充分发挥药效。同时，还要注意气温较高的中午或风雨天不可喷药。用药量和用药浓度要严格控制，防止因用药过多浓度过大而发生药害。

第六，安全用药，防止中毒。西瓜生长期较短，又是生食瓜果，所以要禁止使用剧毒农药；结果期禁止使用药效长的农药，以免发生中毒事故。喷药人员应戴口罩、手套、风镜等防护用具，并应顺风喷药。配药、用药等都要严格按照产品说明书要求进行，防止发生中毒事故。

第七，综合防治，重点用药。西瓜病虫害防治应采取农业防治、生物防治、物理和机械防治、化学防治等综合防治措施，化学农药防治病虫害有吸收快、作用大、使用方便、不受地区和季节限制等特点，但是不少化学农药污染环境，易发生药害和中毒事故，而且病虫害还会产生抗性。因此，生产中应尽量在发病（虫）中心和病虫害迅速蔓延之时施药，一般在其他措施有效的情况下，应尽量少用化学农药。

第八章　西瓜种植专家经验介绍

第一节　西瓜形态异常诊断技术

一、幼苗期的形态诊断

(一)西瓜幼苗自封顶现象　西瓜育苗或直播出苗后，有时幼苗会出现生长点(俗称顶心)不长，只有2片子叶或1～2片真叶而没有顶心的幼苗，俗称自封顶苗。出现这种现象的原因：①种胚发育不良，胚芽发育不健全或退化。三倍体与四倍体西瓜幼苗出现自封顶苗的频率和比例远远大于普通二倍体西瓜。②种子陈旧。种子为多年的陈种且贮藏条件较差，致使部分种胚芽生活力降低甚至丧失生活力。③低温冻伤。育苗期间，苗床温度过低，或部分幼苗的生长点凝结过冷水珠，造成生长点冻害。④嫁接苗亲和力差。嫁接苗砧木与西瓜接穗之间的亲和力较差，特别是共生亲和力较差时，接穗西瓜则生长不良，迟迟不长新叶，如有些南瓜砧木易出现自封顶的西瓜嫁接苗。此外，接穗过小时(特别顶插接)也易出现自封顶苗。⑤西瓜幼苗出土后遭受蓟马等害虫危害，可造成自封顶苗，如烟蓟马成虫和若虫在早春即能锉吸西瓜心叶、嫩芽的汁液，造成生长点停止生长。

(二)西瓜蔓、叶生长异常　西瓜生长发育期间，有时会出现矮化缩叶、瓜蔓萎蔫、龙头(瓜蔓顶端)变色等异常现象。根据多年调查研究，造成异常的原因如下。

1. 矮化缩叶　苗期出现矮化缩叶现象大多为红蜘蛛危害所致。土壤中含铁盐较多，或钙镁元素缺少时，也可造成西瓜植株矮化缩叶。土壤较长时间过湿或排水不良，使根系发育受阻，也会造成地上部植株矮化缩叶，甚至枯萎而死。嫁接苗出现矮化缩叶现象时，往往是接穗与砧木亲和力差或不完全愈合的缘故。西瓜感染病毒病特别是感染皱缩型病毒病时，植株会出现典型矮化缩叶症状。

2. 瓜蔓萎蔫　西瓜植株有时突然出现叶片萎蔫、瓜蔓发软的现象，其原因：①夜间低温高湿，白天高温干燥。当夜间低温高湿时，叶面几乎没有蒸腾作用，瓜蔓和叶片含水量很高，根系的吸水力也变得很小。当白天突然变成高温干燥环境，叶面蒸腾作用强盛，瓜蔓和叶片急剧大量失水，而此时根系的吸水能力尚未达到高压状态，使水分代谢“入不敷出”，造成瓜蔓萎蔫。②暴雨暴晒。当短时大暴雨过后，再经强光暴晒，也易出现瓜蔓萎蔫现象。③枯萎病、蔓枯病、细菌性凋萎病等均可造成瓜蔓萎蔫，但这3种病害在瓜蔓与叶片上出现的症状有明显区别。枯萎病除造成叶片萎蔫外，瓜蔓基部导管变成黄褐色是其典型症状。有时在瓜蔓基部或分枝基部还会流出红色胶状物。蔓枯病瓜蔓萎蔫较轻，发病较慢，发病后期瓜蔓和叶片上出现许多黑色病斑。细菌性凋萎病发病迅速，突然全株叶片萎蔫、瓜蔓发软，瓜蔓基部和分枝处导管不变色，不出现红色胶液；叶片和瓜蔓上也无黑色病斑。此外，青枯病、线虫及嫁接不亲和等也可造成瓜苗萎蔫。

3.“龙头”变色　在西瓜植株生长期间，有时出现“龙头”变黄或变黑，停止生长而成为“瞎顶”。据田间调查，凡瓜蔓顶端变黄者，多为铜绿金龟子危害所致；凡瓜蔓顶端变黑者，多为冻害或肥害（烧心）。

二、抽蔓期的形态诊断

西瓜抽蔓期正常生长的形态特征：叶片按2/5的叶序渐次展出（即每5片叶子在瓜蔓上排列成2周），单叶面积渐次增大。水地瓜生态型的西瓜品种生长正常的成龄叶，一般为叶长18～22厘米，叶宽19～23厘米，叶柄长8～12厘米，叶柄粗0.4～0.5厘米。旱地瓜生态型的西瓜品种生长正常的成龄叶，一般为叶长20～28厘米，叶宽22～30厘米，叶柄长10～15厘米，叶柄粗0.5～0.8厘米。植株根系发育不良或肥水不足时，叶片变小，叶柄变短变细。这样的植株虽然坐瓜容易，但往往瓜的发育不正常而形成畸形瓜或瓜较小，而且进入结瓜期后，植株多发生病害，以至于严重减产。因此，对这样的植株，应加强前期的中耕松土，促使根系发达。同时要加强肥水管理，适当增加施肥量和浇水次数，促进植株健壮生长。植株徒长或肥水过多时，叶片和叶柄均变长，蔓顶端变粗、密生茸毛、向上生长、长势旺盛。这样的植株不易坐瓜，同时进入结瓜期后蔓叶丛生，相互遮阴和缠绕，易发生病虫害。因此一旦发现植株有徒长现象，首先应减少浇水、追肥，特别注意不能过多地施用速效氮肥。另外，还要及时进行植株调整，协调营养生长与生殖生长关系，促进植株的正常生长。

三、结瓜期的形态诊断

（一）西瓜结瓜期形态诊断的主要依据（标准） 西瓜进入结瓜期以后，植株衰弱的现象较少见，特别是高产栽培瓜田，要十分注意防止植株徒长。西瓜结瓜期生长健壮植株的形态指标：成龄叶片大而宽，长与宽之比为0.92～0.95；叶柄较短，叶片长与叶柄长之比为1.6～2，蔓粗0.5～0.8厘米，节间长度小于或等于叶片长度。雌花开花节位距该瓜蔓生长点的距离为30～60厘米。如果实际数据大于或小于上述指标，多为徒长或衰弱植株。对于徒长

植株应及早减少追肥、控制浇水，并及时进行植株调整。如果这时不能及时采取上述技术措施，可在开花前压蔓的顶端或从雌花花蕾前第五片或第六片叶处掐去生长点，使养分集中供雌花发育，抑制植株生长势。

西瓜进入结瓜期后，所选择的瓜胎能否坐瓜，除决定于植株生长状态外，还可根据雌花的发育情况来判断。一般来说，花柄和子房较粗且长、密生茸毛，花瓣和子房大的雌花容易坐瓜，而且这样的瓜胎能够长成很好的瓜；反之，一般不能坐瓜，即使能够坐瓜也长不成很好的瓜。另外，雌花授粉 60 小时后，瓜柄伸展，子房出现鲜艳色泽，这是已经确实坐瓜的表现。如果开花后 2～3 天果柄仍无明显伸展，子房色泽暗淡，这样的幼瓜多数不能坐住，应及时另选适宜的瓜胎坐瓜。

（二）西瓜开花坐瓜期间出现蔓、叶衰弱或死秧现象的原因

1. 植株营养不良　当植株遇到低温、弱光或过早结瓜，使体内养分消耗过多，造成“入不敷出”，植株内部便可发生不同器官、不同部位之间的养分争夺，最终导致全株生长衰弱。

2. 根系生理障碍　由于水、气等条件失常，使土壤中有害物质积累过多，引起植株根系发生生理性障碍（如有害物质的毒害作用，直接损害根毛或导管等）。危害严重时，可使整个根系变褐、腐烂，完全丧失吸收能力，从而造成植株死亡。

3. 肥水严重不足　西瓜开花坐瓜时，正是需要大量营养物质和水分的时候，这时如果遇到天旱、脱肥等情况，植株多表现瘦弱，叶片萎靡而单薄，花冠形小而色淡；子房呈圆球形，瘦小不堪；瓜蔓顶端变为细小的蛇头状，下垂而不伸展；基部叶片开始变黄，新生叶迟迟不出，整个植株未老先衰。

4. 某些病菌危害　当西瓜根系或茎蔓感染某些病菌后，也会出现蔓、叶衰弱甚至死亡现象。例如瓜蔓基部发生枯萎病后，由于镰刀菌侵染输导管系统，造成输导组织坏死、堵塞，水分和矿物质无法由根部运往地上部的蔓、叶处，使地上部分发生萎蔫以致干枯死亡。此外，蔓枯病、急性细菌性凋萎病、病毒病等，也能造成植株急剧衰弱甚至死亡。

防止蔓、叶衰弱和死亡，必须分别采用相应的措施，如前期加强温度、光照等管理，勿使其过早结瓜；加强肥水管理，及时防治病虫害。

（三）西瓜发生“空秧”的原因

1. 肥水管理不当 西瓜生长期间如果肥水管理不当，会使植株营养失调，茎、叶发生徒长，造成落花或化瓜，降低坐瓜率。这样的瓜田，在肥水管理上，要控制氮素化肥使用量，增加磷、钾肥，减少浇水次数，以协调营养生长和生殖生长，提高坐瓜率。对这样的植株，可采用强整枝、深埋蔓的方法，控制营养生长。也可在应选留的雌花出现后，隔1～2节掐尖或留5～7节打顶，截留养分向子房集中，提高子房素质，达到按要求坐瓜的目的。

2. 植株生长衰弱 因植株生长瘦弱、子房瘦小或发育不全而降低坐瓜率。这样的西瓜植株，可在应选留的雌花出现时，即雌花在顶叶下能被识别出时，适量追施部分氮素肥料，促使弱苗转为壮苗。一般每株追施尿素25克或硫酸铵50克，或用1∶10的发酵饼肥水或腐熟尿液进行单株穴施，施后浇水覆土。施肥穴应距植株20～30厘米。

3. 花期低温或喷药 西瓜开花期间，如果气温较低，或瓜田追肥浇水和喷洒农药，引起田间小气候变化，影响了昆虫传粉，也会降低坐瓜率，这样的瓜田可进行人工辅助授粉。

4. 花期阴雨天 西瓜开花期间遇阴雨，影响正常授粉，或雨水溅起泥滴，将子房包被，茸毛受到沾污而造成落花或化瓜。遇到这种情况，可提前采取防护措施，如雨前在雌花和部分雄花上套小塑料袋，雨后立即人工授粉；地面上铺盖草、沙等物，防止雨水溅起泥滴等。

5. 风害和日灼　为了防止风害，可把近瓜前后的茎节用10厘米长的鲜树枝条对折卡紧插于地面上，或用泥条压牢幼瓜的前后2个茎节，防止茎、叶被风吹动。为了防止阳光灼伤幼瓜，可用整枝时采下的茎、蔓或杂草遮盖幼瓜。

(四)西瓜出现畸形瓜的原因

1. 扁平瓜　瓜的横径水平方向大于垂直方向，使瓜面呈现扁平状。据观察，多数扁平瓜的瓜梗部和花痕(瓜脐)部凹陷较深，瓜皮厚，瓜瓤色淡，有空心，种子不饱满，品质差。产生扁平瓜的原因，主要是瓜发育前期遇到不良的环境条件，如低温、干燥、光照不足、叶片数过少或由于营养生长过旺造成植株徒长而影响瓜的发育，后来因上述有关条件得到改善，西瓜又继续发育，结果就形成了扁平瓜。同时，留瓜节位过低时易出现扁平瓜；主蔓与侧蔓相比，主蔓上易出现扁平瓜。此外，不同品种之间，出现扁平瓜的比例不同，杂种一代比固定品种出现扁平瓜少，有籽西瓜比无籽西瓜出现扁平瓜少。

2. 偏头瓜　就是瓜顶偏向一侧膨大的西瓜。产生偏头瓜的主要原因：①授粉不良。种子发育对瓜瓤发育有促进作用。如果授粉不充分、花粉在柱头上分布不均匀，种子在果实内的形成也就不平衡。因此，在1个瓜中，凡种子多的一侧，瓜面膨大、瓤质松脆，甜度也较高；凡种子少的一侧，瓜面不膨大、瓜瓤坚实，甜度也较低。②浇水不及时。当果实进入生长中期以后，需水量显著增加，体积和重量的增加很迅速。这时如果浇水不及时直接影响果实的膨大，即使以后加大浇水量，已逐渐变硬的瓜皮限制了果面的迅速膨大，于是瓜瓤的膨大生长就自然偏向发育稍晚些的瓜皮部分。无论什么形状的西瓜，一般都是前部(近果顶)生长发育稍快于后部(近果梗)，阳面(向阳面)生长发育稍快于阴面(着地面)。因此，当西瓜膨大阶段，前期缺水(浇水过晚)则形成瓜顶扁平的偏头瓜(小头瓜)；后期缺水(过早断水)则形成瓜顶膨大果肩狭小的

“葫芦瓜”(大头瓜)。③西瓜发育条件不良。西瓜发育的主要条件除水、肥、光照外,与温度(包括气温和地温)、空气湿度及空气成分等环境条件有很大关系。当西瓜生长前期遇到低温、干燥,后来条件变好,则可形成瓜顶扁平的偏头瓜。当西瓜生长后期遇到低温(如寒流)、干燥时,则往往形成瓜肩狭小的“葫芦瓜”。④果面局部温差较大。在西瓜膨大期间,由于每个西瓜所处的小环境不尽相同,特别当受光面积和受光强度在同一个西瓜的不同部位形成较大差异时,果面局部的温度也将出现较大差异。不适宜(过高或过低)的温度影响了那部分果面的发育,影响的时间越长,后果越严重(瓜面不周正越严重)。例如,瓜下不铺地膜或其他衬垫物又不整瓜翻瓜时,瓜面与土壤直接接触,接触地面的部分发育较差,当西瓜继续膨大时,横向生长受到较大影响,便形成了偏头瓜。为了防止这种畸形瓜的发生,生产中应及时进行翻瓜整瓜,将瓜放置端正,最好在瓜的底面(着地面)铺上一层麦草或垫上废纸等衬垫物。⑤瓜面局部伤害。在西瓜生长发育过程中,由于日灼、冰雹、虫咬或严重外伤、摩伤等,使受伤局部瓜面停止发育,而未受伤部分瓜面发育正常,则形成不同程度的畸形果。在通常情况下,由日灼、冰雹等造成的伤害,多形成阳面扁平瓜;由虫咬、摩伤等造成的伤害,多形成底面或侧面凹陷畸形瓜。

3. 宽肩厚皮瓜 在西瓜栽培中还可出现花痕部深而广、瓜肩宽、瓜皮厚、瓜面出现棱线的西瓜。因品种不同,宽肩厚皮瓜出现的比例也不同。大瓜型和果形指数小的品种容易产生宽肩厚皮瓜。这些品种,在土层浅、地面向南倾斜的地形条件下更易产生宽肩厚皮瓜。这可能是土壤水分或地温变化大的缘故,但具体原因尚须进一步研究。就目前的观察结果证明:单株结瓜数多的瓜、圆形或近圆形的瓜、较大的瓜、低节位的瓜,越易出现宽肩厚皮瓜。

(五)西瓜出现空心和裂瓜的原因

1. 西瓜空心的原因 西瓜膨大主要依靠瓜皮和瓜瓤各部分

细胞的充实和不断增大。特别是瓜瓤部分，除了种子和相连的维管束之外，均由薄壁细胞构成。在正常情况下，薄壁细胞的膨大程度比其他组织中的细胞大，但细胞壁膨大后，由于肥水特别是水分供应不足，细胞得不到充实，细胞壁很快就会破裂。相邻的许多薄壁细胞破裂后，便形成了空洞；而许多小空洞相连就形成了较大的空洞或裂缝。此外，当西瓜发育前期遇到低温或干旱、光照不足等不良环境条件时，瓜也会发生空心。这是由于西瓜发育前期是以纵向生长为主，发育后期则以横向生长为主。在低温或干旱、光照不足时，瓜的纵向生长就会被削弱，使其过早地停止；西瓜发育后期，如温度较高、雨水增多、光照强烈，瓜的横向发育非常迅速，这样西瓜内部生长不均衡而发生空心。此外，过早使用催熟剂、采收过晚、西瓜上部节位叶片过多或基部叶片过少等，均易造成空心。

2. 裂瓜的原因　裂瓜多发生在瓜瓤开始变色的所谓"泛瓤"阶段，这时由于瓜皮发育缓慢并逐渐变硬，而瓜瓤发育却仍在旺盛期。如果再加上久旱遇雨或浇水量忽多忽少，或在瓜的发育前期肥水不足、瓜的发育后期肥水供应又过多，就可能发生裂瓜。此外，圆形西瓜比椭圆形西瓜易裂瓜。

(六)西瓜出现瓤色异常的原因

1. 瓜瓤中形成黄块(带)的原因　在红瓤、黄瓤、白瓤等西瓜品种的果实内，均可能出现瓜瓤中局部产生紧密硬块或条带状瓜瓤的现象，尤以红瓤品种出现的频率较大。据多年观察，其成因主要有：①瓜瓤局部水分代谢失调。植物细胞在膨大期间需大量水分，由于根系或瓜蔓输导组织的某一部分在其结构或功能方面发生异常，致使瓜瓤中水分供应不平衡，缺水部分细胞得不到充分膨大，细胞壁变厚、细胞紧密，形成硬块或硬条带。嫁接栽培的西瓜尤其易发生这种现象。②氮肥过多。西瓜正常生长发育需要氮、磷、钾、钙及其他中、微量元素相互配合。当氮素过多时，使某些离子产生了拮抗作用，影响了对其他营养元素的

吸收，造成局部代谢失调。当这种失调发生在果实膨大过程时，则可使瓜瓤的某一部分形成硬块或硬条带。③高温干燥。当瓜瓤迅速膨大阶段遇高温干燥时，由于瓜瓤不同部位发育上的差异，造成某一部分瓜瓤细胞失水而形成硬块或硬条带，这种现象在晚播西瓜或高节位二茬瓜中出现较多。④雌花结构异常。在生产中发现，西瓜雌花特大（俗称鬼花）或柱头特大，或雌性两性花以及瓜梗粗短而垂直、瓜顶（花蒂）部有大的凹陷或龟裂等均易在瓜瓤中形成黄块或硬条带。

2. 瓜瓤肉质变色的原因 有的红瓤西瓜变成死猪肉色，俗称血印瓜；黄瓤西瓜变成土黄色，俗称水印瓜。发生原因：①生理障碍。当西瓜发育期间遇到高温干燥、土壤积水、蔓叶过少、氮素过多、光照不足或因施肥不当引起 pH 值波动较大时，均易造成代谢失调，发生生理障碍，使代谢过程的中间产物得不到及时、有效地转化，积累在西瓜中成为有害物质而使瓜瓤变质。②病害引起。当西瓜发育中后期发生绿斑病毒病时，可使瓜瓤软化，甚至产生异味。此外，绵腐病、疫病、日灼病等均可致使瓜瓤变色变质，直至失去食用价值。

（七）西瓜早衰及其防止措施 西瓜蔓叶生长，一方面和根系生长及瓜发育相关联，另一方面又直接与环境条件密切相关。在西瓜膨大盛期，植株营养生长变弱，表现出瓜蔓顶端生长缓慢，新生叶较小，基部叶生长衰弱等，这是正常现象。但如果在西瓜尚未达到膨大盛期，而植株就过早地表现出生长缓慢、茎节变短、瓜蔓变细、叶片变小、基部叶显著衰弱等特征，则是不正常现象，一般称为“早衰”。西瓜发生早衰，严重影响产量和品质，防止西瓜早衰的措施如下。

1. 加强肥水管理 肥水供应不足或不及时，往往是造成植株早衰的主要原因，如果立即追肥浇水，可以使早衰症状得到缓解。肥料应以速效氮肥为主，采用地下根部追肥和叶面喷肥相配合的

施用方法，每株根部追施尿素25～30克，叶面喷洒0.3%尿素或磷酸二氢钾溶液。

2. 提高根系的吸收功能　根系发达，吸收功能良好，地上部分就生长茂盛；根系发育不良或遭受某些病虫害时，也往往造成植株早衰，这需要经过检查根系找到病因，才能对症下药。例如，发现根部土壤中有线虫或金针虫，根系又有被害症状，那么就应立即用50%辛硫磷乳油2 500～3 000倍液灌根，每株灌200～250毫升；如果发现根系发育不良，细根由白变黄、根毛稀少，甚至整个根系变褐、细根腐烂等，是由于根部土壤中水、气、温等条件失常而引起的根系生理性病害，则要加强中耕松土，使根部土壤疏松、通气良好，根系的吸收功能也就很快得到改善。

3. 合理整枝　整枝过重或单株留瓜较多，也可造成植株早衰。西瓜营养生长和生殖生长是相辅相成的，蔓、叶良好生长是开花结瓜的基础。同一品种在同样的栽培条件下，单株叶面积不同，西瓜产量也不同。如果整枝过重或单株留瓜较多，就会大大地削弱西瓜的营养生长。因此，合理地整枝、留瓜，保持较大的营养面积，是防止植株早衰、获得西瓜高产的关键。

第二节　气候异常对西瓜生长和结瓜的影响

一、气候异常对西瓜生长发育的影响

西瓜生长发育需要良好的气候条件。西瓜生长发育适温一般为16℃～35℃，当夜温降至15℃以下时，细胞停止分化，伸长生长显著滞缓（根系生长量仅为适温条件下的1/50），瓜蔓生长迟缓，叶片黄化，净光合作用出现负值。西瓜是需光最强的蔬菜作物，其光合作用的饱和点为80 000勒，补偿点为4 000勒。如果出现低

温、光照不足情况时，会严重影响光合产物的生成与供给，造成器官发育不良。如4～5月份阴雨偏多，出现蔓节间及叶柄伸长、叶片变薄变小、叶色暗淡的现象，表明植株光合作用能力已大大减弱，从而使植株用于雌花器发育的营养明显不足，造成雌花密度和质量均较差，发育不良的黄瘪瓜胎也较多，降低了雌花的授粉结实力。在我国主要西瓜产区，4～5月份正是露地栽培的苗期、伸蔓期和开花坐瓜前期，如遇异常气候，容易形成弱苗，使雌花推迟、坐瓜节位过远，影响西瓜的品质和产量。

二、气候异常影响西瓜坐瓜

西瓜开花坐瓜的适温为25℃～35℃，同时需要充足光照。4～5月份如降雨偏多、湿度过大、温度偏低，西瓜花期时如温度低于15℃，即会出现花药开裂受阻、开花延迟、花粉产生变劣等授粉障碍，降低雌花的受精率。花期温度低于20℃时，会造成花粉萌发不良或雄配子异常等问题，形成雌花虽已授粉但未能受精的情况。花期遇阴雨低温产生的这些生理异常，造成了西瓜雌花受精过程障碍，就会降低雌花的授粉受精率，直接影响坐瓜率。4～5月份降雨偏多时，正遇大棚瓜的开花中后期和小棚瓜的整个开花期，西瓜雌花授粉受精问题成为坐瓜率极低的主要原因，此时西瓜营养生长与生殖生长很不协调，因而出现了空秧及徒长现象。

三、气候异常影响西瓜果实发育

由于开花坐瓜初期植株营养分配中心仍在瓜蔓顶端生长点部位，这一阶段的低温寡日照使光合产物产出率低而不敷分配。因此，许多雌花虽然能受精坐瓜，但很快又会因营养不足而脱落。在西瓜坐瓜和幼瓜生长期，需要每天有10～12小时的充足光照和20 000～45 000勒的光照强度，才能较好满足生殖生长和营养生

长两方面的光合产物的需要。如缺少光照，果实生长期营养严重不足，不但坐瓜率降低，即使已坐住的瓜也会出现明显发育不良现象，致使果实成熟时个头小、果形变扁、许多果实有皮厚空心等现象，品质低劣。

四、防止气候异常影响西瓜生长发育的措施

(一)培育壮苗　西瓜播种后，从破土出苗到子叶展平期间，如遇25℃以上高温，容易形成高脚弱苗，影响正常的雌花花芽分化；如果温度低于10℃则会完全停止生长，此期13℃～15℃的低温炼苗能促使雌花花芽的正常分化。苗期适宜温度为15℃～20℃，伸蔓期适宜温度为20℃～25℃，如果温度不适宜时，雌花将不能正常形成，即使形成也不易授粉受精。生产中应加强苗期管理，培育壮苗。

(二)合理施用肥水　伸蔓至开花坐瓜期应控制肥水用量，使瓜蔓节间短而壮，不徒长。坐瓜前，适度施用肥水，提高坐瓜率；伸蔓至膨瓜期重施磷、钾肥，少施氮肥，适当喷施多元素微肥，加强田间管理，及时防治病虫害，以保证有足够的功能叶(不低于60～90片健壮真叶)；膨瓜前期，应适当加大肥水，以满足水分临界期的需要。

(三)人工授粉　西瓜应采取人工授粉，特别是花期遇雨、雌花需套袋时，更需要人工授粉。如果因低温或其他原因致使雄花花粉不成熟，可借助于其他耐低温的早熟品种进行人工授粉并辅助配施防落素。

(四)科学整枝留瓜　改进整枝技术，多留侧枝(两枝以上)，保持较多的雌花，有选择授粉坐瓜的余地；加强整枝、压蔓、控制徒长。留瓜节位要合理，主、侧蔓第二雌花留瓜均可，留瓜离根过远或过近都会影响瓜的商品质量和产量。

(五)加强病虫害防治　在气候异常条件下，西瓜生长发育会

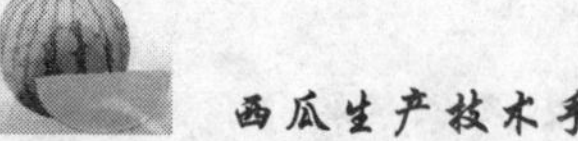

受到很大影响，其对病虫害的抵抗力下降。因此，对病虫害防治要突出以防为主，防患于未然。每当不良天气出现前后要立即施用保护药剂，尤其要配合施用“丰产素”和“增产灵”之类的植物生长调节剂。